Tobias Knopp

Effiziente Rekonstruktion und alternative Spulentopologien für Magnetic-Particle-Imaging

VIEWEG+TEUBNER RESEARCH

Medizintechnik – Medizinische Bildgebung, Bildverarbeitung und bildgeführte Interventionen

Die medizinische Bildgebung erforscht, mit welchen Wechselwirkungen zwischen Energie und Gewebe räumlich aufgelöste Signale von Zellen oder Organen gewonnen werden können, die die Form oder Funktion eines Organs charakterisieren. Die Bildverarbeitung erlaubt es, die in physikalischen Messsignalen und gewonnenen Bildern enthaltene Information zu extrahieren, für den Betrachter aufzubereiten sowie automatisch zu interpretieren. Beide Gebiete stützen sich auf das Zusammenwirken der Fächer Mathematik, Physik, Informatik und Medizin und treiben als Querschnittsdisziplinen die Entwicklung der Gerätetechnologie voran.
Die Reihe Medizintechnik bietet jungen Wissenschaftlerinnen und Wissenschaftlern ein Forum, ausgezeichnete Arbeiten der Fachöffentlichkeit vorzustellen, sie steht auch Tagungsbänden offen.

Tobias Knopp

Effiziente Rekonstruktion und alternative Spulentopologien für Magnetic-Particle-Imaging

Mit einem Geleitwort von Prof. Dr. Thorsten M. Buzug

VIEWEG+TEUBNER RESEARCH

Bibliografische Information der Deutschen Nationalbibliothek
Die Deutsche Nationalbibliothek verzeichnet diese Publikation in der
Deutschen Nationalbibliografie; detaillierte bibliografische Daten sind im Internet über
<http://dnb.d-nb.de> abrufbar.

Dissertation Universität zu Lübeck, 2010

1. Auflage 2011

ISBN 978-3-8348-1552-1

Geleitwort

Magnetic-Particle-Imaging (MPI) ist eine bildgebende Methode, die den Tracer-Verfahren zuzuordnen ist. Eine Suspension von Dextran-umhüllten Eisenoxid-basierten Nanopartikeln soll dabei dem Organismus appliziert werden. Die hoch sensitive und echtzeitfähige Abbildung der räumlichen Verteilung der Partikel ist das Ziel der Methode. Dazu wird über eine Maxwellspulenpaaranordnung zunächst ein Selektionsfeld erzeugt. Der Null-Durchgang des Selektionsfeldgradienten wird dann über ein sogenanntes Drive-Field periodisch im Raum verschoben, so dass sich eine gewünschte Abtasttrajektorie ergibt, die der Spur dieses Null-Durchganges (dem feldfreien Punkt – FFP) entspricht. Die Änderung der Magnetisierung der Nanopartikel wird über eine Empfangsspulenvorrichtung realisiert. Dabei macht die Nichtlinearität der Magnetisierung, die über die Langevin-Theorie in erster Näherung gut beschrieben werden kann, die Messung der Magnetisierungsänderung erst möglich, denn sie erzeugt eine Reihe von Oberwellen, die vom anregenden Drive-Field nicht überlagert werden. Da nicht nur die Magnetisierungsänderung der Partikel im direkten FFP-Durchgang, sondern auch die der Partikel etwas außerhalb zum Empfangssignal beitragen, ist eine Entfaltung des Signals erforderlich. Während das Prinzip bis hierher einfach zu beschreiben und zu verstehen ist, liegt die Kunst der Bildgebung im Detail. Auch davon berichtet das vorliegende Werk von Tobias Knopp.

Nachdem im Jahr 2005 von B. Gleich und J. Weizenecker in der Zeitschrift Nature zum ersten Mal von MPI berichtet wurde, haben weltweit Forschungsgruppen begonnen, die Idee zu implementieren und neue Konzepte zu entwickeln. Im Frühjahr 2007 hat auch das Institut für Medizintechnik an der Universität zu Lübeck mit dieser Thematik neu begonnen. Zu diesem Zeitpunkt gab es weltweit nur ein einziges Funktionsmuster eines Scanners. Dieser Scanner stand bei Philips in der Forschung in Hamburg. Das Werk von Tobias Knopp stellt daher die erste große Zusammenfassung zu dieser Technologie dar. Er berichtet von einer Reihe von Innovationen für MPI, die den Stand der Technik und das Gebiet insgesamt voran gebracht haben.

Das Werk beginnt mit der knappen aber präzisen Beschreibung der Prinzipien dieser neuen Modalität und stellt die Originalbeiträge in einer Übersicht vor. Die weiteren Kapitel widmen sich dann auch den physikalischen Grundlagen, die natürlich auf den Maxwell-Gleichungen basieren. Herr Knopp legt die Nomenklatur sauber dar und beschränkt sich dabei auf die für das bildgebende Verfahren notwendigen Sachverhalte. So ist zum Beispiel die quasistatische Approximation dargelegt, die sich nicht in den Standardlehrbüchern zur

Elektrodynamik findet und die für MPI die entsprechenden Grenzen der theoretischen
Behandlung aufzeigt. Weiterhin ist der Skin-Effekt behandelt, der messtechnische Konse-
quenzen nach sich zieht. In diesem Kapitel wird insbesondere auf die konkrete Applikation
immer wieder Bezug genommen. Dies wird bei der Behandlung der Spulen besonders
deutlich. Von der Einzeldrahtspule zu den Volumenspulen, dem Reziprozitätsgesetz und
der Spulenkopplung sind die Grundlagen beschrieben. Darüber hinaus geht Herr Knopp
auch auf die Partikeleigenschaften und die Langevin-Theorie ein, die für die Modellie-
rungskette besonders wichtig sind. Das Werk von Tobias Knopp ist in vielerlei Hinsicht
überragend. Sprachlich schnörkellos und mit hoher Präzision reiht sich eine beachtliche
Anzahl von Originalbeiträgen aneinander. Vom ersten Einsatz iterativer Lösungsstrategien
mit spezieller Gewichtsmatrix und der modellbasierten Systemmatrix über die Analyse
unterschiedlichster Abtastorbits zu den neuen Spulentopologien liegt hier ein Werk vor,
das allen Wissenschaftlerinnen und Wissenschaftlern, die sich mit diesem neuen Verfahren
beschäftigen möchten, nur wärmstens ans Herz gelegt werden kann.

Lübeck im Januar 2011   Prof. Dr. Thorsten M. Buzug
                                                           Institut für Medizintechnik
                                                           Universität zu Lübeck

Danksagung

An dieser Stelle möchte ich mich bei all jenen bedanken, die durch ihre Unterstützung zum Gelingen dieser Arbeit beigetragen haben:

Bei Thorsten M. Buzug für die ausgezeichnete fachliche und persönliche Unterstützung, für seine stets offene Tür, für sein großes Vertrauen in meine Arbeit und für die Freiheiten die er mir ließ, meine eigenen Ideen zu verwirklichen. Sein Enthusiasmus für das MPI-Projekt war stets ein großer Ansporn für mich. Ich habe von ihm gelernt, physikalisch zu denken und bei aller Schönheit der Theorie auch die Praxis nie zu vernachlässigen.

Bei Bernhard Gleich, Jürgen Weizenecker, Jürgen Rahmer und Jörn Borgert für ihre unbezahlbaren Ratschläge, für die wertvolle Zeit, die sie mir und meinen Kollegen widmeten und natürlich für das bildgebende Verfahren, das Bernhard Gleich und Jürgen Weizenecker erfanden. Während meiner Promotionszeit habe ich in besonderem Maße von ihrer Unterstützung profitiert. Zahlreiche Ideen dieser Arbeit sind aus spannenden Diskussionen mit ihnen entstanden. Insbesondere die Ideen und Veröffentlichungen zur iterativen Rekonstruktion sind im Rahmen einer gemeinsamen Forschungskooperation entstanden. Auch für die Bereitstellung von MPI-Messdaten möchte ich mich ausdrücklich bedanken. Insbesondere bei der modellbasierten Rekonstruktion waren diese Daten außerordentlich hilfreich.

Bei Sven Biederer, Timo F. Sattel und Marlitt Erbe für die ausgezeichnete Zusammenarbeit, für viele wertvollen Diskussionen, für ihren enormen Einsatz für das MPI-Projekt und für die sehr angenehme Arbeitsatmosphäre. Die Arbeit in diesem Team hat mir immer viel Spaß gemacht und mich fachlich enorm weitergebracht.

Bei allen Mitarbeitern des Institutes für Medizintechnik, nicht nur für die Zusammenarbeit in Forschung und Lehre, sondern vor allem für die netten Gespräche bei Kaffeepausen.

Und - zu allermeist - bei meiner Frau Vanessa.

Lübeck im Januar 2011   Tobias Knopp

Kurzfassung

Magnetic-Particle-Imaging (MPI) ist ein neues bildgebendes Verfahren, das es ermöglicht, die örtliche Verteilung super-paramagnetischer Eisenoxid-Nanopartikel mit hoher räumlicher und zeitlicher Auflösung zu bestimmen. Dabei verspricht MPI des Weiteren eine hohe Sensitivität. Das Verfahren wurde von B. Gleich und J. Weizenecker in den Philips Forschungslaboratorien in Hamburg erfunden und 2005 zum ersten mal in der Zeitschrift „Nature" veröffentlicht. Seitdem die generelle Machbarkeit von MPI durch einen experimentellen Aufbau gezeigt werden konnte, ist das Verfahren stetig weiterentwickelt worden. Im Jahr 2009 wurden die ersten *in-vivo*-Aufnahmen durchgeführt, in denen ein schlagendes Mäuseherz abgebildet werden konnte.

Trotz dieses wichtigen Meilensteins ist noch weitere Entwicklungsarbeit notwendig, bis erste Ganzkörpersysteme für den Menschen realisiert werden können. Hierzu sind in der vorliegenden Arbeit zahlreiche theoretische und praktische Beiträge entstanden, die im Folgenden vorgestellt werden.

Der lineare Zusammenhang zwischen dem MPI-Messsignal und der gesuchten Partikelverteilung kann durch eine Integralgleichung beschrieben werden, deren Kern bei MPI als Systemfunktion bezeichnet wird. Nach Diskretisierung der Integralgleichung entsteht ein lineares Gleichungssystem, das zur Rekonstruktion der Partikelverteilung gelöst werden muss. Dazu wird in dieser Arbeit ein gewichteter, regularisierter Kleinste-Quadrate-Ansatz verwendet. Statt, wie bislang bei MPI üblich, eine Singulärwertzerlegung zur Bestimmung der Kleinste-Quadrate-Lösung zu nutzen, wird in dieser Arbeit erstmals die Verwendung iterativer Algorithmen, wie dem CGNR-Verfahren und dem Kaczmarz-Verfahren, vorgeschlagen. Es wird gezeigt, dass beide iterative Verfahren durch eine spezielle Zeilengewichtung in nur wenigen Iterationen konvergieren und eine Lösung liefern, die einer Rekonstruktion mittels Singulärwertzerlegung gleichwertig ist. Folglich kann die Rekonstruktionszeit durch iterative Verfahren signifikant reduziert werden, so dass Echtzeit-Bildgebung ermöglicht wird. Des Weiteren hat die Gewichtung einen positiven Einfluss auf die Qualität der Kleinste-Quadrate-Lösung und führt zu einer Auflösungsverbesserung.

Um ein Bild rekonstruieren zu können, muss die Systemfunktion, die sowohl die Partikeldynamik als auch alle Messparameter enthält, bekannt sein. Bislang wird hierzu eine zeitintensive Kalibrierungsmessung verwendet, bei der eine kleine Punktprobe durch das Messvolumen bewegt und die Partikelantwort an jedem Ortspunkt gemessen wird. Obwohl sich dieses messbasierte Verfahren schon bewährt hat und zu guten Rekonstruktionsergebnissen führt, hat es einige Nachteile. Zum einen dauert die Kalibrierungsmessung sehr lange, so dass für eine feine Voxelauflösung Monate nötig sind. Zum anderen enthält die gemessene Systemfunktion Rauschen, das durch den elektrischen Widerstand der Empfangskette verursacht wird. Dies kann zu einer Verschlechterung der Bildqualität führen. Des Weiteren hat der Ansatz einen sehr hohen Speicherbedarf, da jeder einzelne Eintrag der Systemfunktion explizit abgespeichert werden muss. Aufgrund dieser Nachteile wird in dieser Arbeit erstmals die Verwendung einer modellbasierten Systemfunktion vorgeschlagen. In 1D- und 2D-Experimenten wird gezeigt, dass die modellierte Systemfunktion im Vergleich zur gemessenen nahezu vergleichbare Ergebnisse liefert. Dabei benötigt die Bestimmung der modellierten Systemfunktion gegenüber der gemessenen nur einen Bruchteil der Zeit.

Für die Bildgebung verwendet MPI einen feldfreien Punkt (FFP) der durch den Raum bewegt wird. Um eine mehrdimensionale Abtastung zu erreichen, kann der FFP entlang einer Lissajous-Trajektorie bewegt werden. Diese Trajektorie wurde in allen bislang realisierten MPI-Scannern verwendet. In dieser Arbeit wird erstmals untersucht, ob auch andere Trajektorien für die Bildgebung genutzt werden können. In einer Simulationsstudie wird die Lissajous-Trajektorie mit vier anderen Abtastbahnen verglichen. Wie sich zeigt, ist die Lissajous-Trajektorie tatsächlich eine gute Wahl. Die radiale Trajektorie hat im Gegensatz zur Lissajous-Trajektorie eine inhomogene Auflösung im Messbereich. Da die Auflösung im Zentrum aber höher als bei der Lissajous-Trajektorie ist, könnte eine radiale Trajektorie in manchen Anwendungen eine Alternative sein. Im Zuge des Trajektorienvergleichs wird erstmals untersucht, welchen Einfluss die Dichte der Trajektorie auf die Ortsauflösung hat. Wie sich zeigt, steigt die Auflösung bis zu einem gewissen Wert mit der Dichte der Trajektorie an. Für höhere Abtastdichten wird die Auflösung durch die Gradientenstärke des Selektionsfeldes und die Partikelgröße beschränkt.

Zusätzlich zu den Rekonstruktionsproblemen beschäftigt sich diese Arbeit mit neuen Spulentopologien. Der ursprünglich bei Philips entwickelte MPI-Scanner besteht aus mehreren Spulenpaaren, die symmetrisch um ein zylindrisches Messfeld angeordnet sind. Alle bislang realisierten MPI-Scanner verwenden diese Anordnung, bei der die maximale Objektgröße durch die Größe der Bohrung beschränkt wird. Der MPI-Scanner von Philips hat einen Bohrungsdurchmesser von 32 mm und erlaubt damit das Messen von Kleintieren wie zum Beispiel Mäusen. In dieser Arbeit wird eine neuartige Spulenanordnung vorgestellt, bei der alle felderzeugenden Elemente von nur einer Seite an das Messobjekt herangeführt werden. Diese als „Single-Sided" bezeichnete Anordnung ermöglicht es, Objekte beliebiger Größe zu messen. Die Messfeldgröße bleibt aber auch bei Single-Sided-MPI beschränkt. In dieser Arbeit sind Beiträge zur Realisierung des ersten Prototyps eines Single-Sided-MPI-Scanners entstanden, mit dem die Machbarkeit des neuen Konzeptes gezeigt werden konnte.

In der ursprünglich von Philips vorgestellten Idee wird ein FFP für die MPI-Bildgebung verwendet. Die FFP-Bildgebung hat jedoch das Problem, dass die Sensitivität von der Schärfe des FFPs abhängt. Die Anzahl der zum Signal beitragenden Partikel hängt dabei von der dritten Potenz der Gradientenstärke des FFP-Feldes ab. Je höher die Gradientenstärke, desto höher ist das potenzielle Auflösungsvermögen, aber desto niedriger ist die Sensitivität. Eine hohe Auflösung kann jedoch nur bei einer hohen Signalqualität erreicht werden, weswegen auch eine hohe Sensitivität notwendig ist. Ein vielversprechendes Konzept zur Steigerung der Sensitivität ist die Verwendung einer feldfreien Linie (FFL) statt eines FFPs. In der bislang einzigen Arbeit über die FFL-Bildgebung konnte in einer Simulationsstudie eine deutliche Steigerung der Sensitivität gezeigt werden. Allerdings waren die Erfinder der FFL-Bildgebung pessimistisch, ob das FFL-Konzept überhaupt umsetzbar sei. Dies lag daran, dass die von ihnen vorgestellte Spulentopologie, bestehend aus 32 auf einem Kreis angeordneten kleinen Spulen, etwa tausendmal mehr Leistung benötigt, als ein klassischer FFP-Scanner. Weder das Erzeugen der benötigten Ströme, noch das Abführen der entstehenden Wärmeverluste, sind mit vertretbarem Aufwand realisierbar. In dieser Arbeit wird erstmals mathematisch bewiesen, dass die vorgeschlagene Spulenanordnung tatsächlich eine FFL erzeugt. Der Beweis wird für eine verallgemeinerte FFL-Spulentopologie geführt, bei der drei oder mehr Spulenpaare an äquidistanten Winkeln auf einem Kreis angeordnet sind. Durch die Verringerung der Spulenanzahl wird die Verlustleistung deutlich reduziert. Auch die Qualität des erzeugten Magnetfeldes wird besser. Der in dieser Arbeit vorgestellte FFL-Scanner benötigt nur geringfügig mehr Leistung als ein vergleichbarer FFP-Scanner. Dies ist ein entscheidender Schritt in Richtung der Realisierung des FFL-Konzeptes, der die zukünftige Entwicklung von MPI nachhaltig beeinflussen könnte.

Inhaltsverzeichnis

Abkürzungsverzeichnis

In der folgenden Tabelle sind die genutzten Abkürzungen und ihre Bedeutung aufgelistet.

Abkürzung	Bedeutung
MPI	Magnetic-Particle-Imaging
MRT	Magnetresonanztomographie
CT	Computertomographie
SPECT	Single-Photon Emission-Computed-Tomography
PET	Positronen-Emissions-Tomographie
MPS	Magnetic Particle Spectroscopy (magnetische Partikelspektroskopie)
SPIO	Superparamagnetic Iron Oxide (super-paramagnetische Eisenoxide)
FFP	feldfreier Punkt
FFL	feldfreie Linie
SNR	Signal to Noise Ratio (Signal-zu-Rausch-Verhältnis)
FWHM	Full Width at Half Maximum (Halbwertsbreite)
NRMS	Normalized Root Mean Square
SVD	Singular Value Decomposition (Singulärwertzerlegung)
PDF	Probability Density Function (Wahrscheinlichkeitsdichtefunktion)
CG	Conjugate Gradient
CGNR	Conjugate Gradient Normal Residual
DC	Direct Current (Gleichstrom)
AC	Alternating Current (Wechselstrom)
ADC	Analog-to-Digital Converter (Analog-Digital-Wandler)
DAC	Digital-to-Analog Converter (Digital-Analog-Wandler)

Physikalische Größen

In der folgenden Tabelle sind verwendeten physikalischen Größen aufgelistet.

Bezeichnung	Bedeutung	Einheit
r	Ort	m
t	Zeit	s
f	Frequenz	s^{-1}
I	elektrischer Strom	A
u	elektrische Spannung	V
R	elektrischer Widerstand	Ω
B	magnetische Flussdichte	T
H	magnetische Feldstärke	Am^{-1}
M	Magnetisierung	Am^{-1}
m	magnetisches Moment	Am^2
A	magnetisches Vektorpotential	Tm
E	elektrische Feldstärke	Vm^{-1}
D	dielektrische Verschiebung	Cm^{-2}
P	Polarisation	Cm^{-2}
j	Gesamtstromdichte	Am^{-2}
j^{f}	freie Stromdichte	Am^{-2}
j^{b}	gebundene Stromdichte	Am^{-2}
$\widehat{j}$	normierte Gesamtstromdichte (Einheitsstrom)	m^{-2}
ρ^{f}	freie Ladungsdichte	Cm^{-3}
Q^{f}	freie elektrische Ladung	C
Φ_S^B	magnetischer Fluss	Vs
Φ_S^D	elektrischer Fluss	C
p	Spulensensitivität	m^{-1}

Bezeichnung	Bedeutung	Einheit
ξ	Kopplungsfaktor	$\mathrm{VsA^{-1}}$
c	Partikelkonzentration	$\mathrm{m^{-3}}$
G	Gradientenstärke	$\mathrm{Tm^{-1}\mu_0^{-1}}$
A	Feldamplitude	$\mathrm{T\mu_0^{-1}}$

1

Einleitung

1.1 Hintergrund

Bildgebende Verfahren haben die medizinische Diagnostik revolutioniert und sind heute im klinischen Alltag nicht mehr wegzudenken. Unter dem Begriff Tomographie werden Methoden zusammengefasst, die es erlauben, Schnittbilder vom Inneren des menschlichen Körpers darzustellen. Im letzten Jahrhundert wurden zahlreiche tomographische Verfahren entwickelt. Bekannte Beispiele sind die Computertomographie (CT), die Magnetresonanztomographie (MRT), die Positronen-Emissions-Tomographie (PET) und die Single-Photon-Emission-Computed-Tomography (SPECT). Jedes dieser Verfahren nutzt zur Bildgebung einen unterschiedlichen physikalischen Effekt aus. Grundsätzlich können tomographische Verfahren in zwei Kategorien unterteilt werden. Verfahren der ersten Kategorie bestimmen Konstanten, die direkt mit dem untersuchten Gewebe zusammenhängen. Sie bieten daher eine morphologische Abbildung des menschlichen Körpers. Verfahren der zweiten Kategorie stellen das Körperinnere indirekt dar. Hierzu wird dem Patienten ein Tracer verabreicht und anschließend die örtliche Verteilung des Tracers bestimmt. Die gemessene Konzentrationsverteilung ist dabei quantitativ. CT und MRT fallen in die erste Kategorie und bestimmen den Röntgenabschwächungskoeffizienten bzw. die Protonendichte von Wasserstoffatomen im menschlichen Körper. PET und SPECT fallen in die zweite Kategorie und bestimmen die Verteilung radioaktiver Tracer. Allerdings ist die Aufteilung der Verfahren in zwei Kategorien nicht starr, da auch bei CT und MRT Kontrastmittel

Tabelle 1.1: Vergleich bekannter bildgebender Verfahren bezüglich der Kriterien Ortsauflösung, Messzeit, Sensitivität, Quantität und Schädlichkeit.

	CT	MRT	PET	SPECT	**MPI**
Ortsauflösung	0.5 mm	1 mm	4 mm	10 mm	< 1 mm
Messzeit	1 s	10 s – 30 min	1 min	1 min	< 0.1 s
Sensitivität	gering	gering	hoch	hoch	hoch
Quantität	ja	nein	ja	ja	ja
Schädlichkeit	Röntgen	Erwärmung	β/γ-Strahlung	γ-Strahlung	Erwärmung

verwendet werden können. Sie dienen dabei hauptsächlich der Kontrastverbesserung und nur teilweise zum direkten Abbilden des Tracers wie bei der Perfusionsbildgebung.

Jedes der zuvor erwähnten Verfahren hat seine Vor- und Nachteile. Es stellt sich daher die Frage, nach welchen Kriterien bildgebende Verfahren verglichen werden können. Wichtig sind vor allem die Ortsauflösung, die Messgeschwindigkeit und die Sensitivität. Weiterhin sind die Quantifizierbarkeit von Gewebeparametern und die Schädlichkeit der Verfahren wichtige Kriterien. In Tabelle 1.1 sind die wichtigsten Eigenschaften der vorgestellten Verfahren gegenübergestellt. Während CT ein sehr schnelles Verfahren mit einer hohen Ortsauflösung ist, hat es den Nachteil einer hohen Strahlenbelastung. MRT bietet einen sehr guten Weichteilkontrast und eine hohe Ortsauflösung, benötigt aber lange Messzeiten, so dass Echtzeitaufnahmen nur bei sehr schlechter Auflösung möglich sind. PET und SPECT haben zwar eine geringe Ortsauflösung und lange Messzeiten, bieten aber eine hohe Sensitivität und spielen in der funktionellen Bildgebung eine große Rolle.

Obwohl die bestehenden bildgebenden Verfahren ein breites Spektrum an Diagnosemöglichkeiten bieten, wird ständig nach alternativen Möglichkeiten für die Bildgebung geforscht. Kürzlich wurde ein neues tomographisches Verfahren namens Magnetic-Particle-Imaging (MPI) entwickelt, das es ermöglicht, die räumliche Verteilung super-paramagnetischer Eisenoxid-Nanopartikel (sogenannter SPIOs) zu bestimmen. Das Verfahren wurde von B. Gleich und J. Weizenecker erfunden und erstmals 2005 in der Zeitschrift „Nature" veröffentlicht [40]. Wie in Tabelle 1.1 abzulesen ist, verspricht MPI eine hohe Ortsauflösung im Submillimeterbereich, eine hohe Sensitivität und insbesondere eine schnelle Datenakquisition. Dabei verwendet MPI keine ionisierende Strahlung, sondern nur magnetische Felder und ist somit nicht schädlich, wenn die Felder im zulässigen Bereich betrieben werden. Wenn man die Eigenschaften von MPI mit denen der bestehenden Verfahren vergleicht, wird das Potenzial von MPI deutlich.

Mögliche medizinische Anwendungen von MPI sind vor allem solche, die eine schnelle dynamische Bildgebung benötigen. Insbesondere die Darstellung des Blutflusses zur Diagnose von Herzkranzgefäßkrankheiten könnte von MPI sehr gut adressiert werden.

Auch bei arteriosklerotisch bedingten Gefäßverengungen der Halsschlagader, einer der Hauptursachen von Schlaganfällen bei jungen Erwachsenen, könnte MPI sehr gut eingesetzt werden. Weitere Anwendungen können bei der Tumordetektion gefunden werden, so zum Beispiel bei der Wächterlymphknoten-Biopsie beim Mammakarzinom. Ansonsten kann MPI potenziell überall dort angewendet werden, wo medizinische Tracer heute schon im Einsatz sind. Auch eine Funktionalisierung der Partikel zur Adressierung spezifischer Krankheitsbilder ist denkbar.

In der kurzen Zeit seit der Erfindung von MPI wurden drei wichtige Meilensteine erreicht. Zunächst wurden 2005 statische 2D-Phantom-Bilder veröffentlicht, die eine hohe Ortsauflösung im Submillimeterbereich aufwiesen [40]. Allerdings war die Messzeit für den klinischen Einsatz noch viel zu lang (etwa eine Stunde), da das Phantom mechanisch bewegt werden musste, um 2D-Daten aufzunehmen. Weiterhin war die Konzentration des Tracers noch mehrere Größenordnungen höher als klinisch zugelassen. Der in [40] verwendete MPI-Scanner wurde weiterentwickelt, so dass 2008 erste 2D-Echtzeitaufnahmen gezeigt werden konnten [41]. Dies wurde durch eine Bildkodierung erreicht, die ohne mechanische Bewegung auskommt und nur Magnetfelder verwendet. Die 2D-Phantomaufnahmen erreichten eine Bildwiederholungsrate von 46 Bildern pro Sekunde. Allerdings war die Tracerkonzentration immer noch hoch. Schließlich wurden 2009 die ersten 3D-*in-vivo*-Bilder veröffentlicht, in denen ein schlagendes Mäuseherz abgebildet werden konnte [42]. Die Tracerkonzentration war deutlich geringer und sogar im klinisch zugelassenen Bereich. Die Verbesserung der Sensitivität wurde durch den Einsatz eines rauscharmen Empfangsverstärkers erreicht.

In [43] wurden das Auflösungsvermögen und die Sensitivität von MPI in einer Simulationsstudie untersucht. Dabei wurden wichtige Skalierungsgesetze hergeleitet, die zeigen, von welchen Parametern das Auflösungsvermögen und die Sensitivität von MPI abhängen. Das vorgestellte Simulationsmodell wird auch in dieser Arbeit verwendet. In [44] wurde in einer theoretischen Arbeit ein komplett neues Ortskodierschema vorgestellt, das eine feldfreie Linie (FFL) nutzt und damit die Sensitivität von MPI deutlich verbessern könnte. In einer Simulationsstudie wurde eine Sensitivitätssteigerung von einer Größenordnung gezeigt. Allerdings waren die Erfinder der FFL-Bildgebung pessimistisch, ob eine FFL-Spulenanordnung in der Realität überhaupt umsetzbar sei. In [45] wurde die Systemfunktion, die den Zusammenhang zwischen dem Messsignal und der Partikelverteilung beschreibt, näher untersucht. Es wurde gezeigt, dass die Systemfunktion bei idealen Feldern und einer 1D-Messsequenz aus einer Faltung zwischen der zeitlichen Ableitung des Magnetisierungsverlaufs und Chebyshev-Polynomen zweiter Art besteht. Weiterhin wurde in der Arbeit erstmals eine Systemfunktion einer 2D-Messsequenz gezeigt.

Die Forschergruppe um J. B. Weaver hat ein Spektrometer für die Vermessung magnetischer Nanopartikel entwickelt und mit diesem zahlreiche Fragestellungen untersucht. In [46] wurde der Einfluss des Messsignals auf ein Offset-Feld studiert. Dabei wurde gezeigt, dass die Signalstärke der geraden harmonischen Frequenzen durch Anlegen eines Offsets deutlich steigt. In [47] wurde das Spektrometer dazu genutzt, die Temperatur der Partikel zu bestimmen. Hierzu wurde ausgenutzt, dass das Messsignal auch von der Partikeltemperatur abhängt. In [48] wurde die Methode durch Anlegen eines Offset-Feldes weiter verbessert. In [49] wurde gezeigt, das molekulare Bindungen einen Einfluss auf das Messsignal haben. In [50] wurde mit dem Spektrometer die Viskosität der Partikelsuspension bestimmt. Hierzu wurde eine niedrige Anregungsfrequenz verwendet und die Viskosität aus der Brown-Relaxation berechnet.

Die Gruppe um P. W. Goodwill und S. M. Conolly hat einen „Narrowband"-MPI-Scanner entwickelt [51], der durch Intermodulation das Messsignal in einem schmalen Frequenzband kodiert und so eine hohe Sensitivität erreicht. Im Vergleich mit dem MPI-Scanner von Philips benötigt der in [51] vorgestellte Scanner allerdings wesentlich längere Messzeiten und ist somit nicht echtzeitfähig.

In [52] wurde von R. M. Ferguson der Einfluss der Partikelgröße auf die Signalstärke untersucht, wobei ein einfaches Anisotropiemodell angenommen wurde. Es wurde gezeigt, dass die optimale Partikelgröße von der Anisotropie der Partikel abhängt. Weiterhin wurde gezeigt, dass es in Abhängigkeit von der Partikelgröße eine optimale Anregungsfrequenz gibt.

Im folgenden Abschnitt wird das Grundprinzip von MPI erklärt. Anschließend werden die Originalbeiträge und die Gliederung dieser Arbeit vorgestellt.

1.2 Grundprinzip

Zur Bildgebung nutzt MPI den nichtlinearen Magnetisierungsverlauf super-paramagnetischer Eisenoxid-Nanopartikel. Das Grundprinzip kann in die Signalkodierung und die Ortskodierung unterteilt werden, obwohl beide eng miteinander zusammenhängen. Für eine anschauliche Darstellung wird in diesem Abschnitt die 1D-MPI-Bildgebung betrachtet. In Kapitel 4 wird auf die 2D- und 3D-Signalkodierung eingegangen.

1.2.1 Signalkodierung

Bei der Signalkodierung macht sich MPI das magnetische Verhalten magnetischer Nanopartikel zu Nutze. Die Partikel bestehen aus einem Eisenoxid-Kern und einer Hülle, die das Agglomerieren der Partikel verhindert. Auch wenn die Partikel einen ferromagnetischen Kern haben, zeigen sie ein super-paramagnetisches Verhalten. Dies bedeutet, dass die Partikel sich gegenseitig nicht magnetisch beeinflussen. Jedes Partikel besteht demnach aus einer einzigen Domäne und verhält sich wie ein Atom eines paramagnetischen Materials. Der Zusatz „super" besagt, dass die Partikel ein hohes magnetisches Moment besitzen, das wesentlich größer als das atomare magnetische Moment ist. Ein Grund für das super-

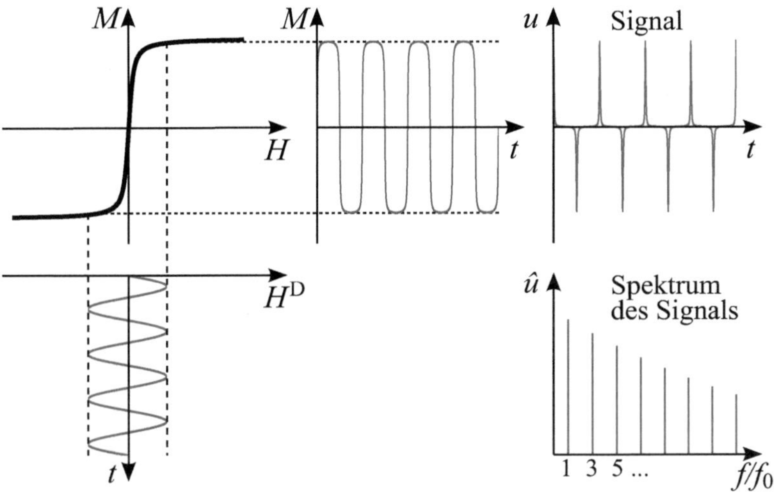

Abbildung 1.1: Grundprinzip der Signalkodierung von MPI. Die super-paramagnetischen Nanoparti-kel werden in ein Anregungsfeld $H^D(t)$ gebracht. Aufgrund der Nichtlinearität des Magnetisierungsverlaufs $M(H)$ enthält die resultierende zeitliche Magnetisierung $M(t)$ und die induzierte Spannung $u(t)$ nicht nur die Anregungsfrequenz, sondern zusätzlich Oberwellen, die für die Bildgebung genutzt werden können.

paramagnetische Verhalten ist, dass die Partikelkerne durch die Hülle so weit voneinander entfernt liegen, dass sie sich nicht gegenseitig beeinflussen.

Zur Bildgebung werden die magnetischen Nanopartikel mit einem sinusförmigen magne-tischen Wechselfeld $H^D(t) = A^D \sin(2\pi f_0 t)$ angeregt. Dabei bezeichnet t die Zeit, f_0 die Anregungsfrequenz und A^D die Amplitude des Magnetfeldes. Die Partikel antworten auf das Anregungsfeld mit einer zeitlichen Änderung ihrer Magnetisierung $M(t)$. Um diese Magnetisierungsänderung messen zu können, kann das Prinzip der elektromagnetischen Induktion genutzt werden. Dazu wird eine Empfangsspule verwendet, in der die zeitliche Ableitung der Magnetisierung als Spannungssignal induziert wird. Wegen der Nichtli-nearität des Magnetisierungsverlaufs der Partikel enthält das Spektrum der induzierten Spannung nicht nur die Anregungsfrequenz f_0, sondern auch harmonische Frequenzen $f_k = kf_0, k \in \mathbb{N}$, also Vielfache der Anregungsfrequenz (sogenannte Oberwellen). In Abbildung 1.1 ist das Grundprinzip der MPI-Signalkodierung illustriert.

An dieser Stelle sollte bemerkt werden, dass nicht nur die zeitliche Änderung der Partikel-magnetisierung, sondern auch das Anregungsfeld selbst eine Spannung in der Empfangs-spule induziert. Das induzierte Anregungssignal ist dabei um mehrere Größenordnungen (10^6 - 10^9) höher als das induzierte Partikelsignal. Um das Partikelsignal von der induzierten Spannung zu trennen, kann nun ausgenutzt werden, dass das Anregungssignal nur eine Frequenz enthält. Durch Filterung der Anregungsfrequenz enthält das resultierende Signal nur noch die Oberwellen des Partikelsignals, die für die Bildgebung genutzt werden können.

Bis jetzt wurde die örtliche Verteilung der Nanopartikel nicht berücksichtigt. Bei einem homogenen Anregungsfeld ist der Magnetisierungsverlauf aller Partikel im Raum gleich, so dass die örtliche Verteilung der Partikelkonzentration nicht bestimmt werden kann. Im nächsten Abschnitt wird ein Verfahren für die Ortskodierung vorgestellt.

Zuvor soll allerdings erwähnt werden, dass die beschriebene Signalkodierung auch ohne Ortskodierung eine wichtige Anwendung hat. Und zwar wird das Prinzip bei der magnetischen Partikelspektroskopie (englisch: Magnetic Particle Spectroscopy, MPS) genutzt, um die Eignung verschiedener Nanopartikel für die Nutzung bei MPI zu untersuchen. Ein Maß für die Eignung ist der Abfall der Oberwellen im Signalspektrum. Je geringer der Abfall, desto mehr Oberwellen können gemessen werden und umso höher ist die Ortsauflösung [45]. Außerdem können durch MPS die Nanopartikel charakterisiert werden. Zum Beispiel kann die Größenverteilung der Partikel [46, 9] und sogar die Temperatur [47, 48] bestimmt werden. Am Institut für Medizintechnik der Universität zu Lübeck wurde ein Spektrometer für die Vermessung magnetischer Nanopartikel entwickelt und in [10, 9, 11, 12, 1, 13] publiziert.

1.2.2 Ortskodierung

Für die Ortskodierung wird ein statisches magnetisches Selektionsfeld $H^{\mathrm{S}}(x) = Gx$ verwendet, das linear mit der Gradientenstärke G im Raum ansteigt. An einem bestimmten Punkt ist das Selektionsfeld gleich null, weswegen diese Stelle als feldfreier Punkt (FFP) bezeichnet wird. Da die Magnetisierung der Nanopartikel schon bei geringen Feldstärken in die Sättigung gelangt, antworten nur Nanopartikel in direkter Nachbarschaft des FFPs auf das Anregungsfeld. An allen anderen Punkten im Raum verbleiben die Partikel in Sättigung, wie in Abbildung 1.2 dargestellt ist. Folglich kann das Messsignal genau den Partikeln in direkter Nähe des FFPs zugeordnet werden.

Um den gesamten Messbereich zu erfassen, wird der FFP durch den Raum bewegt. Interessanterweise werden dazu keine weiteren Felder benötigt. Was bislang unterschlagen wurde, ist, dass der FFP durch Überlagerung des Anregungsfeldes nicht an einer bestimmten Stelle verbleibt. Betrachtet man das Gesamtmagnetfeld

$$H(x,t) = H^{\mathrm{D}}(t) + H^{\mathrm{S}}(x) = A^{\mathrm{D}} \sin(2\pi f_0 t) + Gx, \tag{1.1}$$

sieht man, dass der FFP entlang einer Linie im Intervall $\left[-A^{\mathrm{D}}/G, A^{\mathrm{D}}/G\right]$ oszilliert. Bei einer Sprungfunktion als Magnetisierungsverlauf antworten zum Zeitpunkt t nur Partikel an der Stelle $x = -\frac{A^{\mathrm{D}}}{G} \sin(2\pi f_0 t)$. Somit besteht in diesem Fall ein direkter Zusammenhang zwischen dem Messsignal und der örtlichen Verteilung der Partikel. In der englischen

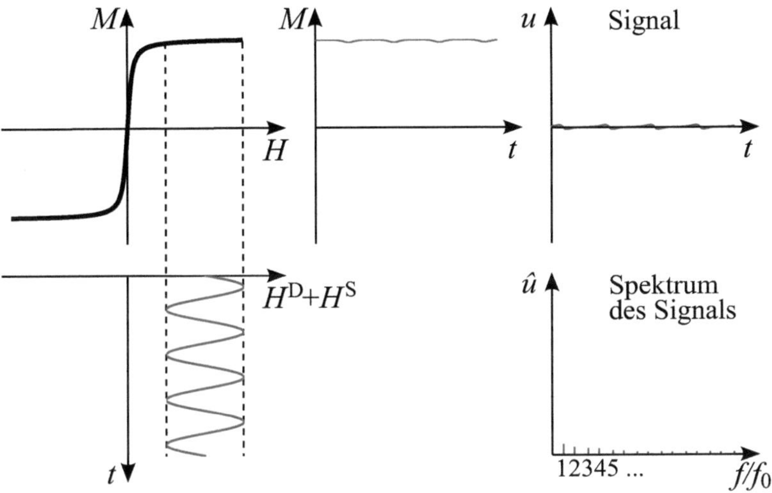

Abbildung 1.2: Wird das Anregungsfeld $H^D(t)$ mit einem statischen Selektionsfeld H^S überlagert, verbleiben die Partikel in Sättigung. Da die resultierende Magnetisierung fast konstant ist, wird kein messbares Signal in der Empfangsspule induziert.

Originalarbeit [40] wird das Anregungsfeld als „Drive-Field" bezeichnet, um zu verdeutlichen, dass der FFP durch das Wechselfeld im Raum bewegt wird. In dieser Arbeit wird der englische Begriff nicht direkt als „Bewegungsfeld" übersetzt, sondern es wird die Partikelanregung bei der Namenswahl in den Vordergrund gestellt.

In der Realität ist der Magnetisierungsverlauf der Partikel keine Sprungfunktion. Stattdessen hat der Magnetisierungsverlauf einen steilen Anstieg um den Nullpunkt herum und geht bei einer gewissen Feldstärke in Sättigung. Dies hat zur Folge, dass nicht nur Partikel in direkter Nähe zum FFP ein Signal in der Empfangsspule induzieren, sondern genau genommen alle Partikel in einem bestimmten Bereich um den FFP. Das Signal besteht daher aus einer Faltung der Partikelverteilung mit einem Kern, der von der Steilheit des Magnetisierungsverlaufs und dem Gradienten des Selektionsfeldes abhängt. Folglich ist auch die erreichbare Auflösung beschränkt und hängt von den zuvor genannten Parametern ab.

Neben der im letzten Abschnitt verfassten Erklärung, kann der Bildgebungsprozess auch anders interpretiert werden. Hierzu wird die Partikelmagnetisierung an einem bestimmten Punkt x betrachtet. Da das Selektionsfeld statisch in der Zeit und das Anregungsfeld homogen im Raum ist, besteht die Gesamtfeldstärke aus einem ortsunabhängigen dynamischen Teil, zu dem ein ortsabhängiger Offset addiert wird. Wie in Abbildung 1.3 zu sehen, ist die Partikelantwort hochgradig abhängig vom angelegten Offset. Folglich reagieren

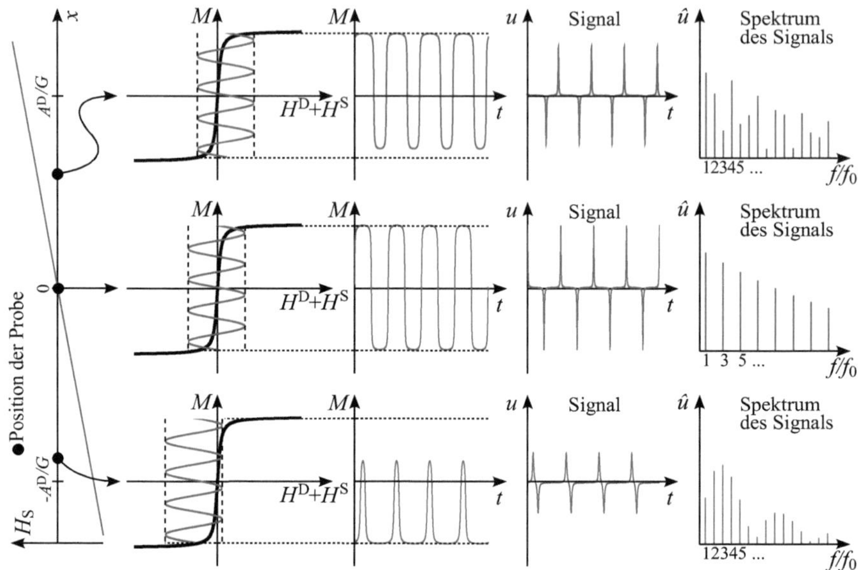

Abbildung 1.3: Abhängigkeit der Partikelantwort von dem Selektionsfeld-Offset. Bei einem linearen Selektionsfeld $H^S(x) = Gx$ ist der Offset proportional zum Ort x. Innerhalb des Messintervalls $\left[-A^D/G, A^D/G\right]$ hat die Gesamtfeldstärke einen Vorzeichenwechsel, so dass die Partikelmagnetisierung auch das Vorzeichen wechselt. Das induzierte Signal und folglich auch das Spektrum ist stark von der Position der Partikel abhängig. Partikel außerhalb des genannten Intervalls erfahren keinen Vorzeichenwechsel, so dass kaum ein Signal in der Empfangsspule induziert wird (vergleiche Abbildung 1.2).

verschiedene Partikel im Raum mit einer unterschiedlichen spektralen Antwort. Wenn nun eine räumliche Partikelverteilung entlang des Messbereichs $\left[-A^D/G, A^D/G\right]$ betrachtet wird, besteht das Spektrum der induzierten Spannung aus einer Überlagerung der spektralen Antworten der Partikel an verschiedenen Ortspunkten. Zwischen dem Spektrum der induzierten Spannung und der Partikelverteilung besteht daher ein linearer Zusammenhang, der in kontinuierlicher Form durch eine Integralgleichung beschrieben werden kann. Diese Integralgleichung hat als Kern die sogenannte Systemfunktion, die schon in [40] eingeführt wurde. Nach der Diskretisierung der Integralgleichung entsteht ein lineares Gleichungssystem mit einer Systemmatrix, deren Spalten aus den spektralen Partikelantworten bestehen.

1.3 Originalbeiträge

Da MPI ein sehr junges bildgebendes Verfahren ist, sind viele Aspekte kaum erforscht. Folglich könnte sich die Funktionsweise des Verfahrens noch grundlegend verändern. Beispielsweise stellt sich die Frage, ob die Bildgebung mittels eines feldfreien Punktes wirklich ein gutes Ortskodierschema ist. Diese Arbeit beschäftigt sich daher weniger mit Detailverbesserungen bestehender Methoden, sondern vielmehr mit neuen Konzepten, die das Verfahren grundsätzlich verbessern. Die Arbeit unterteilt sich in zwei Themengebiete. Zum einen beschäftigt sich die Arbeit mit einer effizienten Rekonstruktion. Hierbei geht es nicht nur um den Rekonstruktionsprozess an sich, sondern auch um die Frage, wie die Systemfunktion effizient bestimmt werden kann. Zum anderen werden in dieser Arbeit neue Spulenanordnungen vorgestellt, die entweder für spezielle Anwendungen entworfen sind oder generell die Sensitivität von MPI verbessern könnten. Die Originalbeiträge der vorliegenden Arbeit sind im Folgenden aufgezählt:

- Bislang wurde das lineare Gleichungssystem, das den Zusammenhang zwischen dem Messsignal und der Partikelverteilung beschreibt, durch eine Singulärwertzerlegung (englisch: Singular Value Decomposition, SVD) gelöst [40, 43, 41, 44]. Obwohl dies zu guten Ergebnissen führt, hat die SVD den Nachteil, dass sie sehr zeitintensiv ist und viel Speicherplatz benötigt. In dieser Arbeit wird erstmals die Verwendung iterativer Algorithmen, wie dem CGNR-Verfahren (Conjugated Gradient Normal Residual) und dem Kaczmarz-Verfahren, vorgeschlagen und die Genauigkeit sowie die Konvergenzgeschwindigkeit der Verfahren untersucht. Es wird gezeigt, dass beide Verfahren nur wenige Iterationen benötigen, wenn eine spezielle Gewichtsmatrix verwendet wird. Die Gewichtsmatrix hat den weiteren Vorteil, dass die Qualität der Lösung selbst auch verbessert wird.

- Um überhaupt ein Bild rekonstruieren zu können, muss die Systemfunktion bekannt sein. Bislang wird hierzu eine zeitintensive Kalibrierungsmessung verwendet, bei der eine kleine Punktprobe durch das Messvolumen bewegt und die Partikelantwort an jedem Ortspunkt gemessen wird. Obwohl dieses messbasierte Verfahren sich schon bewährt hat und zu guten Rekonstruktionsergebnissen führt [40, 41, 42], hat es einige Nachteile. Zum einen dauert die Kalibrierungsmessung sehr lange, so dass für feine Voxelauflösungen sogar Monate nötig sind. Zum anderen ist die gemessene Systemfunktion mit Rauschen behaftet, was die Bildqualität verschlechtern kann. Des Weiteren benötigt der messbasierte Ansatz sehr viel Speicherplatz, da jeder einzelne Eintrag der Systemfunktion explizit abgespeichert werden muss. Aufgrund dieser Nachteile wird in dieser Arbeit erstmals die Verwendung einer modellbasierten Systemfunktion vorgeschlagen. In 1D- und 2D-Experimenten wird gezeigt, dass die modellierte im Vergleich zur gemessenen Systemfunktion nahezu vergleichbare Rekontruktionsergebnisse liefert. Dabei ist die Bestimmung der modellierten gegenüber der gemessenen Systemfunktion deutlich schneller.

- Für die mehrdimensionale Bildgebung kann der FFP entlang einer Lissajous-Trajektorie bewegt werden. Diese Trajektorie wurde in allen bislang realisierten MPI-Scannern verwendet. In dieser Arbeit wird erstmals untersucht, ob auch andere Trajektorien für die Bildgebung genutzt werden können. In einer Simulationsstudie wird die Lissajous-Trajektorie mit vier anderen Abtastbahnen verglichen. Wie sich zeigt, ist die Lissajous-Trajektorie tatsächlich eine gute Wahl. Die radiale Trajektorie hat im Gegensatz zur Lissajous-Trajektorie eine inhomogene Auflösung im Messbereich. Da die Auflösung im Zentrum aber höher als bei der Lissajous-Trajektorie ist, könnte eine radiale Trajektorie in manchen Anwendungen eine Alternative sein. Im Zuge des Trajektorienvergleichs wird erstmals untersucht, welchen Einfluss die Dichte der Trajektorie auf die Ortsauflösung hat. Wie sich zeigt, steigt die Auflösung bis zu einem gewissen Wert mit der Dichte der Trajektorie an. Für höhere Abtastdichten wird die Auflösung von der Gradientenstärke des Selektionsfeldes und der Partikelgröße beschränkt.

- Der in der Entwicklungschronologie erste entwickelte MPI-Scanner besteht aus mehreren Spulenpaaren, die symmetrisch um ein zylindrisches Messfeld angeordnet sind [40]. Bei dieser Anordnung ist die maximale Objektgröße durch die Größe der Bohrung beschränkt wird. Der MPI-Scanner von Philips hat einen Bohrungsdurchmesser von 32 mm und erlaubt damit das Messen von Kleintieren wie zum Beispiel Mäusen. In dieser Arbeit wird eine neuartige Spulenanordnung vorgestellt, bei der alle felderzeugenden Elemente von nur einer Seite an das Messobjekt herangeführt werden. Diese als „Single-Sided" bezeichnete Anordnung ermöglicht es, Objekte beliebiger Größe zu messen, wobei die axiale Messfeldausdehnung jedoch beschränkt ist. Am Institut für Medizintechnik ist der erste Prototyp eines Single-Sided-MPI-Scanners entstanden, mit dem die Machbarkeit des neuen Konzeptes gezeigt werden konnte.

- Ein weiterer wichtiger Beitrag dieser Arbeit ist im Bereich der feldfreien Linie entstanden. Wie bereits erwähnt wurde, hat die Bildgebung mittels einer FFL das Potenzial, die Sensitivität von MPI zu verbessern. Allerdings waren J. Weizenecker und seine Kollegen in dem bisher einzigen Artikel über die FFL-Bildgebung sehr pessimistisch, ob das FFL-Konzept überhaupt umsetzbar sei [44]. Dies lag daran, dass die in [44] vorgestellte Spulentopologie, bestehend aus 32 auf einem Kreis angeordneten kleinen Spulen, etwa tausendmal mehr Leistung benötigt als ein klassischer FFP-Scanner. Weder das Erzeugen der benötigten Ströme, noch das Abführen der entstehenden Wärmeverluste, sind mit vertretbarem Aufwand realisierbar. Weiterhin wurde in [44] nicht mathematisch bewiesen, dass der vorgestellte Aufbau tatsächlich eine FFL erzeugt. In dieser Arbeit wird zum ersten Mal der Beweis erbracht, dass der in [44] vorgeschlagene Aufbau eine sich drehende FFL generiert. Der Beweis wird allgemein für $L \geq 3$ auf einem Kreis angeordnete Spulenpaare geführt, so dass weiterhin gezeigt werden kann, dass nur drei Spulenpaare für die Generierung einer FFL nötig sind. Durch Änderung der Ströme kann die FFL beliebig gedreht werden. Anhand von Magnetfeldsimulationen kann weiterhin gezeigt werden, dass die Verringerung der Spulenanzahl nicht nur die Verlustleistung deutlich reduziert, sondern sogar die Qualität der Felder verbessert. Der entstehende MPI-Scanner benötigt nur geringfügig mehr Leistung als ein vergleichbarer FFP-Scanner. Dies ist ein entscheidender Schritt in Richtung der Realisierung des FFL-Konzeptes, der die zukünftige Entwicklung von MPI nachhaltig beeinflussen könnte.

Teile dieser Arbeit wurden in begutachteten Zeitschriften veröffentlicht [2, 3, 4, 5, 6, 7], als Patent eingereicht [37] und auf Konferenzen vorgetragen [14, 15, 16, 17, 18, 19]. Unter Mitwirkung des Autors dieser Arbeit sind am Institut für Medizintechnik darüber hinaus zwei Zeitschriftenartikel [8, 1], zahlreiche Konferenzbeiträge [10, 20, 9, 11, 21, 12, 22, 13, 23, 24, 25, 26, 27, 28, 29, 30, 31, 32, 33, 34, 35, 36] und zwei weitere Patenteinreichungen [38, 39] entstanden.

1.4 Gliederung

Die Arbeit ist wie folgt gegliedert. In Kapitel 2 wird eine allgemeine Einführung in die Theorie des Elektromagnetismus gegeben. Ausgehend von den Maxwellgleichungen wird ein Modell der MPI-Signalkette hergeleitet. Dabei kann die quasistatische Approximation verwendet werden, die für den bei MPI verwendeten Frequenzbereich von 25 kHz bis zu einigen MHz gültig ist. Dies vereinfacht die Berechnung der Magnetfelder deutlich. Schließlich wird die Partikelmagnetisierung mittels der Langevin-Theorie des Paramagnetismus modelliert.

In Kapitel 3 wird eine Simulationsumgebung entwickelt, die es erlaubt, MPI-Experimente nachzubilden. Um das kontinuierliche Modell aus Kapitel 2 auf einem Computer umzusetzen, werden verschiedene Größen diskretisiert. Neben der Zeit muss der Raum in unterschiedlichen Gebieten abgetastet werden. Schließlich wird der Simulationsalgorithmus als Pseudocode zusammengefasst. Am Ende des Kapitels werden einige Implementierungsdetails diskutiert.

In Kapitel 4 werden Konzepte der MPI-Bildgebung vorgestellt. Hierzu wird ein allgemeiner 3D-MPI-Scanner verwendet, an dem zunächst die bei MPI benötigten Felder im Detail besprochen werden. Dabei wird auf verschiedene Messparameter und auf die Abtasttrajektorie eingegangen. Weiterhin wird ein Konzept zur Trennung des Partikelsignals von der induzierten Spannung vorgestellt. Zum Ende des Kapitels wird auf die Systemfunktion eingegangen, die den Zusammenhang zwischen dem Messsignal und der örtlichen Verteilung der Partikelkonzentration beschreibt. Durch Diskretisierung der kontinuierlichen Integralgleichung ergibt sich ein lineares Gleichungssystem, welches zur Bestimmung der Partikelverteilung zu lösen ist.

In Kapitel 5 wird die Rekonstruktion der Partikelverteilung besprochen. Zum Lösen des linearen Gleichungssystems wird ein gewichteter, regularisierter Kleinste-Quadrate-Ansatz genutzt. Durch eine spezielle Gewichtung kann die Konvergenzgeschwindigkeit iterativer Verfahren drastisch erhöht werden. Dies verringert den zeitlichen Aufwand und ermöglicht die Rekonstruktion von MPI-Daten in Echtzeit.

In Kapitel 6 wird eine Simulationsstudie durchgeführt, bei der unterschiedliche Trajektorien miteinander verglichen werden. Dabei wird neben einer Sinusanregung eine Dreiecksanregung verwendet. Anhand der berechneten Trajektorien und anhand von rekonstruierten Simulationsdaten werden die Trajektorien miteinander verglichen. Dabei werden verschiedene Trajektoriendichten genutzt und die Abhängigkeit der Ortsauflösung von der Dichte untersucht.

In Kapitel 7 wird Single-Sided-MPI vorgestellt. Zunächst wird das Prinzip erläutert, wie ein FFP mit Spulen erzeugt werden kann, die nur von einer Seite an das zu messende Objekt herangebracht werden. Anschließend wird der in Lübeck realisierte Scanner vorgestellt. Schließlich werden anhand von Phantomexperimenten die Leistung des Systems evaluiert und zukünftige medizinische Anwendungen diskutiert.

In Kapitel 8 wird die modellbasierte Rekonstruktion vorgestellt. Hierzu wird zunächst der messbasierte Ansatz zur Bestimmung der Systemfunktion vorgestellt. Dabei werden auch die Nachteile dieses Ansatzes diskutiert. Anschließend wird eine modellbasierte Systemfunktion betrachtet und eine Methode zur Bestimmung der Übertragungsfunktion des Empfangspfades vorgestellt. Dazu wird ein linearer Regressionsansatz verwendet, der nur wenige Kalibirierungsmessungen benötigt. In Experimenten mit dem 1D-Single-Sided-Scanner aus Lübeck und dem klassischen 2D-Scanner von Philips wird die Genauigkeit der modellbasierten im Vergleich zur messbasierten Rekonstruktion untersucht. Schließlich werden Möglichkeiten zur Verbesserung des zugrundeliegenden Modells vorgeschlagen.

In Kapitel 9 wird die Bildgebung mit einer FFL untersucht. Zunächst wird der in [44] vorgestellte Spulenaufbau vorgestellt und verallgemeinert. Anschließend wird bewiesen, dass der Aufbau tatsächlich eine sich drehende FFL erzeugt. Durch Simulation der Magnetfelder wird die Verlustleistung des FFL-Scanners in Abhängigkeit von der Spulenanzahl untersucht. Dies führt zu einer Spulenkonfiguration, die tatsächlich mit moderatem Aufwand realisiert werden kann.

In Kapitel 10 werden die Ergebnisse der Arbeit zusammengefasst. Anschließend wird in Kapitel 11 ein Ausblick auf neue Fragestellungen gegeben, die im Rahmen dieser Arbeit aufgetaucht sind.

2

Physikalische Grundlagen

In diesem Kapitel werden die bei MPI benötigten elektromagnetischen Grundlagen vorgestellt. Aus dem hergeleiteten mathematischen Modell der MPI-Signalkette wird in Kapitel 3 eine Simulationsumgebung für MPI entwickelt. Zunächst werden die Maxwellgleichungen in allgemeiner Form eingeführt. Anschließend werden zwei Approximationen betrachtet, die das resultierende Modell wesentlich vereinfachen. Zum einen wird die quasistatische Approximation betrachtet, indem Verschiebungsströme vernachlässigt werden. Zum anderen wird angenommen, dass die örtliche Verteilung der Stromdichte unabhängig von der Zeit ist. Mit diesen Vereinfachungen kann eine einheitliche Theorie für die Magnetisierung und die magnetische Feldstärke hergeleitet werden. Das magnetische Vektorpotential ermöglicht es, Formeln für die explizite Berechnung beider Vektorfelder herzuleiten. Die zeitliche Änderung beider Felder induziert ein Spannungssignal in einer Empfangsspule. Dieser Vorgang wird durch das Induktionsgesetz beschrieben. Mit dem Reziprozitätsprinzip kann eine einfache Form für die durch die Magnetisierung induzierte Spannung hergeleitet werden. Zum Ende dieses Kapitels wird das Verhalten magnetischer Nanopartikel studiert. Die Partikel reagieren auf ein angelegtes Feld mit einer Änderung ihrer Magnetisierung. Aufgrund der geringen Partikelgröße und der verwendeten Hülle kann angenommen werden, dass die Partikel ein super-paramagnetisches Verhalten aufweisen. Unter dieser Annahme wird mittels der Langevin-Theorie des Paramagnetismus ein einfaches Modell für die Partikelmagnetisierung hergeleitet.

2.1 Notation

In dieser Arbeit werden die in der Physik und Mathematik üblichen Bezeichnungen verwendet. So wird zum Beispiel die Menge der natürlichen Zahlen ohne null $\mathbb{N}$, die Menge der natürlichen Zahlen mit null $\mathbb{N}_0$, die Menge der ganzen Zahlen $\mathbb{Z}$, die Menge der reellen Zahlen $\mathbb{R}$ und die Menge der komplexen Zahlen $\mathbb{C}$ verwendet. Physikalische Einheiten sind im SI-System angegeben.

Vektoren und Matrizen werden in fetten Buchstaben geschrieben. Ein Vektor

$$a := (a_n)_{n=0}^{N-1} \in \mathbb{C}^N \tag{2.1}$$

der Dimension N besteht aus Elementen $a_n \in \mathbb{C}$, $n = 0,\dots,N-1$. Eine Matrix der Dimension $M \times N$ wird in der Form

$$G := \big(g_{k,n}\big)_{k=0,\dots,M-1;n=0,\dots,N-1} \tag{2.2}$$

dargestellt. Die zu G transponierte Matrix der Dimension $N \times M$ wird wie folgt beschrieben:

$$G^{\mathsf{T}} := \big(g_{n,k}\big)_{n=0,\dots,N-1;k=0,\dots,M-1}. \tag{2.3}$$

Für eine adjungierte Matrix wird die Bezeichnung $G^{\mathsf{H}} := (G^*)^{\mathsf{T}}$ verwendet. Dabei beschreibt der Stern in dieser Arbeit die komplexe Konjugation. Über dem Vektorraum $\mathbb{C}^N$ wird das euklidische Skalarprodukt und die entsprechende induzierte Norm durch

$$a \cdot b := a^{\mathsf{H}} b = \sum_{j=0}^{N-1} a_n^* b_n, \qquad \|a\|_2 := \sqrt{a \cdot a} \tag{2.4}$$

definiert. Die gewichtete euklidische Norm wird durch

$$\|a\|_W := \|W^{\frac{1}{2}} a\|_2 \tag{2.5}$$

beschrieben. Dabei bezeichnet

$$W = \operatorname{diag}\left((w_n)_{n=0}^{N-1}\right) \tag{2.6}$$

die Gewichtsmatrix mit positiven reellen Gewichten w_n, $n = 0,\dots,N-1$. Durch $W^{\frac{1}{2}}$ wird die Wurzel der Gewichtsmatrix W beschrieben. Da W eine Diagonalmatrix ist, gilt $W^{\frac{1}{2}} = \operatorname{diag}\left(\left(\sqrt{w_n}\right)_{n=0}^{N-1}\right)$.

Um die Abweichung eines mit Fehlern behafteten Vektors $\tilde{a}$ zu einem originalen Vektor a anzugeben, kann der relative Fehler

$$\frac{\|a - \tilde{a}\|_2}{\|a\|_2} \tag{2.7}$$

betrachtet werden. Üblicherweise wird dieses Maß auch als NRMS-Fehler (englisch: Normalized Root Mean Square Error) bezeichnet.

Ein Punkt $r \in \mathbb{R}^3$ im 3D-Raum wird durch Angabe der kartesischen Koordinaten $r = (x, y, z)^{\mathsf{T}} = xe_x + ye_y + ze_z$ bestimmt. Dabei bezeichnen e_x, e_y und e_z die Einheitsvektoren in x-, y- und z-Richtung. Die Zeit wird mit t bezeichnet. Alle in dieser Arbeit auftretenden zeitabhängigen Funktionen sind periodisch und haben eine Periodenlänge von T. Repräsentativ wird das Intervall $[0, T)$ betrachtet. In dieser Arbeit wird angenommen, dass alle verwendeten Funktionen eine konvergente Fourierreihe haben.

Die meisten betrachteten Funktionen hängen von der Zeit t, vom Ort r oder von beiden Variablen ab. An vielen Stellen dieser Arbeit dient es der Übersicht, wenn die Funktionsargumente weggelassen werden.

Um die Laufzeit von Algorithmen anzugeben und abzuschätzen, wird die Landau-Notation O verwendet. Für eine Funktion $g : \mathbb{R} \to \mathbb{R}$ wird die Menge $O(g)$ als

$$O(g) := \{\varrho : \mathbb{R} \to \mathbb{R} \mid \exists y > 0 \; \exists x_0 \; \forall x > x_0 \; |\varrho(x)| \leq y|g(x)|\} \tag{2.8}$$

definiert. Mit der Landau-Notation kann man sich bei der Angabe von Laufzeiten auf die wesentlichen Faktoren beschränken.

2.2 Maxwellgleichungen

Die Maxwellgleichungen erlauben es, alle elektromagnetischen Phänomene in einer einheitlichen Theorie zu beschreiben. Sie wurden in den Jahren 1861 bis 1864 von Maxwell vorgeschlagen [54, 55, 56]. Dabei fasste er drei von Gauß, Faraday und Ampère entdeckte Gesetzmäßigkeiten in einer einheitlichen Theorie zusammen und erweiterte sie um den Maxwellschen Verschiebungsstrom. Unter den Maxwellgleichungen werden heute vier partielle Differentialgleichungen verstanden, die in differenzieller und integraler Form geschrieben werden können und wie folgt definiert sind:

Definition 2.1: Die Maxwellgleichungen setzen die folgenden skalaren und vektoriellen Felder in Beziehung:

- die freie Ladungsdichte $\rho^{\mathrm{f}}(r, t)$, gemessen in Cm^{-3},
- die freie Stromdichte $j^{\mathrm{f}}(r, t)$, gemessen in Am^{-2},
- die dielektrische Verschiebung $D(r, t)$, gemessen in Cm^{-2},
- die elektrische Feldstärke $E(r, t)$, gemessen in Vm^{-1},
- die magnetische Feldstärke $H(r, t)$, gemessen in Am^{-1},
- die magnetische Flussdichte $B(r, t)$, gemessen in T.

Sie sind gegeben durch:

Das Gaußsche Gesetz:

$$\nabla \cdot \boldsymbol{D} = \rho^{\mathrm{f}} \quad \Leftrightarrow \quad \oint_S \boldsymbol{D} \cdot \mathrm{d}\boldsymbol{A} = Q^{\mathrm{f}} \tag{2.9}$$

Das Gaußsche Gesetz des Magnetismus:

$$\nabla \cdot \boldsymbol{B} = 0 \quad \Leftrightarrow \quad \oint_S \boldsymbol{B} \cdot \mathrm{d}\boldsymbol{A} = 0 \tag{2.10}$$

Das Faradaysche Induktionsgesetz:

$$\nabla \times \boldsymbol{E} = -\frac{\partial \boldsymbol{B}}{\partial t} \quad \Leftrightarrow \quad \oint_{\partial S} \boldsymbol{E} \cdot \mathrm{d}\boldsymbol{l} = -\frac{\mathrm{d}\Phi_S^B}{\mathrm{d}t} \tag{2.11}$$

Das Ampèresche Gesetz:

$$\nabla \times \boldsymbol{H} = \boldsymbol{j}^{\mathrm{f}} + \frac{\partial \boldsymbol{D}}{\partial t} \quad \Leftrightarrow \quad \oint_{\partial S} \boldsymbol{H} \cdot \mathrm{d}\boldsymbol{l} = I_S^{\mathrm{f}} + \frac{\mathrm{d}\Phi_S^D}{\mathrm{d}t} \tag{2.12}$$

Dabei bezeichnet $Q^{\mathrm{f}}(t)$ die freie elektrische Ladung, $\Phi_S^B(t)$ den magnetischen Fluss, $\Phi_S^D(t)$ den elektrischen Fluss und $I_S^{\mathrm{f}}(t)$ den elektrischen Strom. Diese skalaren Felder sind durch

$$Q^{\mathrm{f}} = \int_V \rho^{\mathrm{f}} \, \mathrm{d}V, \qquad \Phi_S^B = \int_S \boldsymbol{B} \cdot \mathrm{d}\boldsymbol{A}, \tag{2.13}$$

$$\Phi_S^D = \int_S \boldsymbol{D} \cdot \mathrm{d}\boldsymbol{A}, \qquad I_S^{\mathrm{f}} = \int_S \boldsymbol{j}^{\mathrm{f}} \cdot \mathrm{d}\boldsymbol{A} \tag{2.14}$$

gegeben.

Die konzeptionellen Bedeutungen der Maxwellgleichungen sind im Folgenden beschrieben:

- Das Gaußsche Gesetz setzt die elektrische Ladung Q^{f} in einer geschlossenen Fläche S in Beziehung zur elektrischen Flussdichte $\boldsymbol{D}$. Es besagt, dass die Feldlinien des elektrischen Feldes von Ladungen ausgehen, so dass die Feldlinien bei einer positiven und einer negativen Ladung von der positiven zur negativen verlaufen. Allerdings spielt das Gaußsche Gesetz bei der Herleitung des mathematischen Modells der MPI-Signalkette keine Rolle und wird daher nicht weiter betrachtet.

- Das Gaußsche Gesetz des Magnetismus besagt, dass der magnetische Fluss durch jede geschlossene Fläche S gleich null ist. Diese Aussage ist äquivalent dazu, dass keine magnetischen Monopole existieren und dass die Feldlinien der magnetischen Flussdichte geschlossen sind.

- Das Faradaysche Induktionsgesetz beschreibt, wie die zeitliche Änderung der magnetischen Flussdichte ein elektrisches Feld erzeugt. Dies kann dazu genutzt werden, ein Signal, das in der magnetischen Flussdichte kodiert ist, mittels der induzierten Spannung in einer Empfangsspule zu messen.

- Das Ampèresche Gesetz beschreibt, wie ein magnetisches Feld entweder durch einen elektrischen Strom oder durch einen Verschiebungsstrom erzeugt wird. In dieser Arbeit wird der Verschiebungsstrom vernachlässigt. Durch Ströme die entlang bestimmter Bahnen fließen, können spezielle Magnetfeldgeometrien erzeugt werden, wie zum Beispiel homogene Felder durch Helmholtzspulen oder Gradientenfelder durch Maxwellspulen.

2.2.1 Materialgleichungen

Die Maxwellgleichungen werden durch Materialgleichungen vervollständigt, welche die magnetische Flussdichte B mit der magnetischen Feldstärke H und die dielektrische Verschiebung D mit der elektrischen Feldstärke E in Beziehung setzen. Allgemein hängen diese Beziehungen von dem Medium ab, in dem die Felder auftreten. Durch Einführung der Magnetisierung M und der Polarisation P können die Zusammenhänge durch

$$B = \mu_0(H + M), \tag{2.15}$$
$$D = \varepsilon_0 E + P \tag{2.16}$$

beschrieben werden. Dabei bezeichnet $\mu_0 = 4\pi \cdot 10^{-7}$ Hm^{-1} die Permeabilität und $\varepsilon_0 \approx 8.854 \cdot 10^{-12}$ Fm^{-1} die Permittivität im Vakuum. Im Allgemeinen hängen beide Vektorfelder M und P vom Ort und von der Zeit ab. Für lineare isotrope Materialien haben M und H sowie D und E dieselben Richtungen, so dass (2.15) und (2.16) durch

$$B = \mu H, \tag{2.17}$$
$$D = \varepsilon E \tag{2.18}$$

ausgedrückt werden können. Dabei bezeichnet $\mu := \mu_0 \mu_r$ die Permeabilität und $\varepsilon := \varepsilon_0 \varepsilon_r$ die Permittivität des Mediums mit der relativen Permeabilität μ_r und der relativen Permittivität ε_r. Letztere sind im Allgemeinen vom Ort und von der Zeit abhängig. In der Physik ist es üblich (2.17) und (2.18) auch für anisotrope Materialien zu verwenden. Im anisotropen Fall sind μ und ε aber aber keine skalaren Größen sondern 3D-Tensoren zweiter Stufe.

Eine weitere Materialeigenschaft ist die Leitfähigkeit σ, die wiederum orts- und zeitabhängig sein kann. Über die Leitfähigkeit kann ein Zusammenhang zwischen der freien Stromdichte j^{f} und dem elektrischen Feld E hergestellt werden, der als das Ohmsche Gesetz

$$j^{\mathrm{f}} = \sigma E \tag{2.19}$$

bekannt ist. Für einen Leiter der Länge ℓ mit einem Querschnitt A und dem elektrischen Widerstand $R = \frac{\ell}{\sigma A}$ bezeichnet üblicherweise

$$u = RI^{\mathrm{f}} \qquad (2.20)$$

das Ohmsche Gesetz. Dabei ist

$$u = \int_0^\ell \boldsymbol{E} \cdot \mathrm{d}\boldsymbol{l} \qquad (2.21)$$

die elektrische Spannung zwischen den Endpunkten des Leiters.

2.2.2 Gebundene Ströme

Die Maxwellgleichungen sind in Definition 2.1 für freie Ladungen und Ströme beschrieben. Gebundene Ladungen und Ströme treten in dieser Definition nicht auf, sondern sind in den Materialgleichungen (2.15) und (2.16) in der Form der Magnetisierung $\boldsymbol{M}$ und der Polarisation $\boldsymbol{P}$ enthalten.

Eine äquivalente Formulierung der Maxwellgleichungen kann mittels der Gesamtladung und der Gesamtströme beschrieben werden. Hierzu wird die Gesamtstromdichte

$$\boldsymbol{j} = \boldsymbol{j}^{\mathrm{f}} + \boldsymbol{j}^{\mathrm{b}} \qquad (2.22)$$

betrachtet, die sowohl die freie Stromdichte $\boldsymbol{j}^{\mathrm{f}}$ als auch die gebundene Stromdichte $\boldsymbol{j}^{\mathrm{b}}$ enthält. Der Zusammenhang zwischen der Magnetisierung $\boldsymbol{M}$, der gebundenen Stromdichte $\boldsymbol{j}^{\mathrm{b}}$ und der Polarisation $\boldsymbol{P}$ kann nach [57] in der Form

$$\nabla \times \boldsymbol{M} = \boldsymbol{j}^{\mathrm{b}} + \frac{\partial \boldsymbol{P}}{\partial t} \qquad (2.23)$$

geschrieben werden. Durch Zusammenfassen von (2.12) und (2.23) sowie durch Einsetzen der Materialgleichung (2.15) erhält man das Ampèresche Gesetz bezüglich der Gesamtströme:

$$\nabla \times \boldsymbol{B} = \mu_0 \boldsymbol{j} + \mu_0 \varepsilon_0 \frac{\partial \boldsymbol{E}}{\partial t}. \qquad (2.24)$$

Diese alternative Formulierung erweist sich als nützlich, um die magnetische Feldstärke $\boldsymbol{H}$ und die Magnetisierung $\boldsymbol{M}$ in vereinheitlichter Form zu beschreiben und somit spätere Herleitungen kompakt darzustellen.

2.2.3 Quasistatische Approximation

Die Maxwellschen Gleichungen wurden im letzten Abschnitt in allgemeiner Form vorgestellt. Wie man zeigen kann, breiten sich die elektrische Feldstärke E und die magnetische Flussdichte B bei Änderung der Stromdichte in Wellenform aus. In diesem allgemeinen Fall ist die Berechnung der Felder zeitintensiv, da die Maxwellgleichungen – ein System partieller Differentialgleichungen – gelöst werden müssen (siehe Definition 2.1). Bekannte Verfahren sind die Finite-Elemente-Methode (FEM) und die Finite-Differenzen-Methode (FDM) [58, 59]. Eine spezielle Annahme, die sogenannte quasistatische Approximation, erlaubt es, die Vektorfelder effizient zu berechnen. Bei der quasistatischen Approximation wird die Maxwellsche Verschiebungsstromdichte $\varepsilon_0 \frac{\partial E}{\partial t}$ vernachlässigt und das Ampèresche Gesetz (2.24) durch

$$\nabla \times B = \mu_0 j \qquad\qquad (2.25)$$

approximiert [60].

Es stellt sich die Frage, in welchen Fällen die quasistatische Approximation angenommen werden kann. Dies hängt von verschiedenen Faktoren wie der maximal auftretenden Frequenz $f^{\max}$, der Größe des betrachteten Messaufbaus (angegeben durch den maximalen Durchmesser D^{Mess}) und den Materialeigenschaften ε, μ und σ ab. Nach [61, 62, 63] müssen zwei Bedingungen gelten, damit die quasistatische Approximation betrachtet werden kann. Die erste Bedingung ist, dass die kleinste auftretende Wellenlänge $\lambda^{\min} = \frac{\tilde{c}}{f^{\max}}$ deutlich größer als der Messaufbaudurchmesser D^{Mess} sein muss. Dabei bezeichnet $\tilde{c} = (\sqrt{\varepsilon\mu})^{-1}$ die Lichtgeschwindigkeit in dem betrachteten Medium. Daraus ergibt sich für die maximale Frequenz $f^{\max}$ die Bedingung

$$f^{\max} \ll \frac{1}{\sqrt{\varepsilon\mu}D^{\text{Mess}}}. \qquad\qquad (2.26)$$

Die zweite Bedingung ist, dass die Maxwellsche Verschiebungsstromdichte $\varepsilon_0 \frac{\partial E}{\partial t}$ beim Ampèreschen Gesetz (2.24) wesentlich kleiner als die Stromdichte j sein muss. Durch Vergleichen der Beträge kann so die Bedingung

$$f^{\max} \ll \frac{\sigma}{\varepsilon} \qquad\qquad (2.27)$$

hergeleitet werden (siehe [63]).

Bei MPI sind in dem Messaufbau hauptsächlich Spulen aus Kupfer verbaut. Weiterhin liegen offensichtlich auch die Partikel im Messbereich. Da die angelegte magnetische Feldstärke H aber deutlich stärker als die Partikelmagnetisierung M ist, kann in guter Näherung angenommen werden, dass $\varepsilon \approx \varepsilon_0$ und $\mu \approx \mu_0$ ist. Die Leitfähigkeit von Kupfer liegt ungefähr bei $\sigma \approx 10^7 (\Omega\text{m})^{-1}$. Als obere Abschätzung für den Durchmesser des Gesamtaufbaus kann $D^{\text{Mess}} = 1$ m verwendet werden. Mit diesen Daten folgt, dass die Frequenz nach der ersten Bedingung deutlich kleiner als 10^9 Hz und nach der zweiten Bedingung deutlich kleiner als 10^{18} Hz sein muss. Die bei einem MPI-Scanner verwendeten Frequenzen liegen bei 25 kHz im Sendepfad und bis zu einigen MHz im Empfangspfad. Da beide Frequenzen unter der kritischen Frequenz von 10^9 Hz liegen, ist es angemessen, die quasistatische Approximation bei MPI zu betrachten. Das Vernachlässigen der Verschiebungsströme bedeutet, dass sich eine Änderung der Stromdichte unmittelbar in einer Änderung der erzeugten Felder auswirkt.

2.2.4 Zeitunabhängige Stromverteilung

Neben der quasistatischen Approximation wird in dieser Arbeit darüber hinaus eine Bedingung an die Stromdichte $j(r, t)$ gestellt. Dazu wird zunächst die statische Stromdichte $\widehat{j}(r)$ betrachtet, die sich in einem Leiter ausbildet, durch den ein Einheitstrom von $\widehat{I} = 1$ A fließt. Nun wird in dieser Arbeit angenommen, dass sich die örtliche Verteilung der Stromdichte nicht ändert, wenn ein zeitlich veränderlicher Strom genutzt wird. Das bedeutet, dass sich die Stromdichte in der Form

$$j(r, t) = I(t)\widehat{j}(r) \tag{2.28}$$

schreiben lässt. Diese Annahme ist äquivalent dazu, dass der Leiter aus unendlich vielen, unendlich dünnen isolierten Drähten besteht [64].

Die Annahme einer zeitlich unabhängigen Stromverteilung ist aber oft schon bei niedrigen Frequenzen verletzt. Dies liegt an dem sogenannten Skineffekt, der im folgenden Abschnitt kurz beschrieben wird. Da der Skineffekt in der Anwendung in hohem Maße unerwünscht ist, sind die in dieser Arbeit genutzten Leiter in der Tat aus vielen dünnen Drähten hergestellt, so dass (2.28) angenommen werden kann. Außerdem ist (2.28) allgemein in guter Näherung erfüllt, wenn die Magnetfelder nicht in unmittelbarer Nähe der Leiter betrachtet werden. Man nennt einen Leiter, der aus vielen dünnen isolierten Drähten besteht, Litzenleiter.

Skineffekt

Um den Skineffekt zu erläutern, wird ein zeitlich veränderlicher Sinusstrom betrachtet. Aufgrund des Ampèreschen Gesetzes (2.12) wird durch den Strom ein zeitlich veränderliches Magnetfeld erzeugt. Dies wiederum induziert nach dem Faradayschen Induktionsgesetz (2.11) einen Wirbelstrom in dem Leiter, der in entgegengesetzte Richtung wie der angelegte Strom fließt. Die Dichte dieses Wirbelstroms ist im Zentrum des Leiters hoch, da dort das durch den angelegten Strom erzeugte magnetische Feld am größten ist. Zum Rand hin wird die Dichte geringer. Folglich ist die Überlagerung der extern erzeugten und der induzierten Stromdichte ab einer bestimmten Frequenz im Zentrum fast null, so dass der Strom zum größten Teil an der Oberfläche des Leiters fließt. Darauf beruht die Bezeichnung Skineffekt. Da der Strom nur an der Oberfläche fließt, steigt auch der elektrische Widerstand des

Leiters gegenüber dem Gleichstromwiderstand an. Die Tiefe, bei der die Stromdichte 1/e des Wertes an der Oberfläche erreicht, wird Skintiefe genannt. Sie kann nach [65] durch

$$\delta = \frac{1}{\sqrt{\pi f \mu \sigma}} \tag{2.29}$$

berechnet werden. Dies zeigt, dass die Skintiefe mit steigender Frequenz sinkt und sich folglich der resultierende Widerstand mit steigender Frequenz erhöht.

Bei MPI muss der Skineffekt sowohl beim Erzeugen der magnetischen Felder, als auch beim Empfangen der Signale berücksichtigt werden. Beim Erzeugen der Felder führt der Skineffekt aufgrund des hohen elektrischen Widerstands zu einer hohen Verlustleistung. Beim Empfangen der Partikelmagnetisierung führt der Skineffekt zu hohem thermischen Rauschen. Da das Empfangssignal deutlich höhere Frequenzen als das Sendesignal enthält, ist die Verwendung von Litzenleitern zur Reduzierung des Skineffekts bei den Empfangsspulen besonders wichtig.

Litzenleiter

Um den Skineffekt zu umgehen und den Widerstand zu verringern, kann ein Litzenleiter statt eines Vollleiters verwendet werden. Dieser besteht aus einer Vielzahl dünner isolierter Drähte, die so verdrillt sind, dass das Magnetfeld auf jeden Einzeldraht gleich wirkt. Somit fließt durch jeden Einzeldraht derselbe Strom, so dass der Skineffekt unterdrückt wird. Ein beispielhafter Litzenleiter, der bei dem in Kapitel 7 vorgestellten MPI-Scanner verwendet wird, besteht aus 2000 Einzeldrähten, die je einen Durchmesser von 50 μm haben. Als weiterführende Literatur wird auf die Arbeit [65] verwiesen, in der Formeln für optimale Konfigurationen von Litzenleitern hergeleitet werden.

2.3 Magnetfelder

In diesem Abschnitt wird ein effizientes Verfahren zum Berechnen des magnetischen Feldes hergeleitet. Dabei wird die quasistatische Annahme vorausgesetzt.

2.3.1 Magnetisches Vektorpotential

Zunächst wird eine Hilfsgröße eingeführt, die spätere Berechnungen vereinfacht. Da die Divergenz der magnetischen Flussdichte gleich null ist (2.10), existiert ein magnetisches Vektorpotential A, das die Gleichung

$$\nabla \times A = B \tag{2.30}$$

erfüllt. Dies kann gezeigt werden, indem (2.30) in (2.10) eingesetzt wird, so dass sich

$$\nabla \cdot (\nabla \times A) = 0 \tag{2.31}$$

ergibt. Dies wiederum ist eine Tautologie und für ein beliebiges Vektorfeld A erfüllt. Allerdings ist durch Bedingung (2.30) das magnetische Vektorpotential noch nicht eindeutig definiert. Man kann sogar zeigen, dass nicht nur A sondern auch

$$A' = A + \nabla\widetilde{\varphi} \tag{2.32}$$

die Bedingung (2.30) erfüllt. Dabei kann $\widetilde{\varphi}$ eine beliebige skalare Funktion sein. Um ein eindeutiges magnetisches Vektorpotential zu definieren, wird üblicherweise die sogenannte Coulomb-Eichung $\nabla \cdot A = 0$ verwendet.

Im folgenden Lemma wird eine explizite Formel für die Berechnung des magnetischen Vektorpotentials vorgestellt.

Lemma 2.1: *Unter Annahme der quasistatischen Approximation und der Coulomb-Eichung kann das magnetischen Vektorpotential A explizit durch*

$$A(r,t) = \frac{\mu_0}{4\pi} \int_{\mathbb{R}^3} \frac{j(r',t)}{\|r - r'\|_2} \, d^3 r' \tag{2.33}$$

berechnet werden.

Beweis: Einsetzen von (2.30) in das Ampèresche Gesetz (2.24) ergibt

$$\nabla \times (\nabla \times A) = \nabla(\nabla \cdot A) - \Delta A = \mu_0 j. \tag{2.34}$$

Aufgrund der Coulomb-Eichung vereinfacht sich (2.34) zur Poisson-Gleichung

$$\Delta A = -\mu_0 j, \tag{2.35}$$

welche eine wohlbekannte partielle inhomogene Differentialgleichung ist. Zur Bestimmung dieser Differentialgleichungen kann die Greensche Funktion $\widetilde{G}(r, r')$ verwendet werden [66, 67]. Die Lösung kann nach [57] in der Form

$$A(r,t) = -\mu_0 \int_{\mathbb{R}^3} \widetilde{G}(r, r') j(r', t) \, d^3 r' \tag{2.36}$$

geschrieben werden. Für den Laplace Operator Δ ist die Greensche Funktion durch

$$\widetilde{G}(r,r') = -\frac{1}{4\pi} \frac{1}{\|r - r'\|_2} \tag{2.37}$$

gegeben [66, 67], womit sich die Behauptung von Lemma 2.1 ergibt.   ■

Die Aussage von Lemma 2.1 ist, dass das magnetische Vektorpotential A allein durch Angabe der Stromdichte j bestimmt werden kann. Durch Einsetzen der freien und gebundenen Stromdichten j^{f} und j^{b} kann je ein magnetisches Vektorpotential für die magnetische Feldstärke H und die Magnetisierung M aufgestellt werden, also

$$A(r,t) = A^H(r,t) + A^M(r,t), \tag{2.38}$$

mit

$$A^H(r,t) := \frac{\mu_0}{4\pi} \int_{\mathbb{R}^3} \frac{j^{\mathrm{f}}(r',t)}{\|r-r'\|_2}\, \mathrm{d}^3 r', \tag{2.39}$$

$$A^M(r,t) := \frac{\mu_0}{4\pi} \int_{\mathbb{R}^3} \frac{j^{\mathrm{b}}(r',t)}{\|r-r'\|_2}\, \mathrm{d}^3 r'. \tag{2.40}$$

Da aufgrund von Lemma 2.1 jedes der Vektorpotentiale zwingend (2.30) erfüllt, ergeben sich die Zusammenhänge

$$\nabla \times A^H = \mu_0 H, \tag{2.41}$$

$$\nabla \times A^M = \mu_0 M. \tag{2.42}$$

Für eine effiziente Berechnung von (2.40) erweist es sich als nützlich, die gebundene Stromdichte j^{b} durch $\nabla \times M$ zu ersetzen, so dass sich

$$A^M(r,t) = \frac{\mu_0}{4\pi} \int_{\mathbb{R}^3} \frac{\nabla \times M(r',t)}{\|r-r'\|_2}\, \mathrm{d}^3 r' \tag{2.43}$$

ergibt. Wenn weiter angenommen wird, dass die Magnetisierung im Raum stetig ist, kann dies zu

$$A^M(r,t) = \frac{\mu_0}{4\pi} \int_{\mathbb{R}^3} M(r',t) \times \frac{r-r'}{\|r-r'\|_2^3}\, \mathrm{d}^3 r' \tag{2.44}$$

umgeformt werden (siehe [57]). Da (2.44) keine Rotation mehr enthält, ist die Berechnung des Integrals wesentlich vereinfacht.

2.3.2 Biot-Savart-Gesetz

Mit der expliziten Formel für das magnetische Vektorpotential liegt es auf der Hand, eine explizite Formel für die magnetische Feldstärke H in Abhängigkeit von der Stromdichte j^{f} herzuleiten.

Lemma 2.2: *Unter Annahme der quasistatischen Approximation kann die magnetische Feldstärke H explizit durch das Biot-Savart-Gesetz*

$$H(r,t) = \frac{1}{4\pi} \int_{\mathbb{R}^3} \frac{j^f(r',t) \times (r - r')}{\|r - r'\|_2^3} \, d^3r' \qquad (2.45)$$

berechnet werden.

Beweis: Durch Anwenden der Rotation auf (2.39) erhält man unter Verwendung von (2.41)

$$H(r,t) = \frac{1}{\mu_0}(\nabla \times A^H(r,t)) = \frac{1}{4\pi} \int_{\mathbb{R}^3} \nabla \times \frac{j^f(r',t)}{\|r - r'\|_2} \, d^3r'. \qquad (2.46)$$

Weiter kann die Identität

$$\nabla \frac{1}{\|r - r'\|_2} = -\frac{r - r'}{\|r - r'\|_2^3} \qquad (2.47)$$

genutzt werden, so dass sich

$$H(r,t) = \frac{1}{4\pi} \int_{\mathbb{R}^3} -\frac{(r - r') \times j^f(r',t)}{\|r - r'\|_2^3} \, d^3r' \qquad (2.48)$$

ergibt. Mit dem Antikommutativgesetz des Kreuzproduktes erhält man die Behauptung von Lemma 2.2. $\blacksquare$

2.3.3 Spulensensitivität

Die magnetische Feldstärke H hängt sowohl vom Ort als auch von der Zeit ab. Um die feldgenerierenden Eigenschaften einer elektromagnetischen Spule zu analysieren, kann das statische Feld betrachtet werden, das von einem angelegten Einheitsstrom $\widehat{I} = 1$ A mit Stromdichte $\widehat{j}^{\,f}(r)$ erzeugt wird. Das Feld ist durch

$$p(r) = \frac{1}{4\pi} \int_{\mathbb{R}^3} \frac{\widehat{j}^{\,f}(r') \times (r - r')}{\|r - r'\|_2^3} \, d^3r' \qquad (2.49)$$

gegeben und wird als Sensitivität der Spule bezeichnet. Aufgrund der Annahme einer zeitunabhängigen Stromdichte (2.28) kann die magnetische Feldstärke in der Form

$$H(r,t) = I(t)p(r) \qquad (2.50)$$

geschrieben werden. Folglich sind Raum und Zeit separiert, was folgende Vorteile bietet:

- Die Spulensensitivität erlaubt es, die felderzeugenden Eigenschaften einer Spule alleine anhand ihrer Geometrie zu charakterisieren.

- Bei der Berechnung der induzierten Spannung in einer Empfangsspule spielt die Spulensensitivität eine wichtige Rolle, wie in Lemma 2.4 gezeigt wird.

- Die Separierung von Raum und Zeit ermöglicht eine zeiteffiziente Berechnung der magnetischen Feldstärke zu verschiedenen Zeitpunkten. Dazu kann die Spulensensitivität vorberechnet und im Speicher gehalten werden, während die magnetische Feldstärke zu verschiedenen Zeitpunkten berechnet wird (siehe Kapitel 3).

Für mehrere verschiedene Spulen mit Sensitivitäten $\boldsymbol{p}_q$, $q = 0, \ldots, Q - 1$, die durch denselben Strom $I(t)$ durchflossen werden, kann eine Gesamtspulensensitivität

$$\boldsymbol{p}(\boldsymbol{r}) = \sum_{q=0}^{Q-1} \boldsymbol{p}_q(\boldsymbol{r}) \tag{2.51}$$

betrachtet werden. Dies erweist sich insbesondere bei Spulenpaaren als nützlich.

Falls die Spulen durch verschiedene Ströme $I_q(t)$, $q = 0, \ldots, Q - 1$ durchflossen werden, kann die magnetische Feldstärke in Matrix-Vektor-Form

$$\boldsymbol{H}(\boldsymbol{r}, t) = \widetilde{\boldsymbol{P}}(\boldsymbol{r})\widetilde{\boldsymbol{I}}(t) \tag{2.52}$$

geschrieben werden. Dabei bezeichnet

$$\widetilde{\boldsymbol{P}}(\boldsymbol{r}) = \begin{pmatrix} \boldsymbol{p}_0(\boldsymbol{r}) & \cdots & \boldsymbol{p}_{Q-1}(\boldsymbol{r}) \end{pmatrix} \in \mathbb{R}^{Q \times 3} \tag{2.53}$$

die Sensitivitätsmatrix und

$$\widetilde{\boldsymbol{I}}(t) = \begin{pmatrix} I_0(t) \\ \vdots \\ I_{Q-1}(t) \end{pmatrix} \in \mathbb{R}^{Q} \tag{2.54}$$

den Stromvektor.

2.4 Induktion

Im vorherigen Abschnitt wurde besprochen, wie ein Magnetfeld durch einen Strom erzeugt werden kann. In diesem Abschnitt wird gezeigt, dass durch eine zeitliche Änderung der magnetischen Flussdichte eine elektrische Spannung in einer Spule induziert wird. Dies ist sowohl ein nützlicher als auch lästiger Effekt. Zum einen kann die zeitliche Änderung der Magnetisierung mit einer Empfangsspule mittels Induktion gemessen werden. Zum anderen verursacht Induktion Wirbelströme, deren Felder das angelegte Feld unerwünscht verändern.

2.4.1 Einzeldrahtspule

Zunächst wird in diesem Abschnitt eine Spule mit einer Windung eines unendlich dünnen Drahtes betrachtet. Die Spule schließe die Fläche S mit Rand ∂S ein. Nach (2.21) ist die Spannung zwischen den Endpunkten der Spule durch die Integration des elektrischen Feldes E gegeben, das heißt

$$u(t) = \int_{\partial S} E(l,t) \cdot \mathrm{d}l. \tag{2.55}$$

Aufgrund des Faradayschen Induktionsgesetzes (2.11) ist das Integral gleich der zeitlichen Ableitung des magnetischen Flusses Φ_S^B durch die Fläche S, womit sich

$$u(t) = -\frac{\mathrm{d}\Phi_S^B}{\mathrm{d}t} = -\frac{\mathrm{d}}{\mathrm{d}t} \int_S B(r,t) \cdot \mathrm{d}A \tag{2.56}$$

ergibt. Folglich wird die induzierte Spannung durch eine zeitliche Änderung der magnetischen Flussdichte B verursacht. Um die Spannung u zu berechnen, muss B an jeder Position innerhalb der Fläche S ausgewertet werden. Dieser Rechenaufwand kann deutlich reduziert werden, wie im folgenden Lemma gezeigt wird.

> **Lemma 2.3:** *Die Spannung u zwischen den Endpunkten einer Spule, die eine Fläche S einschließt, kann durch*
>
> $$u(t) = -\frac{d}{dt} \int_{\partial S} A(l,t) \cdot dl \tag{2.57}$$
>
> *berechnet werden.*

Beweis: Einsetzen der Definition des magnetischen Vektorpotentials (2.30) in (2.56) ergibt

$$u(t) = -\frac{d}{dt} \int_S (\nabla \times A(l,t)) \cdot dA. \tag{2.58}$$

Durch Anwenden des Integralsatzes von Stokes [57] erhält man (2.57). ∎

Lemma 2.3 sagt aus, dass das Flächenintegral der magnetischen Flussdichte in (2.56) durch ein Linienintegral des magnetischen Vektorpotentials entlang des Leiters ersetzt werden kann.

2.4.2 Volumenspule

Als nächstes wird eine Volumenspule betrachtet, die aus mehreren Windungen besteht. Die Richtung des Leiters werde durch die Einheitsstromdichte $\widehat{\boldsymbol{j}}^{\mathrm{E}}$ beschrieben, die auch die Anzahl der Windungen beinhaltet. Das Volumen der Spule werde mit V^{E} bezeichnet. Die in der Volumenspule induzierte Spannung kann berechnet werden, indem (2.55) über den Querschnitt der Spule integriert wird. Da (2.55) eine Integration entlang des Leiters beinhaltet, ergibt sich eine Integration über das Volumen der Spule. Nach Anwenden von Lemma 2.3 auf jeden Einzeldraht ergibt sich

$$u(t) = -\frac{\mathrm{d}}{\mathrm{d}t} \int_{V^{\mathrm{E}}} \boldsymbol{A}(\boldsymbol{r}',t) \cdot \widehat{\boldsymbol{j}}^{\mathrm{E}}(\boldsymbol{r}')\, \mathrm{d}^3 r'. \tag{2.59}$$

Erneut kann zwischen der Spannung u^H unterschieden werden, die durch Änderung des magnetischen Feldes verursacht wird und der Spannung u^M, die durch Änderung der Magnetisierung induziert wird, das heißt

$$u(t) = u^H(t) + u^M(t) \tag{2.60}$$

mit

$$u^H(t) := -\frac{\mathrm{d}}{\mathrm{d}t} \int_{V^{\mathrm{E}}} \boldsymbol{A}^H(\boldsymbol{r}',t) \cdot \widehat{\boldsymbol{j}}^{\mathrm{E}}(\boldsymbol{r}')\, \mathrm{d}^3 r', \tag{2.61}$$

$$u^M(t) := -\frac{\mathrm{d}}{\mathrm{d}t} \int_{V^{\mathrm{E}}} \boldsymbol{A}^M(\boldsymbol{r}',t) \cdot \widehat{\boldsymbol{j}}^{\mathrm{E}}(\boldsymbol{r}')\, \mathrm{d}^3 r'. \tag{2.62}$$

Im Folgenden werden beide Spannungen im Detail untersucht.

2.4.3 Reziprozitätsgesetz

Wie zuvor gezeigt wurde, induziert eine zeitliche Änderung der Magnetisierung eine Spannung in einer Spule. Im folgenden Lemma wird ein direkter Zusammenhang zwischen der Magnetisierung und der induzierten Spannung angegeben.

Lemma 2.4: *Die durch zeitliche Änderung der Magnetisierung $\boldsymbol{M}(\boldsymbol{r},t)$ in einer Spule mit Sensitivität $\boldsymbol{p}(\boldsymbol{r})$ induzierte Spannung $u^M(t)$ kann durch das Reziprozitätsgesetz*

$$u^M(t) = -\mu_0 \int_{\Omega} \frac{\partial}{\partial t} \boldsymbol{M}(\boldsymbol{r},t) \cdot \boldsymbol{p}(\boldsymbol{r})\, \mathrm{d}^3 r \tag{2.63}$$

beschrieben werden.

Beweis: Einsetzen des expliziten Ausdrucks für das magnetische Vektorpotential (2.44) in (2.62) ergibt

$$u^M(t) = -\frac{d}{dt} \int_{V^E} \left(\int_\Omega \frac{\mu_0}{4\pi} M(r,t) \times \frac{r'-r}{\|r'-r\|_2^3} \, d^3r \right) \cdot \widehat{j}^E(r') \, d^3r'. \tag{2.64}$$

Durch Vertauschen der Integrale erhält man

$$u^M(t) = -\mu_0 \int_\Omega \frac{\partial}{\partial t} M(r,t) \cdot \left(\int_{V^E} \frac{1}{4\pi} \frac{r'-r}{\|r'-r\|_2^3} \times \widehat{j}^E(r') \, d^3r' \right) d^3r. \tag{2.65}$$

Weiterhin ergibt sich durch Ausnutzen des Antikommutativgesetzes des Kreuzproduktes

$$u^M(t) = -\mu_0 \int_\Omega \frac{\partial}{\partial t} M(r,t) \cdot \left(\int_{V^E} \frac{1}{4\pi} \frac{\widehat{j}^E(r') \times (r-r')}{\|r-r'\|_2^3} \, d^3r' \right) d^3r. \tag{2.66}$$

Der Ausdruck in den Klammern ist gerade die Spulensensitivität $p(r)$, die in (2.49) eingeführt wurde. Somit ergibt sich die Aussage von Lemma 2.4. ∎

Das Reziprozitätsgesetz sagt aus, dass die Empfangssensitivität einer Spule gerade durch das Feld gegeben ist, das die Spule bei einem Einheitstrom erzeugt. Somit ist eine gute Sendespule bezüglich der Feldstärke pro Strom und der Feldhomogenität auch eine gute Empfangsspule. Zum effizienten Berechnen von (2.63) zu verschiedenen Zeitpunkten ist es vorteilhaft, dass das Integral über die Empfangsspule unabhängig von der Zeit ist und somit vorberechnet und im Speicher gehalten werden kann. Diese Technik ist in der Simulationsumgebung genutzt worden, die im Rahmen dieser Arbeit entstanden ist (siehe Kapitel 3).

2.4.4 Spulenkopplung

Neben einer Magnetisierungsänderung induziert auch eine Änderung des magnetischen Feldes eine Spannung in einer Spule. Wenn man annimmt, dass das magnetischen Feld durch Q Sendespulen mit Stromdichten $j_q^S(r,t) = I_q(t)\widehat{j}_q^S(r)$, $q = 0,\dots,Q-1$ erzeugt wird, kann die induzierte Spannung wie folgt berechnet werden:

Lemma 2.5: *Die induzierte Spannung $u^H(t)$, die durch Q Sendespulen mit Volumina V_q^S und Stromdichten $j_q^S(r,t) = I_q(t)\widehat{j}_q^S(r)$, $q = 0,\dots,Q-1$ verursacht wird, kann durch*

$$u^H(t) = -\frac{d}{dt} \sum_{q=0}^{Q-1} I_q(t)\xi_q, \tag{2.67}$$

berechnet werden, wobei

$$\xi_q = \int_{V^E} \frac{\mu_0}{4\pi} \left(\int_{V_q^S} \frac{\widehat{\boldsymbol{j}}_q^{\,S}(\boldsymbol{r}) \cdot \widehat{\boldsymbol{j}}^{\,E}(\boldsymbol{r}')}{\|\boldsymbol{r}' - \boldsymbol{r}\|_2} \, d^3 r \right) d^3 r' \tag{2.68}$$

als Kopplungsfaktor bezeichnet wird.

Beweis: Durch Einsetzen der expliziten Formel für das magnetische Vektorpotential (2.39) in das Induktionsgesetz (2.62) ergibt sich

$$u^H(t) = -\frac{\mathrm{d}}{\mathrm{d}t} \int_{V^E} \frac{\mu_0}{4\pi} \sum_{q=0}^{Q-1} \left(\int_{V_q^S} \frac{I_q(t)\widehat{\boldsymbol{j}}_q^{\,S}(\boldsymbol{r}, t)}{\|\boldsymbol{r}' - \boldsymbol{r}\|_2} \, d^3 r \right) \cdot \widehat{\boldsymbol{j}}^{\,E}(\boldsymbol{r}') \, d^3 r'. \tag{2.69}$$

Indem die Ströme vor das Integral gezogen werden und die Reihenfolge der Summe und der Integrale vertauscht wird, erhält man die Behauptung von Lemma 2.5. ∎

Die Aussage von Lemma 2.5 ist, dass die Überlagerung der Sendeströme direkt in die Empfangsspule koppelt. Dieses Prinzip wird zum Beispiel bei Transformatoren ausgenutzt. Wichtig in dieser Arbeit ist, dass die Einkopplung der Ströme eine lineare Operation ist, so dass die induzierte Spannung dieselbe Bandbreite wie die Summe der Ströme $I_q(t)$ hat. Bei MPI kann dies ausgenutzt werden, um das Partikelsignal von dem Empfangssignal zu trennen. Dazu werden die Frequenzen des Anregungssignals mittels eines Bandstoppfilters unterdrückt (siehe Abschnitt 4.3).

Wenn die Enden der betrachteten Empfangsspule offen sind, fließt kein Strom durch den Leiter. Folglich wird auch kein magnetisches Feld erzeugt. Sind die Enden allerdings geschlossen, fließt ein Strom durch die Spule, so dass ein magnetisches Feld erzeugt wird. Aufgrund des negativen Vorzeichens in (2.67) wirkt das erzeugte Feld dem bestehenden Feld entgegen. Meist ist dies ein störender Effekt. Wenn zwei Spulen orthogonal zueinander stehen oder weit voneinander entfernt liegen, ist ihr Kopplungsfaktor sehr klein, so dass das Koppeln der Spulen vernachlässigt werden kann. Da alle in dieser Arbeit vorgestellten Spulenanordnungen kleine Kopplungsfaktoren haben, wird die Kopplung der Spulen hier nicht betrachtet.

2.5 Partikelmodell

Dieser Abschnitt widmet sich dem zentralen Bestandteil bei der MPI-Bildgebung: den super-paramagnetischen Eisenoxid-Nanopartikeln. Zunächst werden die Partikel und deren Zusammensetzung allgemein beschrieben. Anschließend wird ein einfaches Modell vorgestellt, das die Magnetisierung von Partikeln ohne Anisotropie beschreibt.

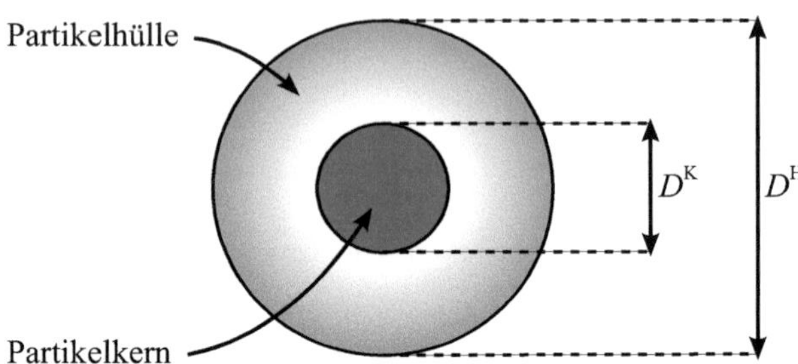

Abbildung 2.1: Schematische Zeichnung eines sphärischen Partikels bestehend aus einem magnetischen Kern (zum Beispiel aus Magnetit) und einer magnetisch neutralen Hülle (zum Beispiel aus Dextran).

Die Eisenoxid-Nanopartikel bestehen aus einem Kern, der das magnetische Verhalten verursacht, und aus einer magnetisch neutralen Hülle, die das Agglomerieren verhindert. Der Kern der Partikel besteht aus Eisenoxid, wie zum Beispiel Magnetit (Fe_3O_4). Die Hülle kann beispielsweise aus Dextran oder Carboxydextran bestehen [68]. Darüber hinaus können die Partikel durch erweiterte oder alternative Hüllen für bestimmte medizinische Applikationen funktionalisiert werden.

Auch wenn die Partikel einen ferromagnetischen Kern haben, zeigen sie ein super-paramagnetisches Verhalten. Dies bedeutet, dass die Partikel sich gegenseitig nicht magnetisch beeinflussen. Jedes Partikel besteht demnach aus einer einzigen Domäne und verhält sich wie ein Atom eines paramagnetischen Materials. Der Zusatz „super" besagt, dass die Partikel ein hohes magnetisches Moment besitzen, das wesentlich größer ist, das wesentlich größer als das atomare magnetische Moment ist. Ein Grund für das super-paramagnetische Verhalten ist, dass die Partikelkerne durch die Hülle so weit voneinander entfernt liegen, dass sie sich nicht gegenseitig beeinflussen. Typische Größen für super-paramagnetische Nanopartikel sind Kerndurchmesser im Intervall von 1 nm – 30 nm und hydrodynamische Durchmesser im Intervall von 40 nm – 400 nm.

In Abbildung 2.1 ist ein sphärisches Eisenoxid-Nanopartikel schematisch dargestellt. Bei sphärischen Nanopartikeln werden die Kern- und die Hüllengröße durch den Kerndurchmesser D^K und den hydrodynamischen Durchmesser D^H beschrieben. In dieser Arbeit wird nur der Kerndurchmesser D^K behandelt, da dieser das magnetische Verhalten der Partikel bestimmt. Idealerweise haben alle Partikel des Tracers denselben Kerndurchmesser. Die Größenverteilung der Partikel wäre in diesem Fall monodispers. In der Realität sind in der Suspension Partikel verschiedener Größe enthalten. Die Größenverteilung des Partikelkerns kann im Diskreten durch eine Wahrscheinlichkeitsverteilung

$$P(D^{\mathrm{K}} = D_\nu^{\mathrm{K}}) = \rho_\nu, \quad \nu = 0, \dots, N^D - 1 \tag{2.70}$$

beschrieben werden. Dabei ist D^{K} eine Zufallsvariable und ρ_ν die Wahrscheinlichkeit, dass D^{K} den Wert D_ν^{K} annimmt. Die Anzahl auftretender Partikelgrößen wird mit N^D bezeichnet. Im Kontinuierlichen wird aus der Größenverteilung eine Wahrscheinlichkeitsdichtefunktion $\rho(D^{\mathrm{K}})$. Oftmals kann die Wahrscheinlichkeitsdichtefunktion des Partikeldurchmessers durch eine Log-Normalverteilung beschrieben werden [70]. Die Wahrscheinlichkeitsdichte der Log-Normalverteilung ist durch

$$\rho(D^{\mathrm{K}}) = \begin{cases} \frac{1}{\tilde{\sigma} D^{\mathrm{K}} \sqrt{2\pi}} \exp\left(-\frac{1}{2} \left(\frac{\ln(D^{\mathrm{K}}) - \tilde{\mu}}{\tilde{\sigma}} \right)^2 \right) & D^{\mathrm{K}} > 0 \\ 0 & D^{\mathrm{K}} \leq 0 \end{cases} \tag{2.71}$$

gegeben. Die Parameter $\tilde{\mu}$ und $\tilde{\sigma}$ hängen mit dem Erwartungswert $\mathrm{E}(D^{\mathrm{K}})$ und der Standardabweichung $\sqrt{\mathrm{Var}(D^{\mathrm{K}})}$ wie folgt zusammen:

$$\tilde{\mu} = \ln\left(\mathrm{E}(D^{\mathrm{K}}) \right) - \frac{1}{2} \ln\left(\frac{\mathrm{Var}(D^{\mathrm{K}})}{\mathrm{E}^2(D^{\mathrm{K}})} + 1 \right), \tag{2.72}$$

$$\tilde{\sigma} = \sqrt{\ln\left(\frac{\mathrm{Var}(D^{\mathrm{K}})}{\mathrm{E}^2(D^{\mathrm{K}})} + 1 \right)}. \tag{2.73}$$

In Abbildung 2.2 ist eine Log-Normalverteilung beispielhaft dargestellt.

Im letzten Abschnitt wurde vorausgesetzt, dass die Partikel sphärisch sind. In der Realität können nicht nur geometrische sondern auch andere magnetische Anisotropien auftreten. Dies hat zur Folge, dass der Betrag des magnetischen Momentes von der Richtung der angelegten Feldstärke abhängt. Entlang einer bestimmten Vorzugsrichtung ist das magnetische Moment des Partikels höher als in andere Richtungen, so dass es zu Relaxationseffekten kommt. Das bedeutet, dass sich die Partikel in einem angelegten Feld erst nach einer gewissen Verzögerung ausrichten. Die Ausrichtung wird dabei durch zwei Prozesse verursacht: der Néel-Relaxation und der Brown-Relaxation. Die Néel-Relaxation beschreibt, wie sich das magnetische Moment in einem Partikel neu orientiert, wenn sich das angelegte magnetische Feld ändert [71, 72]. Die Brown-Relaxation beschreibt die geometrische Neuorientierung eines magnetischen Partikels selbst in einer Lösung [73].

Die Modellierung des magnetischen Verhaltens anisotroper Partikel ist anspruchsvoll. Zur Bestimmung der Partikelmagnetisierung muss dazu eine Differentialgleichung – die Landau-Lifshitz-Gilbert-Gleichung – gelöst werden [74]. In den experimentellen Untersuchungen in Kapitel 8 wird nachgewiesen, dass ein vereinfachtes Partikelmodell die für die Bildgebung wichtigen Phänomene ausreichend beschreibt. Aus diesem Grund werden in dieser Arbeit nur sphärische Partikel ohne magnetische Anisotropie betrachtet.

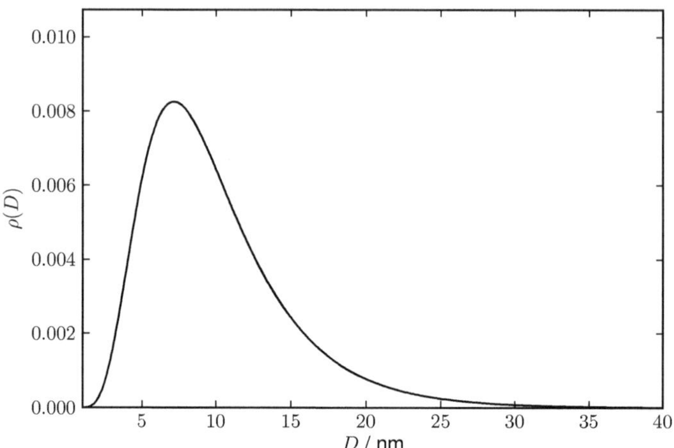

Abbildung 2.2: Eine beispielhafte Log-Normalverteilung des Partikeldurchmessers für $\tilde{\mu} = 10$ nm und $\tilde{\sigma} = 5$ nm.

2.5.1 Magnetisches Moment der Partikel

Das magnetische Verhalten eines Partikels wird durch sein magnetisches Moment $\boldsymbol{m}$ beschrieben. Im Folgenden wird ein Würfel mit dem Volumen ΔV betrachtet, der einen Bildvoxel bei der MPI-Bildgebung darstellt. Das Volumen sei dabei wesentlich größer als die Partikelgröße (makroskopische Betrachtung). In dem Voxel befinden sich n^{gesamt} Partikel unterschiedlicher Größe. Die Anzahl der Partikel vom Durchmesser D_ν^{K} werde mit n_ν bezeichnet. Folglich kann die Gesamtpartikelanzahl n^{gesamt} aufgeteilt werden in

$$n^{\text{gesamt}} = \sum_{\nu=0}^{N^D-1} n_\nu. \tag{2.74}$$

Der Zusammenhang zwischen der Wahrscheinlichkeit ρ_ν und der Anzahl n_ν ist durch

$$\rho_\nu = \frac{n_\nu}{n^{\text{gesamt}}} \tag{2.75}$$

gegeben. Das Ziel der MPI-Bildgebung ist die Bestimmung der Partikelkonzentration c in jedem Bildvoxel. Die Partikelkonzentration c ist als Partikelanzahl n^{gesamt} pro Volumen ΔV definiert:

$$c := \frac{n^{\text{gesamt}}}{\Delta V}. \tag{2.76}$$

Zur Beschreibung der räumlichen Verteilung der Partikel ist die Partikelkonzentration natürlich ortsabhängig. In diesem Abschnitt wird aber nur die Partikelkonzentration eines einzelnen Voxels betrachtet.

Das magnetische Moment des j-ten Partikels vom Durchmesser D_ν^K kann für sphärische Partikel ohne Anisotropie in der Form

$$\boldsymbol{m}_{\nu,j} = m_\nu \boldsymbol{d}_{\nu,j} \tag{2.77}$$

geschrieben werden. Dabei bezeichnet $m_\nu = \frac{1}{6}\pi(D_\nu^K)^3 M^S$ den Betrag des magnetischen Momentes, M^S die Sättigungsmagnetisierung ($0.6\ \mathrm{T}\mu_0^{-1}$ für Magnetit) und $\boldsymbol{d}_{\nu,j}$ mit $\|\boldsymbol{d}_{\nu,j}\|_2 = 1$ die Richtung des magnetischen Momentes.

Für jede Partikelgröße kann ein durchschnittliches magnetisches Moment

$$\overline{\boldsymbol{m}}_\nu := \frac{1}{n_\nu}\sum_{j=0}^{n_\nu-1}\boldsymbol{m}_{\nu,j} = \frac{m_\nu}{n_\nu}\sum_{j=0}^{n_\nu-1}\boldsymbol{d}_{\nu,j} \tag{2.78}$$

definiert werden. In Abschnitt 2.5.3 wird ein Modell für das durchschnittliche magnetische Moment in Abhängigkeit von der magnetischen Feldstärke und dem Partikeldurchmesser vorgestellt. Auch für verschiedenen Partikelgrößen kann ein durchschnittliches magnetisches Gesamtmoment

$$\overline{\boldsymbol{m}} := \frac{1}{n^{\text{gesamt}}}\sum_{\nu=0}^{N^D-1}\sum_{j=0}^{n_\nu-1}\boldsymbol{m}_{\nu,j} \tag{2.79}$$

definiert werden. Nach Umformung und Einsetzen von (2.75) erhält man

$$\overline{\boldsymbol{m}} = \sum_{\nu=0}^{N^D-1}\frac{n_\nu}{n^{\text{gesamt}}}\frac{1}{n_\nu}\sum_{j=0}^{n_\nu-1}\boldsymbol{m}_{\nu,j} = \sum_{\nu=0}^{N^D-1}\rho_\nu\overline{\boldsymbol{m}}_\nu. \tag{2.80}$$

Das durchschnittliche magnetische Gesamtmoment besteht somit aus der Summe der Einzelmomente, die jeweils mit ihrer Wahrscheinlichkeit gewichtet werden.

2.5.2 Magnetisierung der Partikel

Die Magnetisierung ist als Summe aller magnetischen Momente pro Volumen definiert [57]. Folglich gilt

$$\boldsymbol{M} = \frac{1}{\Delta V}\sum_{\nu=0}^{N^D-1}\sum_{j=0}^{n_\nu-1}\boldsymbol{m}_{\nu,j}. \tag{2.81}$$

Durch Vergleichen von (2.81) und (2.79) sowie durch Einsetzen von (2.76) erhält man

$$M = \frac{n^{\mathrm{gesamt}}}{\Delta V}\overline{m} = c\overline{m}. \tag{2.82}$$

Somit hängt die Magnetisierung linear von der Partikelkonzentration ab. Die Linearität ist eine wichtige Eigenschaft, die später ausgenutzt wird, um eine lineare Beziehung zwischen der Partikelkonzentration und den Spannungssignalen in den Empfangsspulen herzuleiten (siehe Abschnitt 4.3.3).

2.5.3 Langevin-Theorie des Paramagnetismus

Im Allgemeinen hängt die Partikelmagnetisierung M von Raum und Zeit ab. Wenn die Partikel in ein magnetisches Feld H gebracht werden, richten sie sich in dem Feld aus und ändern die Stärke ihrer Magnetisierung. Für Partikel ohne Anisotropien erfolgt die Ausrichtung ohne Verzögerung, so dass die Magnetisierung als Funktion des magnetischen Feldes geschrieben werden kann. Mathematisch kann dies wie folgt formuliert werden:

$$M(r,t) = M(H(r,t)) = M(\|H(r,t)\|_2)\,e_H. \tag{2.83}$$

Dabei bezeichnet M den Betrag der Magnetisierung und

$$e_H := \begin{cases} \dfrac{H(r,t)}{\|H(r,t)\|_2} & \text{falls} \quad \|H(r,t)\|_2 > 0 \\[2mm] 0 & \text{sonst} \end{cases} \tag{2.84}$$

die Richtung der magnetischen Feldstärke. Im Folgenden wird zunächst die Magnetisierung der Partikel einer bestimmten Größe betrachtet. Der Betrag der Magnetisierung der Partikel vom Durchmesser D_v^{K} werde dabei mit M_v bezeichnet. Der Betrag der Gesamtmagnetisierung kann durch

$$M(H) = \sum_{v=0}^{N^D-1} \rho_v M_v(H) \tag{2.85}$$

berechnet werden, wobei der Betrag der magnetischen Feldstärke mit H bezeichnet wird (vergleiche (2.80)).

Nach der Langevin-Theorie des Paramagnetismus [75, 76] kann der Betrag der Magnetisierung für Partikel vom Durchmesser D_v^{K} durch

$$M_v(H) = \begin{cases} c\,m_v\left(\coth\left(\tilde{\xi}_v\right) - \frac{1}{\tilde{\xi}_v}\right) & H > 0 \\[2mm] 0 & H = 0 \end{cases}, \quad \text{mit} \quad \tilde{\xi}_v = \frac{\mu_0 m_v H}{k_{\mathrm{B}} T^{\mathrm{P}}} \tag{2.86}$$

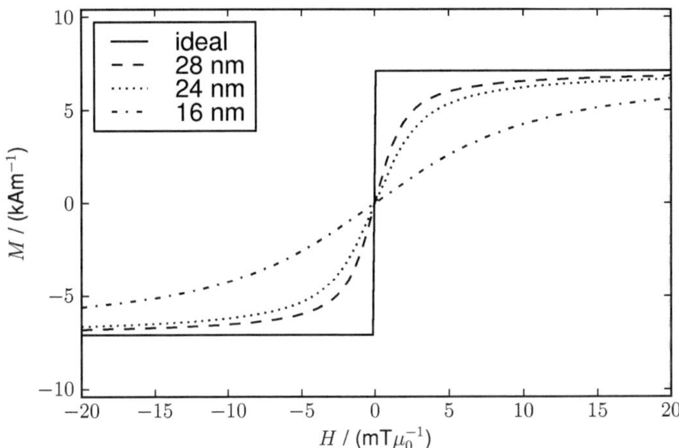

Abbildung 2.3: Simulierte Magnetisierungsverläufe für Langevin-Partikel von unterschiedlichem Durchmesser und für ideale Partikel mit einer Sprungfunktion als Magnetisierungverlauf. Dabei wurde dieselbe Eisenkonzentration (1 mol(Fe) l^{-1}) für unterschiedliche Partikeldurchmesser verwendet.

beschrieben werden. Dabei bezeichnet k_{B} die Boltzmannkonstante und T^{P} die Partikeltemperatur (zum Beispiel 310 K in einem Menschen). In Abbildung 2.3 sind Magnetisierungsverläufe für unterschiedliche Partikeldurchmesser dargestellt. Wie man sieht, hat der Magnetisierungsverlauf bei verschwindender Feldstärke eine Nullstelle, steigt dann rasch an und geht schließlich in Sättigung. Die Steilheit des Magnetisierungsverlaufs, die vor allem die erreichbare Ortsauflösung beeinflusst [43], hängt primär von dem Partikeldurchmesser ab. Für den Grenzwert $D^{\mathrm{K}} \to \infty$, wird der Magnetisierungsverlauf zu einer Sprungfunktion

$$M^{\mathrm{ideal}}(H) = \begin{cases} c\,m & H > 0 \\ 0 & H = 0 \\ -c\,m & H < 0 \end{cases} . \tag{2.87}$$

Dabei ist zu beachten, dass die Partikelkonzentration c bei einer konstanten Eisenkonzentration gegen 0 und das magnetische Momente m gegen unendlich geht. Das Produkt und somit der Betrag der Magnetisierung bleibt aber konstant (vergleiche Abbildung 2.3). Die Sprungfunktion (2.87) beschreibt den für die MPI-Bildgebung idealen Magnetisierungsverlauf, da eine endliche Steilheit des Magnetisierungsverlaufs um null das Auflösungsvermögen des Verfahrens beschränkt.

Sowohl (2.86) als auch (2.87) sind für negative Feldstärken definiert, obwohl H als der Betrag der magnetischen Feldstärke eingeführt wurde (siehe auch (2.83)). Dies hat den praktischen Grund, dass die x-Komponente der Magnetisierung M bei einem 1D magnetischen Feld $H = (H_x, 0, 0)^\mathsf{T}$ direkt durch (2.86) bzw. (2.87) beschrieben werden kann.

Durch Ausklammern der Partikelkonzentration c in (2.86) und (2.85) erhält man den Betrag des durchschnittlichen magnetischen Momentes

$$\overline{m}(H) = \frac{M(H)}{c}. \tag{2.88}$$

Dieser kann wie der Betrag der Magnetisierung durch eine Überlagerung von Langevin-Funktionen beschrieben werden. Die Magnetisierung kann so in der Form

$$M(r, t) = c(r)\overline{m}(\|H(r, t)\|_2)\, e_H \tag{2.89}$$

geschrieben werden.

3

Simulationsumgebung

Im Rahmen dieser Arbeit ist ein Entwicklungswerkzeug geschaffen worden, das es erlaubt, die physikalischen Vorgänge eines MPI-Experiments zu simulieren. Die Simulationsumgebung ermöglicht für eine beliebige Spulenanordnung und eine beliebige Partikelverteilung die Berechnung der magnetischen Feldstärke, der Partikelmagnetisierung und der in Empfangsspulen induzierten Spannungssignale. Aufbauend auf den physikalischen Grundlagen wird zunächst das betrachtete kontinuierliche Modell der Signalkette vorgestellt. Um das kontinuierliche Modell mit einem Computer umsetzen zu können, werden verschiedene Größen und Integrale diskretisiert. Zum einen wird der Raum in verschiedenen Gebieten abgetastet, wie zum Beispiel innerhalb der Sende- und Empfangsspulen, wobei die räumlichen Integrale mittels einer Rechteckregel durch Summen angenähert werden. Zum anderen wird die Zeit an endlich vielen Punkten diskretisiert. Bei der Berechnung der Spannungssignale wird die zeitliche Ableitung durch einen Differenzenquotienten angenähert. Für eine realistische Simulation wird zu den berechneten Spannungssignalen Rauschen addiert, das durch Wirbelströme in einem Patienten und durch den elektrischen Widerstand der Empfangskette induziert wird.

3.1 Kontinuierliches Modell

In diesem Abschnitt wird das kontinuierliche Modell der MPI-Signalkette vorgestellt. Dabei wird eine allgemeine Spulenanordnung betrachtet, die aus Q Sendespulen und L

Empfangsspulen besteht. In einem Gebiet Ω befinden sich magnetisierbare Nanopartikel mit einer Konzentration $c(r)$. Die Position innerhalb der Sende- und Empfangsspulen wird mit r' bezeichnet. Dagegen wird für die Position in dem Gebiet Ω die Bezeichnung r genutzt.

Lemma 3.1: *Das in dieser Arbeit betrachtete kontinuierliche Modell der MPI-Signalkette hängt von den folgenden Größen ab:*

- *Q Sendespulen mit Volumina V_q^S, freien Einheitsstromdichten $\widehat{j}_q^{\,S}(r')$ und Strömen $I_q(t)$, $q = 0, \dots, Q - 1$,*

- *L Empfangsspulen mit Volumina V_l^E und freien Einheitsstromdichten $\widehat{j}_l^{\,E}(r')$, $l = 0, \dots, L - 1$ und*

- *der Partikelkonzentration $c(r)$ in dem Gebiet Ω.*

Das Modell besteht aus den folgenden Gleichungen:

Die Spulensensitivitäten:

$$p_q^S(r) = \frac{1}{4\pi} \int_{V_q^S} \frac{\widehat{j}_q^{\,S}(r') \times (r - r')}{\|r - r'\|_2^3} \, d^3 r' \tag{3.1}$$

$$p_l^E(r) = \frac{1}{4\pi} \int_{V_l^E} \frac{\widehat{j}_l^{\,E}(r') \times (r - r')}{\|r - r'\|_2^3} \, d^3 r' \tag{3.2}$$

Die magnetische Feldstärke:

$$H(r, t) = \sum_{q=0}^{Q-1} I_q(t) p_q^S(r) \tag{3.3}$$

Die Partikelmagnetisierung:

$$M(r, t) = c(r)\overline{m}(\|H(r, t)\|_2)\, e_H \tag{3.4}$$

Die induzierten Spannungssignale:

$$u_l(t) = -\mu_0 \int_\Omega \frac{\partial}{\partial t} M(r, t) \cdot p_l^E(r) \, d^3 r \tag{3.5}$$

Das in der Praxis auftretende Rauschen ist bei diesem Modell noch nicht berücksichtigt und wird in Abschnitt 3.4.4 diskutiert. In den folgenden Abschnitten wird die numerische Umsetzung des kontinuierlichen Modells auf einem Computer besprochen. Begonnen wird mit der Berechnung der Spulensensitivitäten.

3.2 Berechnung der Spulensensitivitäten

In diesem Abschnitt wird die Berechnung der Spulensensitivitäten diskutiert. Dabei wird nicht zwischen den Sende- und Empfangsspulen unterschieden, sondern allgemein eine Spule mit der Sensitivität

$$p(r) = \frac{1}{4\pi} \int_{V'} \frac{\widehat{j}^{\,\mathrm{f}}(r') \times (r - r')}{\|r - r'\|_2^3}\, \mathrm{d}^3 r',$$ (3.6)

der freien Einheitsstromdichte $\widehat{j}^{\,\mathrm{f}}(r)$ und dem Volumen V' betrachtet.

In einfachen Fällen kann das Integral in (3.6) analytisch berechnet werden, wie beispielsweise für die Betrachtung der Hauptachse einer kreisförmigen Spule. Soll die Sensitivität jedoch an beliebigen Positionen ausgewertet werden, muss das Integral numerisch berechnet werden. Dazu wird zunächst der Ort innerhalb der Spule an Positionen $r'_{n'}$, $n' = 0, \ldots, N' - 1$ diskretisiert. Anschließend kann das Integral mittels der Rechteckregel [77] durch die Summe

$$p(r) \approx \frac{1}{4\pi} \sum_{n'=0}^{N'-1} \frac{\widehat{j}^{\,\mathrm{f}}(r'_{n'}) \times (r - r'_{n'})}{\|r - r'_{n'}\|_2^3} \Delta V'_{n'}$$ (3.7)

angenähert werden. Dabei ist $\Delta V'_{n'}$ das Volumenelement an der Position $r'_{n'}$.

3.2.1 Spulentypen

Für die Berechnung der Spulensensitivität (3.7) muss die Einheitsstromdichte $\widehat{j}^{\,\mathrm{f}}(r)$ bekannt sein. In der Praxis werden bestimmte Spulenformen verwendet, die nur von wenigen Parametern abhängen. Innerhalb der Spule ist der Betrag der Stromdichte meist konstant. Dies liegt daran, dass bei Spulen mit mehreren Windungen derselbe Strom durch jede Einzelwindung fließt.

In der entwickelten Simulationsumgebung sind die folgenden Spulenformen implementiert:

- die kreisrunde Spule,
- die rechteckförmige Spule und
- die sattelförmige Spule.

Ein grafischer Überblick ist in Abbildung 3.1 gegeben. Die Simulationsumgebung ist so strukturiert, dass alternative Spulentypen einfach hinzugefügt werden können. Dies wird durch eine objektorientierte Programmierung erleichtert. Um eine neue Spulenform hinzuzufügen, muss eine geeignete Parametrisierung gefunden werden. Mit dieser kann anschließend die Position innerhalb der Spule diskretisiert werden. Exemplarisch wird

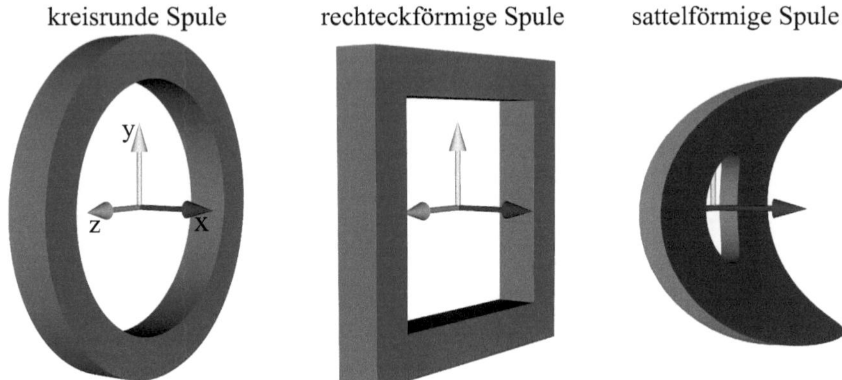

Abbildung 3.1: Verschiedene in der Simulationsumgebung implementierte Spulentypen.

in Abschnitt 3.2.3 die Parametrisierung und Diskretisierung einer kreisrunden Spule im Detail vorgestellt.

Bei allen implementierten Spulenformen bleiben Asymmetrien, die bei realen Spulen auftreten, unberücksichtigt. Zum Beispiel wird nicht betrachtet, dass bei einer realen kreisrunden Spule der Strom nicht genau kreisförmig sondern aufgrund der Windungen spiralförmig fließt. Des Weiteren werden keine Anschlussleitungen betrachtet. Der Fehler, der durch Vernachlässigen von Asymmetrien entsteht, ist umso geringer, je mehr Windungen die Spule hat. Bei den Spulen des realisierten Single-Sided-MPI-Scanners aus Kapitel 7 liegt der Approximationsfehler in dem betrachteten Messbereich im Schnitt bei unter 2 %.

3.2.2 Lage und Orientierung einer Spule

Das durch eine Spule an einem bestimmten Ort erzeugte Feld hängt neben der Form und dem Strom offensichtlich auch von der Lage und der Orientierung der Spule ab. Damit bei der Implementierung einer Spulenform die Position und die Orientierung leicht berücksichtigt werden können, wird eine Koordinatentransformation verwendet. Hierzu werden zwei Koordinatensysteme betrachtet: das globale Koordinatensystem und das lokale Spulenkoordinatensystem.

Für die Berechnung der Spulensensitivität im lokalen Koordinatensystem der Spule wird angenommen, dass die Spule in der yz-Ebene liegt und innerhalb dieser Ebene eine feste Orientierung hat. Zum Beispiel wird bei der rechteckförmigen Spule angenommen, dass die Kanten des Rechtecks parallel zur y- und z-Achse liegen (siehe Abbildung 3.1). Die

Implementierung der Sensitivitätsberechnung vereinfacht sich durch die Festlegung von Position und Orientierung deutlich. Die Sensitivität der Spule im lokalen Koordinatensystem wird mit $\tilde{p}(r)$ bezeichnet.

Um die Spule frei im Raum positionieren und orientieren zu können, wird eine affin-lineare Koordinatentransformation

$$r = R\tilde{r} + t \tag{3.8}$$

verwendet. Dabei bezeichnet t den Verschiebungsvektor, R die 3×3 Rotationsmatrix, r die Position im globalen Koordinatensystem und $\tilde{r}$ die Position im Spulenkoordinatensystem. Um die Spulensensitivität im globalen Koordinatensystem zu berechnen, kann die Gleichung

$$p(r) = R\tilde{p}(\underbrace{R^{-1}(r - t)}_{\tilde{r}}) \tag{3.9}$$

verwendet werden. Zunächst wird dabei die Position r in das lokale Koordinatensystem der Spule überführt. Anschließend wird die Sensitivitätsberechnung für die im Ursprung liegende Spule durchgeführt. Schließlich muss die Orientierung des berechneten Sensitivitätvektors in das globale Koordinatensystem durch eine Multiplikation mit R überführt werden.

3.2.3 Kreisrunde Spule

In diesem Abschnitt wird exemplarisch die Sensitivitätsberechnung einer kreisrunden Spule im Detail vorgestellt. Eine kreisrunde Spule hängt von den folgenden geometrischen Parametern ab:

- dem inneren Radius r^{innen},
- dem äußeren Radius $r^{\text{außen}}$,
- der Länge ℓ und
- der Windungsanzahl W.

In Abbildung 3.2 ist die geometrische Parametrisierung der kreisrunden Spule grafisch dargestellt. Wie zuvor beschrieben, liegt die Spule zentrisch in der yz-Ebene. Aufgrund der radialen Symmetrie bietet es sich bei einer kreisrunden Spule an, die Position r' in Zylinderkoordinaten r, φ und x' mit

$$r' = \begin{pmatrix} x' \\ r\cos\varphi \\ r\sin\varphi \end{pmatrix} \tag{3.10}$$

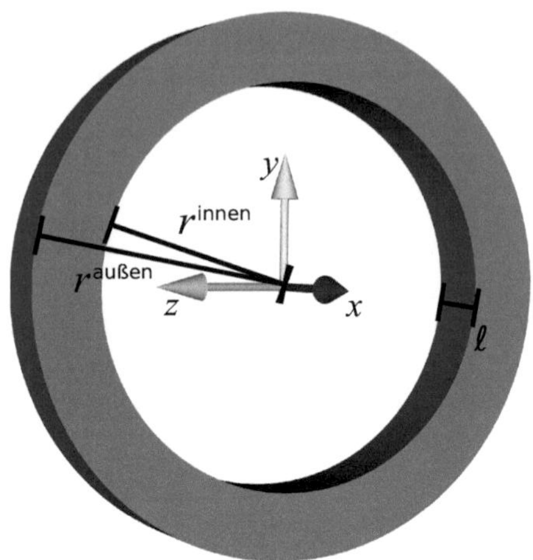

Abbildung 3.2: Geometrische Parametrisierung einer kreisrunden Spule.

darzustellen. Bei einer idealisierten kreisrunden Spule, die zentrisch in der yz-Ebene liegt, ist die freie Stromdichte bei einem Einheitsstrom durch

$$\widehat{\boldsymbol{j}}^{\,\mathrm{f}}(r,\varphi,x') = \begin{cases} W \begin{pmatrix} 0 \\ -\sin\varphi \\ \cos\varphi \end{pmatrix} \mathrm{m}^{-2} & \text{falls } r \in \left[r^{\text{innen}}, r^{\text{außen}}\right] \text{ und } x' \in \left[-\tfrac{\ell}{2}, \tfrac{\ell}{2}\right] \\ \boldsymbol{0} & \text{sonst} \end{cases} \tag{3.11}$$

gegeben.

Die Spulensensitivität $\tilde{\boldsymbol{p}}$ an der Position $\boldsymbol{r}$ kann nach dem Biot-Savart-Gesetz (2.45) und (2.49) durch

$$\tilde{\boldsymbol{p}}(\boldsymbol{r}) = \frac{1}{4\pi} \int_{-\frac{\ell}{2}}^{\frac{\ell}{2}} \int_{r^{\text{innen}}}^{r^{\text{außen}}} \int_{0}^{2\pi} \frac{\widehat{\boldsymbol{j}}^{\,\mathrm{f}}(r,\varphi,x') \times (\boldsymbol{r}-\boldsymbol{r}')}{\|\boldsymbol{r}-\boldsymbol{r}'\|_2^3} r \, \mathrm{d}\varphi \, \mathrm{d}r \, \mathrm{d}x' \tag{3.12}$$

berechnet werden. Der Faktor r ist der Wert der Jakobi-Determinante, die beim Übergang in Zylinderkoordinaten berücksichtigt werden muss.

Diskretisierung

Zur Berechnung der Spulensensitivität auf dem Computer wird die Stromdichte innerhalb der Spule diskretisiert. Hierzu wird die radiale Komponente der Zylinderkoordinaten an den Stellen

$$r_\nu := r^{\text{innen}} + \left(\nu + \frac{1}{2}\right)\Delta r, \quad \nu = 0,\cdots,N_r - 1 \tag{3.13}$$

mit $\Delta r = \frac{r^{\text{außen}} - r^{\text{innen}}}{N_r}$ diskretisiert. Der Winkel wird an Stützstellen

$$\varphi_i := i\Delta\varphi, \quad i = 0,\cdots,N_\varphi - 1 \tag{3.14}$$

mit $\Delta\varphi = \frac{2\pi}{N_\varphi}$ abgetastet. Hinsichtlich der Spulenlänge werden die Stützstellen

$$x'_\kappa := -\frac{\ell}{2} + \left(\kappa + \frac{1}{2}\right)\Delta x', \quad \kappa = 0,\cdots,N_{x'} - 1 \tag{3.15}$$

mit $\Delta x' = \frac{\ell}{N_{x'}}$ betrachtet. Die diskrete Stützstelle $\boldsymbol{r}'_{\nu,i,\kappa}$ ist somit durch

$$\boldsymbol{r}'_{\nu,i,\kappa} := \begin{pmatrix} x'_\kappa \\ r_\nu \cos\varphi_i \\ r_\nu \sin\varphi_i \end{pmatrix} \tag{3.16}$$

gegeben. Die Gesamtanzahl an Stützstellen liegt bei

$$N' := N_r N_\varphi N_{x'}. \tag{3.17}$$

Nach Anwenden der Rechteckregel kann (3.12) durch

$$\tilde{\boldsymbol{p}}(\boldsymbol{r}) \approx \frac{1}{4\pi}\Delta l \Delta\varphi \Delta r \sum_{\kappa=0}^{N_l-1}\sum_{i=0}^{N_\varphi-1}\sum_{\nu=0}^{N_r-1} \frac{\widehat{\boldsymbol{j}}^{\,\text{f}}(r_\nu,\varphi_i,x'_\kappa)\times(\boldsymbol{r}-\boldsymbol{r}'_{\nu,i,\kappa})}{\|\boldsymbol{r}-\boldsymbol{r}'_{\nu,i,\kappa}\|_2^3} r_\nu \tag{3.18}$$

angenähert werden (vergleiche (3.7)).

3.3 Berechnung der Felder

Zur Berechnung der magnetischen Feldstärke müssen die Spulensensitivitäten mit dem Strom multipliziert und aufsummiert werden:

$$\boldsymbol{H}(\boldsymbol{r},t) = \sum_{q=0}^{Q-1} I_q(t)\boldsymbol{p}_q^{\text{S}}(\boldsymbol{r}). \tag{3.19}$$

Abbildung 3.3: Zeitliche Diskretisierung auf dem Intervall $[0, T)$. Aufgrund der T-Periodizität wird nur der linke Intervallrand abgetastet.

Damit die Spulensensitivitäten für unterschiedliche Zeitpunkte nicht jedes Mal neu berechnet werden müssen, werden die Spulensensitivitäten vorberechnet und im Speicher gehalten. So kann die magnetische Feldstärke mit geringem Aufwand berechnet werden.

Die Partikelmagnetisierung kann nach (2.89) durch

$$M(r, t) = c(r)\overline{m}(\|H(r, t)\|_2)\, e_H \tag{3.20}$$

berechnet werden. Zur Bestimmung des durchschnittlichen magnetischen Momentes $\overline{m}$ wird die Langevin-Funktion aus Abschnitt 2.5 verwendet. Für eine monodisperse Größenverteilung der Partikel benötigt die Auswertung von $\overline{m}$ nur wenige arithmetische Operationen. Für eine polydisperse Größenverteilung des Partikeldurchmessers (zum Beispiel einer Log-Normalverteilung) steigt der Rechenaufwand allerdings enorm an. In diesem Fall ist es effizienter, für die Berechnung des durchschnittlichen magnetischen Momentes $\overline{m}$ eine Lookup-Tabelle zu verwenden. Dazu wird $\overline{m}$ an zahlreichen Feldstärken vorberechnet und im Speicher gehalten. Bei der eigentlichen Berechnung der Magnetisierung kann auf die Werte in der Lookup-Tabelle zurückgegriffen werden, wobei eine lineare Interpolation genutzt wird.

3.4 Berechnung der Spannungssignale

Nach Lemma 2.4 ist die in den Empfangsspulen induzierte Spannung durch

$$u_l(t) = -\mu_0 \int_\Omega \frac{\partial}{\partial t} M(r, t) \cdot p_l^{\mathrm{E}}(r)\, \mathrm{d}^3 r \tag{3.21}$$

gegeben. Für die numerische Berechnung muss die Zeit t und der Ort r diskretisiert werden. In den folgenden beiden Abschnitten werden die in dieser Arbeit verwendeten Diskretisierungsmethoden vorgestellt.

3.4.1 Zeitliche Diskretisierung

In dieser Arbeit sind alle Funktionen periodisch in der Zeit, wobei das Intervall $[0, T)$ mit der Periodenlänge T betrachtet wird. Die Zeit $t \in [0, T)$ soll nun an $\Xi \in \mathbb{N}$ Zeitpunkten diskretisiert werden. Eine übliche Wahl sind dabei äquidistante Zeitpunkte

$$t_\kappa := \theta \Delta T, \quad \theta = 0, \ldots, \Xi - 1. \tag{3.22}$$

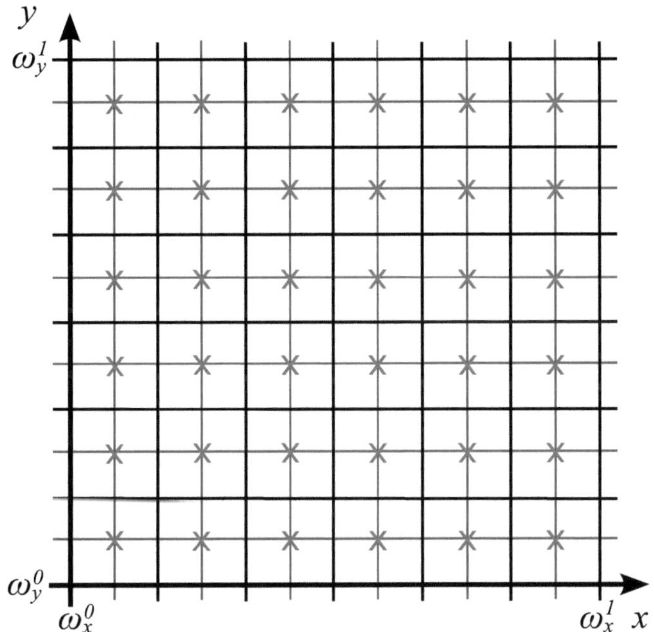

Abbildung 3.4: Räumliche Diskretisierung des Gebietes Ω. Beispielhaft ist ein 2D-Gitter der Größe 6×6 dargestellt. Die Gitterpositionen werden im Zentrum der Voxel platziert.

Dabei bezeichnet $\Delta T := T/\Xi$ das Abtastintervall, das den Abstand zwischen zwei aufeinander folgenden Zeitpunkten angibt. Die diskreten Zeitpunkte (3.22) sind so gewählt, dass die linke Intervallgrenze berücksichtigt wird, die rechte aber nicht. Dadurch wird gewährleistet, dass der Wert einer Funktion am Intervallrand nicht betrachtet wird. Dies ist insbesondere beim Anwenden einer diskreten Fouriertransformation als Approximation der zeitkontinuierlichen Fouriertransformation wichtig. In Abbildung 3.3 ist eine grafische Darstellung der zeitlichen Diskretisierung zu finden.

3.4.2 Räumliche Diskretisierung

Der Raum muss in dem Gebiet Ω diskretisiert werden. Dabei wird der Einfachheit halber angenommen, dass Ω ein Quader der Größe

$$\Omega := \left[\omega_x^0, \omega_x^1\right] \times \left[\omega_y^0, \omega_y^1\right] \times \left[\omega_z^0, \omega_z^1\right] \tag{3.23}$$

ist. Für die Diskretisierung wird ein 3D-Gitter der Dimension

$$N_x \times N_y \times N_z \tag{3.24}$$

betrachtet. Die Gesamtanzahl an Gitterpositionen ist durch

$$N := N_x N_y N_z \tag{3.25}$$

gegeben. Mit dem Gitter wird das Volumen Ω in N Voxel der Größe

$$\Delta x \times \Delta y \times \Delta z \tag{3.26}$$

mit

$$\Delta x := \frac{\omega_x^1 - \omega_x^0}{N_x} \quad \Delta y := \frac{\omega_y^1 - \omega_y^0}{N_y} \quad \Delta z := \frac{\omega_z^1 - \omega_z^0}{N_z} \tag{3.27}$$

aufgeteilt. Das Volumen eines Voxels hat somit den Wert

$$\Delta V := \Delta x \Delta y \Delta z. \tag{3.28}$$

Für die Wahl der Gitterpositionen gibt es verschiedene Möglichkeiten, die entweder den Rand des Gebietes Ω berücksichtigen oder das Zentrum eines jeden Voxels als Gitterposition verwenden. In dieser Arbeit wird letztere Möglichkeit genutzt, die in der Literatur auch als „Cellcentered-Grid" bekannt ist [78]. Die Positionen sind dabei durch

$$\boldsymbol{r}_{n_x,n_y,n_z} := \begin{pmatrix} \omega_x^0 + (n_x + \frac{1}{2})\Delta x \\ \omega_y^0 + (n_y + \frac{1}{2})\Delta y \\ \omega_z^0 + (n_z + \frac{1}{2})\Delta z \end{pmatrix}, \quad \begin{array}{l} n_x = 0,\ldots,N_x - 1 \\ n_y = 0,\ldots,N_y - 1 \\ n_z = 0,\ldots,N_z - 1 \end{array} \tag{3.29}$$

gegeben. Um ein 2D- beziehungsweise 3D-Gitter mit einem eindimensionalen Index n zu durchlaufen, kann die Zuordnung

$$\boldsymbol{r}_n := \boldsymbol{r}_{n_x,n_y,n_z} \quad \text{falls} \quad n = n_x + N_x(n_y + N_y n_z) \tag{3.30}$$

verwendet werden. In Abbildung 3.4 ist die verwendete räumliche Diskretisierung des Gebietes Ω exemplarisch dargestellt.

3.4.3 Spannungsberechnung

Durch Anwenden der Rechteckregel zur Diskretisierung des räumlichen Integrals in (3.21) können die empfangenen Spannungssignale angenähert werden durch

$$u_l(t) \approx -\mu_0 \Delta V \sum_{n=0}^{N-1} \frac{\partial}{\partial t} \boldsymbol{M}(\boldsymbol{r}_n, t) \cdot \boldsymbol{p}_l^{\mathrm{E}}(\boldsymbol{r}_n). \tag{3.31}$$

Für die Berechnung der zeitlichen Ableitung kann ein zentraler Differenzenquotient verwendet werden. Sei dazu $\Delta\widetilde{T}$ mit $0 < \Delta\widetilde{T} \leq \Delta T < T$ gegeben. Dann kann die Spannung u_l zum Zeitpunkt t durch

$$u_l(t) \approx -\mu_0 \Delta V \sum_{n=0}^{N-1} \frac{M(r_n, t + \Delta\widetilde{T}) - M(r_n, t - \Delta\widetilde{T})}{2\Delta\widetilde{T}} \cdot p_l^{\mathrm{E}}(r_n) \tag{3.32}$$

approximiert werden.

3.4.4 Rauschen

Bislang wurde nur das durch die Partikelmagnetisierung induzierte Spannungssignal berücksichtigt. In der Praxis wird das ideale Spannungssignal jedoch durch Rauschen gestört. Dabei gibt es unterschiedliche Rauschquellen. Zum einen wird Rauschen durch Wirbelströme induziert, die im menschlichen Gewebe des gemessenen Patienten auftreten. Zum anderen wird durch den elektrischen Widerstand der Empfangskette (Empfangsspule, Filter und Zuleitungen) thermisches Rauschen verursacht. Hinzu kommt noch das Rauschen des Empfangsverstärkers und das Quantisierungsrauschen.

Für eine realistische Simulation muss das Rauschen berücksichtigt werden. Eine Vernachlässigung führt dazu, dass rekonstruierte Simulationsdaten eine bessere Qualität aufweisen, als dies bei realen Daten zu erwarten wäre. In dieser Arbeit werden, wie in [43] vorgeschlagen, alle Rauschquellen in einem Rauschwiderstand R_l^{Rauschen} zusammengefasst. Dieser verursacht bandbegrenztes weißes Rauschen mit einer Standardabweichung von

$$\sigma_l^{\mathrm{Rauschen}} = \sqrt{4k_{\mathrm{B}}T^{\mathrm{P}}\Delta f R_l^{\mathrm{Rauschen}}} \tag{3.33}$$

und einem Erwartungswert von null. Dabei bezeichnet

$$\Delta f = \frac{1}{2\Delta T} \tag{3.34}$$

die Bandbreite der induzierten Spannung. Zu jedem Zeitpunkt t_κ wird eine Rauschspannung $u_{l,\theta}^{\mathrm{Rauschen}}$ berechnet, die zu der durch die Partikelmagnetisierung induzierten Spannung $u_{l,\theta}$ hinzuaddiert wird.

Die Wahl des Rauschwiderstandes hängt von zahlreichen Faktoren ab und ist in der Simulationsumgebung frei wählbar. Nach unten beschränkt wird der Rauschwiderstand durch das Patientenrauschen. Wie in [43] beschrieben, kann der äquivalente Rauschwiderstand des Patientenrauschens experimentell durch Messung bestimmt werden.

Algorithmus 3.1 Pseudocode der Vorberechnung aller Spulensensitivitäten (Sende- und Empfangsspulen).

```
for q = 0, . . . , Q − 1 do
    for n = 0, . . . , N − 1 do
        p_{q,n}^S = p_q^S(r_n)
    end for
end for
for l = 0, . . . , L − 1 do
    for n = 0, . . . , N − 1 do
        p_{l,n}^E = p_l^E(r_n)
    end for
end for
```

3.5 Simulationsalgorithmus

Nach der Diskretisierung der kontinuierlichen Modellgleichung kann in diesem Abschnitt der Simulationsalgorithmus zusammengefasst werden. Der Algorithmus kann in zwei Phasen unterteilt werden: eine Vorberechnungsphase, in der die statischen Größen berechnet werden und eine Hauptberechnungsphase, in der die dynamischen Größen bestimmt werden.

3.5.1 Berechnung der statischen Größen

Während der Vorberechnungsphase werden die Sensitivitäten aller Sende- und Empfangsspulen an den Positionen r_n, $n = 0, \ldots, N - 1$ vorberechnet. Die Daten werden in den Vektoren $p_{q,n}^S$ und $p_{l,n}^E$ gespeichert. Die Vorberechnung ist als Pseudocode in Algorithmus 3.1 angegeben.

3.5.2 Berechnung der dynamischen Größen

Während der Hauptberechnungsphase wird für jede Empfangsspule und jeden Zeitpunkt die induzierte Spannung $u_{l,\theta} := u_l(t_\theta)$ berechnet. Dazu wird zunächst die Spannung $u_{l,\theta}$ mit null initialisiert. Anschließend wird an jeder Position r_n, $n = 0, \ldots, N - 1$ die magnetische Feldstärke an den beiden Zeitpunkten $t_\theta - \Delta\widetilde{T}$ und $t_\theta + \Delta\widetilde{T}$ berechnet. Dabei werden die vorberechneten Sendespulensensitivitäten verwendet. Aus den Feldstärken wird dann die Magnetisierung zu den Zeitpunkten $t_\theta - \Delta\widetilde{T}$ und $t_\theta + \Delta\widetilde{T}$ berechnet. Schließlich wird der Differenzenquotient ausgewertet und das Skalarprodukt mit der Empfangsspulensensitivität berechnet. Das Ergebnis wird mit dem Term $-\mu_0\Delta V$ multipliziert und zu $u_{l,\theta}$ hinzuaddiert. Nach der Berechnung der gesamten Spannung $u_{l,\theta}$ wird noch das Rau-

---

Algorithmus 3.2 Pseudocode der Hauptberechnung des Simulationsalgorithmus.

---

for $l = 0, \ldots, L - 1$ **do**

  for $\theta = 0, \ldots, \Xi - 1$ **do**

    $u_{l,\theta} = 0$

    for $n = 0, \ldots, N - 1$ **do**

$$\boldsymbol{H}_n^0 = \sum_{q=0}^{Q-1} I_q(t_\theta - \Delta\widetilde{T})\boldsymbol{p}_{q,n}^{\mathrm{S}}$$

$$\boldsymbol{H}_n^1 = \sum_{q=0}^{Q-1} I_q(t_\theta + \Delta\widetilde{T})\boldsymbol{p}_{q,n}^{\mathrm{S}}$$

$$\boldsymbol{M}_n^0 = c(\boldsymbol{r}_n)\overline{m}(\|\boldsymbol{H}_n^0\|_2)\frac{\boldsymbol{H}_n^0}{\|\boldsymbol{H}_n^0\|_2}$$

$$\boldsymbol{M}_n^1 = c(\boldsymbol{r}_n)\overline{m}(\|\boldsymbol{H}_n^1\|_2)\frac{\boldsymbol{H}_n^1}{\|\boldsymbol{H}_n^1\|_2}$$

$$u_{l,\theta} \mathrel{+}= -\mu_0\Delta V \frac{\boldsymbol{M}_n^1 - \boldsymbol{M}_n^0}{2\Delta\widetilde{T}} \cdot \boldsymbol{p}_{l,n}^{\mathrm{E}}$$

    end for

    $u_{l,\theta} \mathrel{+}= u_{l,\theta}^{\mathrm{Rauschen}}$

  end for

end for

---

schen $u_{l,\theta}^{\mathrm{Rauschen}}$ hinzugefügt. Die Hauptberechnung ist in Algorithmus 3.2 als Pseudocode zusammengefasst.

3.5.3 Zeitkomplexität

In diesem Abschnitt wird die Zeitkomplexität des Algorithmus analysiert. Die Vorberechnung hat eine Komplexität von

$$O(NN'(Q + L)). \tag{3.35}$$

Dabei bezeichnet N die Anzahl Gitterpositionen in dem Gebiet Ω, N' die Anzahl der Disktretisierungspunkte innerhalb einer Spule, Q die Anzahl der Sendespulen und L die Anzahl der Empfangsspulen.

Die Hauptberechnung benötigt

$$O(N\Xi L) \tag{3.36}$$

arithmetische Operationen, wenn für die Berechnung des durchschnittlichen magnetischen Momentes eine Lookup-Tabelle verwendet wird. Die Gesamtkomplexität des Algorithmus ist somit durch

$$O(N(N'(Q + L) + \Xi L)) \tag{3.37}$$

gegeben. In der Praxis ist die Anzahl der Spulen deutlich kleiner als die Parameter N, N' und Ξ. Weiterhin ist bei 2D- und 3D-MPI-Sequenzen $N' < \Xi$, so dass die Komplexität von der Hauptberechnung dominiert wird.

Eine naive Implementierung ohne Vorberechnung der Spulensensitivitäten hat eine Komplexität von

$$O(NN'\Xi L) \tag{3.38}$$

und ist somit um N' höher als mit Vorberechnung. Der zeitliche Aufwand kann daher durch die Vorberechnung der Spulensensitivitäten deutlich reduziert werden.

3.6 Implementierung

In diesem Abschnitt werden einige Implementierungsdetails vorgestellt. Die Simulationsumgebung kann in drei verschiedene Module aufgeteilt werden:

- den Simulationskern,
- die Anwendungsprogramme und
- die Skriptumgebungen.

Diese Unterteilung wird in der wissenschaftlichen Programmierung oft verwendet. Im Folgenden wird auf jedes der Module weiter eingegangen.

3.6.1 Der Simulationskern

Der Simulationskern enthält alle Funktionen zum Berechnen der Magnetfelder, der Partikelmagnetisierung und der Spannungssignale in den Empfangsspulen. Als Programmiersprache wurde C++ gewählt, um eine hohe Ausführungsgeschwindigkeit der Programme zu gewährleisten. Da man bei C++ den Hauptspeicher selbst verwaltet, können speicherplatzeffiziente Programme entwickelt werden. Dabei muss man bei C++ nicht auf objektorientierte Programmierung verzichten, was zur Übersichtlichkeit und Erweiterbarkeit des Programmcodes beiträgt.

Die Spulenanordnungen werden in XML-Dateien gespeichert, in denen jede Spule durch Angabe der Geometrieparameter, der Position, der Orientierung und des Stromes beschrieben werden. Die XML-Dateien können per Hand mit einem Texteditor erstellt und verändert werden. Alternativ können die Dateien auch mit einem Kommandozeilenprogramm automatisiert bearbeitet werden.

Um die Simulationsdaten auf Festplatte zu speichern, wird das HDF5-Dateiformat verwendet [79]. Es ermöglicht die Speicherung von beliebig vielen Datensätzen in einer einzigen Datei. Die Datensätze können dabei hierarchisch wie bei einem Dateisystem angeordnet werden. Jeder Datensatz kann ein Array beliebiger Dimension enthalten. Weiterhin können verschiedene Datentypen, wie zum Beispiel ganze Zahlen, Gleitkommazahlen und Strings gespeichert werden. HDF5-Dateien können nicht nur in C++ erstellt und gelesen werden, denn es gibt für die meisten Programmiersprachen Sprachanbindungen.

3.6.2 Die Anwendungsprogramme

Der Simulationskern wird über eine C++-Schnittstelle aufgerufen. Für die Nutzung des Simulationskerns wurden verschiedene Anwendungsprogramme geschrieben. Diese sind als Kommandozeilenprogramme realisiert, was den großen Vorteil mit sich bringt, dass sich die Programme mit einer Skriptsprache ansteuern lassen.

Das Simulationsprogramm `simulation` erlaubt die Berechnung der magnetischen Feldstärke, der Partikelmagnetisierung und der in Empfangsspulen induzierten Spannungssignale. Zur Berechnung der magnetischen Feldstärke muss die Spulenanordnung als XML-Datei angegeben werden. Weiterhin werden die Parameter des Ortsgitters und die Parameter der zeitlichen Abtastung benötigt. Zur Berechnung der induzierten Spannungssignale muss die Größenverteilung und die örtliche Verteilung der Partikel angegeben werden. Beides wird in einer HDF5-Datei gespeichert und dem Simulationsprogramm als Dateiname übergeben.

Neben dem Simulationsprogramm wurde ein Programm zum Bearbeiten von Spulengeometrien geschrieben (`modifyCoilConfiguration`). Mit diesem können Spulen zu einer vorhandenen Spulenanordnung hinzugefügt werden. Weiterhin können mit diesem Programm alle Parameter einer Spule verändert werden. Als Eingabe erwartet das Programm eine Spulenanordnung als XML-Datei. Die geänderte Anordnung wird in eine Ausgabedatei geschrieben. Diese kann dieselbe wie die Eingabedatei sein.

3.6.3 Die Skriptumgebungen

Für verschiedene Skriptsprachen wie Matlab und Python wurden Funktionen zum Aufrufen der Anwendungsprogramme geschrieben. In den Funktionen wird aus den Eingabeparametern ein Kommandozeilenstring erstellt. Dieser wird anschließend auf der Kommandozeile ausgeführt. Der Datenaustausch wird dabei mittels Dateien realisiert.

In einer Skriptsprache können konkrete Simulationsstudien in sehr kompakter Form umgesetzt werden. Dies ermöglicht es, in kurzer Zeit komplexe Simulationen durchzuführen.

Auch eine Spulenanordnung kann in einem Skript erstellt werden. Somit können verschiedene Parameter automatisiert durchlaufen werden. Da die Anwendungsskripte auf Festplatte gespeichert werden, können die Simulationen jederzeit wiederholt werden und sichern somit die Reproduzierbarkeit der Studien. Bei all diesen Vorteilen muss der Benutzer der Simulationsumgebung nicht auf die hohe Ausführungsgeschwindigkeit der Programme verzichten. Da der Simulationskern in einer effizienten Programmiersprache umgesetzt ist, laufen die Programme zeit- und speicherplatzeffizient ab.

4

Konzepte der Bildgebung

In diesem Kapitel werden verschieden Konzepte der MPI-Bildgebung im Detail vorgestellt. Hierzu wird ein allgemeiner 3D-MPI-Scanner betrachtet, anhand dem zunächst die Spulenanordnung und die Signalkette beschrieben werden. Anschließend werden die durch den Aufbau erzeugten Felder näher beleuchtet. Im Zuge dessen wird auch auf die Trajektorie des FFPs eingegangen. Beim Empfangspfad wird eine besondere Schwierigkeit bei der MPI-Bildgebung diskutiert: die Trennung des Partikelsignals von dem Empfangssignal. Schließlich wird die MPI-Bildgebungsgleichung hergeleitet. Es wird gezeigt, dass der Zusammenhang zwischen der Partikelverteilung $c(\boldsymbol{r})$ und den Fourierkoeffizienten $\hat{u}_{l,k}$ des im l-ten Empfangskanal gemessenen Signals $u_l(t)$ linear ist und in der Form

$$\hat{u}_{l,k} = \int_\Omega \hat{s}_{l,k}(\boldsymbol{r})c(\boldsymbol{r})\,\mathrm{d}^3r \tag{4.1}$$

geschrieben werden kann. Dabei bezeichnet Ω das Gebiet, in dem sich magnetisierbare Nanopartikel befinden und $\hat{s}_{l,k}(\boldsymbol{r})$ die Systemfunktion. Zum Ende des Kapitels werden 1D-, 2D- und 3D-Systemfunktionen näher untersucht, um die Abhängigkeit der erreichbaren Ortsauflösung von verschiedenen Messparametern zu zeigen.

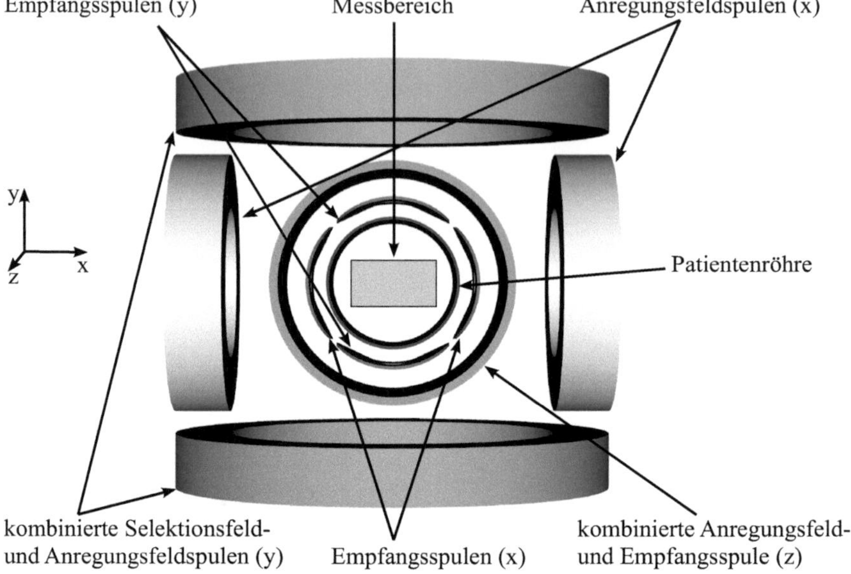

Abbildung 4.1: Aufbau eines allgemeinen 3D-MPI-Scanners. Das Selektionsfeld wird durch ein Spulenpaar in y-Richtung erzeugt, das zusätzlich für die Generierung des Anregungsfeldes in diese Richtung genutzt wird. Das Anregungsfeld in x-Richtung wird durch ein dediziertes Hemholtz-Spulenpaar erzeugt, während für die Generierung des Anregungsfeldes in z-Richtung eine Solenoidspule genutzt wird. Letztere wird zusätzlich auch zum Empfangen des Partikelsignals verwendet. Die x- und y-Komponente des Magnetisierungsvektors wird mit zwei dedizierten Hemholtz-Spulenpaaren gemessen. Neben den Spulen ist auch die Patientenröhre dargestellt.

4.1 Systemkomponenten

4.1.1 Spulenaufbau

Zur Erzeugung der bei MPI benötigten Magnetfelder können elektromagnetische Spulen verwendet werden. Im Folgenden wird ein allgemeiner MPI-Scanner beschrieben, der für die 3D-Bildgebung genutzt werden kann. Ein schematischer Überblick des Spulenaufbaus ist in Abbildung 4.1 dargestellt. Der Scanner ist so ausgelegt, dass der Messbereich im Zentrum eines symmetrischen Spulenaufbaus liegt. Diese ursprünglich von Philips vorgestellte Geometrie [40] wird in dieser Arbeit als klassische Spulenanordnung bezeichnet. Ein rechtshändiges kartesisches Koordinatensystem wird verwendet, wobei der Ursprung im Zentrum des Scanners liegt.

Für die Ortskodierung wird bei MPI ein lineares Selektionsfeld genutzt, das im Ursprung einen FFP hat. Ein solches Feld kann mit einem Maxwell-Spulenpaar erzeugt werden. Dieses besteht aus zwei gegenüberliegenden Spulen gleicher Geometrie, durch die derselbe Strom I^S fließt. Wenn die Stromrichtung in beiden Spulen gegenläufig ist, hebt sich das durch beide Spulen erzeugte Feld im Ursprung auf, so dass ein FFP entsteht. Ohne Verlust der Allgemeinheit sei das Maxwell-Spulenpaar des MPI-Scanners in y-Richtung orientiert. Statt des Maxwell-Spulenpaares könnten auch zwei Permanentmagnete verwendet werden, deren Nordpole sich gegenüberliegen.

Um den FFP durch den Raum zu bewegen, werden drei homogene Anregungsfelder benötigt, deren Feldvektoren entlang der drei Hauptachsen zeigen. Ein homogenes Magnetfeld kann durch ein Helmholtz-Spulenpaar erzeugt werden. Dieses unterscheidet sich von einem Maxwell-Spulenpaar nur dadurch, dass die Ströme in den beiden verwendeten Spulen in dieselbe Richtung fließen. Alternativ kann ein homogenes Magnetfeld auch durch eine Solenoidspule erzeugt werden. Bei dem betrachteten MPI-Scanner wird ohne Verlust der Allgemeinheit in y-Richtung dasselbe Spulenpaar wie zur Erzeugung des Selektionsfeldes genutzt. In x-Richtung dagegen wird ein dediziertes Helmholtz-Spulenpaar verwendet. Das Anregungsfeld in z-Richtung wird durch eine dedizierte Solenoidspule erzeugt. Die Anregungsfelder werden durch Wechselströme $I_x^D(t)$, $I_y^D(t)$ und $I_z^D(t)$ erzeugt.

Durch die zeitliche Änderung des Anregungsfeldes ändert sich die Partikelmagnetisierung im ganzen Messbereich. Um jede Komponente des 3D-Magnetisierungsvektors zu messen, können drei Empfangsspulen bzw. Empfangsspulenpaare verwendet werden, welche orthogonal zueinander stehen. Die Sensitivität jeder Empfangsspule sollte hoch und homogen im Raum sein. Dies kann wieder durch ein Helmholtz-Spulenpaar erreicht werden, bei dem die einzelnen Spulen so in Serie geschlossen sind, dass der Strom in dieselbe Richtung fließt. Alternativ kann auch eine Solenoidspule genutzt werden. Die Sende- und Empfangsspulen müssen nicht zwangsläufig getrennt realisiert werden, sondern können auch als kombinierte Sende-Empfangsspulen aufgebaut sein. In dem gezeigten Aufbau sind die Empfangsspulen in x- und y-Richtung dediziert aufgebaut, wohingegen eine kombinierte Sende-Empfangsspule in z-Richtung verwendet wird. Dies ist allerdings erneut ein Implementierungsdetail, dass die Allgemeinheit der theoretischen Herleitungen diese Kapitels nicht beschränkt.

Die Verwendung von kombinierten Sende-Empfangsspulen kann dadurch motiviert werden, dass beide Spulenarten ähnliche Anforderungen haben. Sowohl die Sende- als auch die Empfangsspulen sollten eine hohe Sensitivität an allen Positionen im Messbereich aufweisen, die Anregungsfeldspulen und die Selektionsfeldspulen um die Verlustleistung gering zu halten, die Empfangsspulen um das Signal-zu-Rausch-Verhältnis (SNR) der Messsignale zu maximieren. Diese Anforderung kann dadurch erfüllt werden, dass kombinierte Sende-Empfangsspulen so nah wie möglich an das Messfeld gebracht werden. Kombinierte Spulen vereinfachen dabei aufgrund des geringeren Platzbedarfs das Design des MPI-Scanners.

Fokusfeld

Einer der Hauptvorteile von MPI gegenüber anderen bildgebenden Verfahren wie der CT ist, dass keine ionisierende Strahlung verwendet wird. Potentiell kann aber auch mit MPI das menschliche Gewebe geschädigt werden, wenn die Magnetfelder in einem unzulässigen Bereich betrieben werden. Durch die verwendeten magnetischen Wechselfelder werden Wirbelströme im Gewebe eines Patienten induziert, die zu einer Erwärmung führen. Die Patientenbelastung wird mittels der spezifischen Absorptionsrate (SAR) angegeben [80, 81, 82], die sowohl quadratisch mit der Frequenz als auch quadratisch mit der Feldamplitude steigt [83, 84, 85]. Neben der Erwärmung kann es durch hohe Feldamplituden zu ungewollten Nervenstimulationen kommen. Aus beiden Gründen ist die Amplitude des Anregungsfeldes bei MPI beschränkt. Da die Messfeldgröße proportional zur Anregungsfeldamplitude ist, führt die Beschränkung der Amplitude auch zu einer Beschränkung der Messfeldgröße. Laut [40] ist die Anregungsfeldamplitude bei einer Anregungsfrequenz von 25 kHz durch 20 mTμ_0^{-1} beschränkt. Bei einer Gradientenstärke von 2 Tm$^{-1}\mu_0^{-1}$ ist der Messbereich somit nur 20 mm lang. Um trotzdem größere Messbereiche erfassen zu können, haben B. Gleich und J. Weizenecker das Fokusfeld vorgeschlagen [40]. Es wird dem Anregungs- und Selektionsfeld überlagert und genutzt, um das kleine durch das Anregungsfeld abgedeckte Volumen langsam durch ein großes Messfeld zu fahren. Da das Fokusfeld nur eine geringe Frequenz hat, können hohe Feldamplituden verwendet werden, ohne den Patienten zu belasten. Bislang ist das Fokusfeld nur ein theoretisches Konzept und noch in keinem MPI-Scanner realisiert worden. Daher wird es in dieser Arbeit auch nicht weiter betrachtet.

4.1.2 Signalkette

Im Folgenden werden die Hauptkomponenten der MPI-Signalkette beschrieben. Ein grafischer Überblick ist in dem Blockdiagramm in Abbildung 4.2 gegeben. Im Allgemeinen besteht ein 3D-MPI-Scanner aus drei dedizierten Sende- und Empfangskanälen sowie aus Komponenten zum Erzeugen des Selektionsfeldes. Für letzteres kann eine Gleichstromquelle verwendet werden, die von einem Computer angesteuert wird. Aus Gründen der Übersicht wird im Folgenden nur der x-Sende- und Empfangskanal beschrieben.

Die Wellenform des Anregungsfeldes wird auf einem Computer erzeugt. Anschließend wird das digitale Signal mit einem Digital-Analog-Wandler (englisch: Digital-to-Analog Converter, DAC) in eine analoge Spannung überführt. Dann wird das Signal mit einem Leistungsverstärker verstärkt. Da jeder Verstärker eine gewisse Nichtlinearität hat (auch Klirrfaktor genannt), ist das verstärkte Signal keine reine Sinusschwingung mehr, sondern enthält auch Oberwellen der Anregungsfrequenz. Die Signalenergie der Oberwellen ist bei guten Verstärkern geringer als 1 % der Energie des Signals an der Anregungsfrequenz. Da das Partikelsignal aber um einen Faktor $10^6 - 10^{10}$ geringer als das induzierte Anregungssignal ist, würden die durch den Verstärker verursachten Oberwellen das Partikelsignal in den

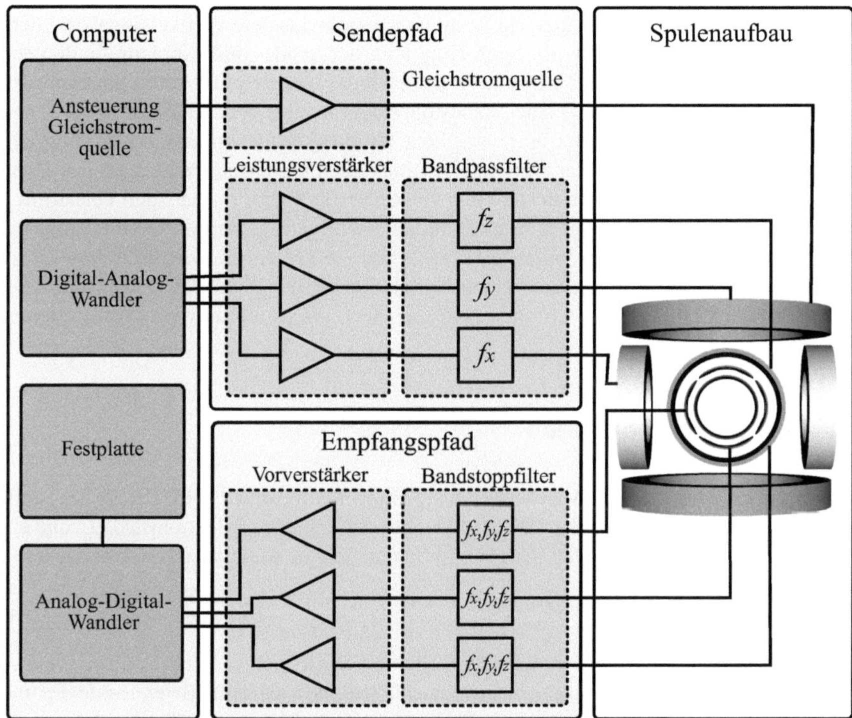

Abbildung 4.2: Signalkette eines allgemeinen 3D-MPI-Scanners. Die Wellenformen für die Anregungsfelder werden auf einem Computer erzeugt und mittels eines DACs in analoge Spannungen umgewandelt. Die Signale werden anschließend leistungsverstärkt, bandpassgefiltert und auf die Anregungsfeldspulen gegeben. Die Empfangssignale werden zunächst bandstoppgefiltert, um die Sendefrequenzen zu unterdrücken. Anschließend werden die Signale verstärkt, digitalisiert und schließlich auf eine Festplatte gespeichert.

Empfangsspulen deutlich überlagern. Um die Qualität des Sendesignals zu verbessern und somit zu verhindern, dass das Sendesignal Oberwellen enthält, wird das Leistungssignal nach der Verstärkung gefiltert. Hierbei wird ein Bandpassfilter verwendet, der gerade die Anregungsfrequenz f_x durchlässt und alle anderen Frequenzen dämpft. Da die Dämpfung bei einem einfachen Bandpassfilter erster Ordnung, bestehend aus einer Spule und einem Kondensator, unter Umständen zu gering ist, werden Bandpassfilter höherer Ordnung verwendet. Das gefilterte Signal enthält eine Sinusschwingung von hoher Qualität und wird direkt auf die Sendespulen gegeben.

Die in der Empfangsspule induzierte Spannung besteht aus dem Partikelsignal und dem Anregungssignal. Letzteres wird durch Kopplung der Sende- und Empfangsspulen verursacht (siehe Abschnitt 2.4.4). Um das Partikelsignal von der induzierten Spannung zu trennen, wird das Signal mittels eines Bandstoppfilters an allen Sendefrequenzen f_x, f_y und f_z unterdrückt. Erneut sollte der Filter eine hohe Ordnung haben, um eine hohe Dämpfung zu erreichen. Durch den Filter werden allerdings auch die Grundfrequenzen des Partikelsignals gedämpft. Folglich besteht das verbleibende Signal nur aus den Oberwellen des Partikelsignals. Da das gefilterte Signal eine sehr geringe Amplitude im Nano- bis Mikrovoltbereich hat, wird es mittels eines rauscharmen Verstärkers (englisch: Low Noise Amplifier, LNA) verstärkt und kann dann digitalisiert werden. Schließlich wird das Messsignal auf der Festplatte des Computers gespeichert, um es digital weiterzuverarbeiten.

4.2 Magnetfeldgeometrien

Im Folgenden werden die bei MPI verwendeten Magnetfeldgeometrien im Detail vorgestellt. Wie bereits erwähnt, erzeugt der 3D-MPI-Scanner ein statisches Selektionsfeld H^S und ein dynamisches Anregungsfeld H^D. Das Gesamtmagnetfeld ist somit durch die Überlagerung

$$H(r,t) = H^S(r) + H^D(r,t) \qquad (4.2)$$

gegeben. Die in (4.2) angegebenen Felder stellen die tatsächlich von dem Spulenaufbau erzeugten Magnetfelder dar. Diese beinhalten auch Nichtlinearitäten des Selektionsfeldes und Inhomogenitäten des Anregungsfeldes. Für die idealen Felder werden die Bezeichnungen H^{ideal}, $H^{\text{S,ideal}}$ und $H^{\text{D,ideal}}$ verwendet.

4.2.1 Selektionsfeld

Das statische Selektionsfeld H^S hat einen FFP im Zentrum des MPI-Scanners und steigt idealerweise linear (das heißt mit konstantem Gradient) in alle Raumrichtungen an. Ein solches Feld kann durch ein Maxwell-Spulenpaar erzeugt werden [56]. Wie man durch Auswertung des Biot-Savart-Integrals herleiten kann, ist das erzeugte Feld in einer gewissen Region zwischen den Spulen näherungsweise durch

$$H^S(r) \approx H^{\text{S,ideal}}(r) := Gr \qquad (4.3)$$

mit

$$G := G \begin{pmatrix} -\frac{1}{2} & 0 & 0 \\ 0 & 1 & 0 \\ 0 & 0 & -\frac{1}{2} \end{pmatrix} \qquad (4.4)$$

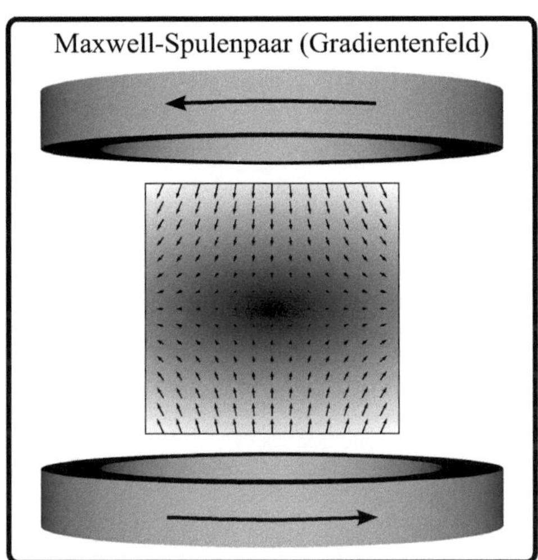

Abbildung 4.3: Maxwell-Spulenpaar mit Strömen, die in entgegengesetzte Richtung fließen, so dass ein Selektionsfeld mit einem FFP im Zentrum entsteht. Neben den Spulen ist ein Schnitt des in der xy-Ebene erzeugten Magnetfeldes gezeigt.

gegeben (siehe [56]). Dabei bezeichnet G den Gradienten, der aus dem Produkt des Stromes I^S und der Spulensensitivität $p^{S,\text{ideal}}$ besteht (Einheit $\text{Tm}^{-1}\mu_0^{-1}$). Letztere hängt von dem Radius, der Länge, der Dicke und dem Abstand der Spulen ab. Das Feld $\boldsymbol{H}^{S,\text{ideal}}$ kann als ideales Gradientenfeld aufgefasst werden, das generiert wird, wenn die Spulen unendlich großen Abstand und Durchmesser haben. Ein Schnitt des Feldes ist in Abbildung 4.3 dargestellt.

Aufgrund der radialen Symmetrie des Maxwell-Spulenpaares hat auch die magnetische Feldstärke $\boldsymbol{H}^S$ eine radiale Symmetrie. Das bedeutet, dass der Feldverlauf für einen bestimmten y-Wert in beliebige Richtung orthogonal zur y-Achse gleich ist.

Das ideale Selektionsfeld hat die interessante Eigenschaft, dass die Gradientenstärke in y-Richtung betragsmäßig doppelt so groß wie in x- und z-Richtung ist, also

$$\frac{\partial H_y^{S,\text{ideal}}}{\partial y} = -2\frac{\partial H_x^{S,\text{ideal}}}{\partial x} = -2\frac{\partial H_z^{S,\text{ideal}}}{\partial z}. \tag{4.5}$$

Dies ergibt sich aus der radialen Feldsymmetrie und dem Gaußschen Gesetz des Magnetismus (2.10). Letzteres besagt, dass die Summe der Gradientenstärken gleich null sein muss, also

$$\nabla \cdot \boldsymbol{H}^{S,\text{ideal}} = \frac{\partial H_x^{S,\text{ideal}}}{\partial x} + \frac{\partial H_y^{S,\text{ideal}}}{\partial y} + \frac{\partial H_z^{S,\text{ideal}}}{\partial z} = 0. \tag{4.6}$$

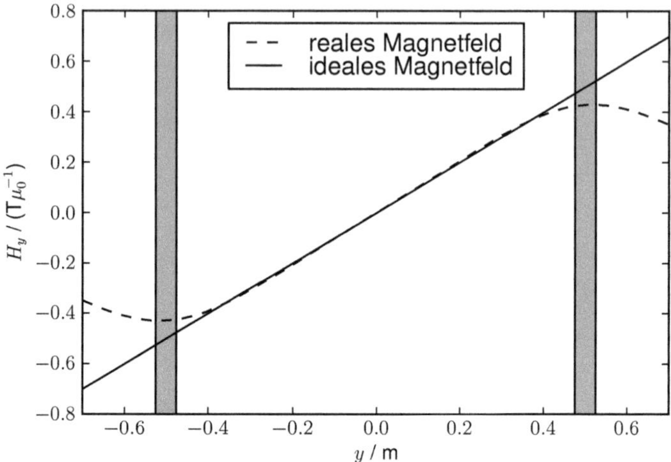

Abbildung 4.4: Vergleich des idealen Gradientenfeldes mit dem realen Magnetfeld eines Maxwell-Spulenpaares mit 0.5 m Radius und 1 m Abstand. Die Positionen der zwei Spulen sind durch graue Balken angedeutet. Gezeigt ist der Verlauf der y-Komponente der magnetischen Feldstärke auf der y-Achse (Spulenhauptachse).

Aufgrund der unterschiedlichen Gradientenstärken in x-, y- und z-Richtung ist das Volumen um den FFP, in dem sich die Nanopartikel nicht in voller Sättigung befinden ein Ellipsoid. Dies wirkt sich auf die bei MPI erreichbare Ortsauflösung aus, die in y-Richtung doppelt so hoch wie in x- und z-Richtung ist. Weiterhin ist bei Anregungsfeldern mit gleichen Amplituden der Messbereich quaderförmig mit halber Kantenlänge in y-Richtung.

In der Realität ist die ideale Formel (4.3) nur im Zentrum zwischen den Spulen gültig. Mit steigendem Abstand zum Zentrum nimmt der Unterschied zwischen dem idealen und dem realen Feld zu. Für eine genaue Simulation sollte daher die allgemeine Form

$$H^{S}(r) = I^{S} p^{S}(r) \tag{4.7}$$

verwendet werden. Die Spulensensitivität $p^{S}(r)$ kann dabei mit dem Biot-Savart-Gesetz (2.45) berechnet werden. Zum Vergleich sind das ideale und das reale Feld eines Maxwell-Spulenpaares entlang ihrer Hauptachse in Abbildung 4.4 dargestellt. Als Hauptachse eines Spulenpaares wird in dieser Arbeit die Achse bezeichnet, die durch die Mittelpunkte beider Spulen geht (siehe Abbildung 4.3).

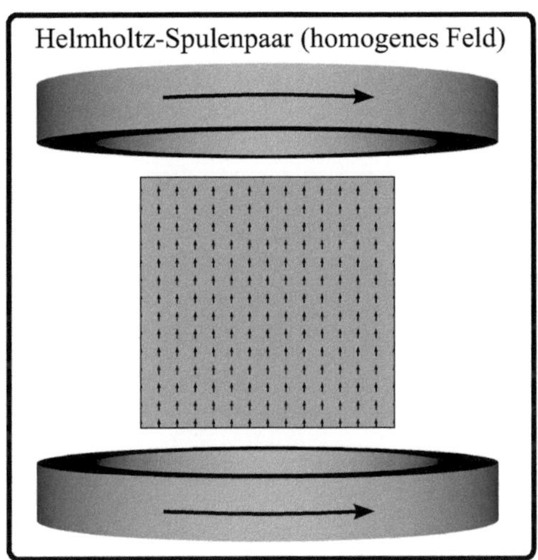

Abbildung 4.5: Helmholtz-Spulenpaar mit Strömen, die in gleiche Richtung fließen, so dass ein homogenes Feld erzeugt wird, das entlang der Hauptachse der Spulen zeigt. Neben den Spulen ist ein Schnitt des in der xy-Ebene erzeugten Magnetfeldes gezeigt.

4.2.2 Anregungsfeld

Das dynamische Anregungsfeld H^D ist idealerweise homogen im Raum und hat eine Richtung die beliebig wählbar ist. Dies erlaubt es, den FFP an jede Position im Raum zu verschieben. Weiterhin ist die schnelle Änderung des magnetischen Feldes und somit der Partikelmagnetisierung unerlässlich, um die Magnetisierung mittels Induktion aufnehmen zu können.

Um ein Anregungsfeld H^D zu erzeugen, das in eine beliebige Richtung zeigt, können drei Helmholtz-Spulenpaare oder Solenoidspulen verwendet werden (siehe Abschnitt 4.1.1). Eine Schnitt des durch ein Helmholtz-Spulenpaar erzeugten Magnetfeldes ist in Abbildung 4.5 dargestellt. Näherungsweise sind die Felder der einzelnen Spulen homogen und können in der Form

$$
\begin{aligned}
H_x^D(r,t) &\approx H_x^{D,\text{ideal}}(t) := I_x^D(t)p_x^{D,\text{ideal}}e_x,\\
H_y^D(r,t) &\approx H_y^{D,\text{ideal}}(t) := I_y^D(t)p_y^{D,\text{ideal}}e_y,\\
H_z^D(r,t) &\approx H_z^{D,\text{ideal}}(t) := I_z^D(t)p_z^{D,\text{ideal}}e_z
\end{aligned}
\tag{4.8}
$$

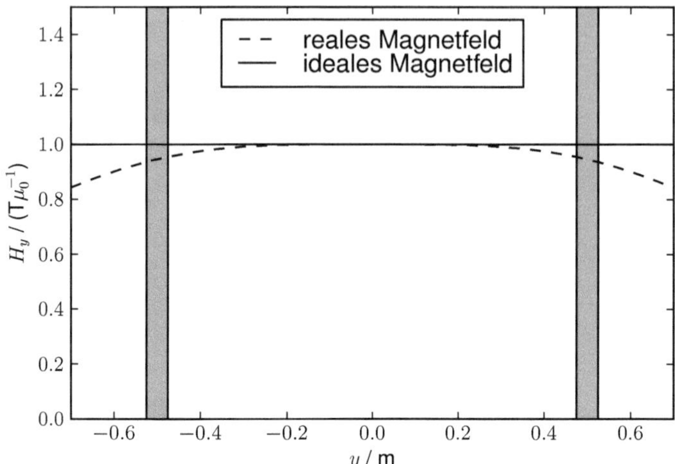

Abbildung 4.6: Vergleich des idealen homogenen Magnetfeldes mit dem realen Magnetfeld eines Helmholtz-Spulenpaares mit 1 m Radius und 1 m Abstand. Die Positionen der zwei Spulen sind durch graue Balken angedeutet. Gezeigt ist der Verlauf der y-Komponente der magnetischen Feldstärke auf der y-Achse (Spulenhauptachse).

geschrieben werden. Durch Überlagerung der Felder und durch geeignete Wahl der Ströme kann man den Feldvektor in eine beliebige Richtung zeigen lassen, das heißt

$$\boldsymbol{H}^{\mathrm{D,ideal}}(t) := \boldsymbol{H}_x^{\mathrm{D,ideal}}(t) + \boldsymbol{H}_y^{\mathrm{D,ideal}}(t) + \boldsymbol{H}_z^{\mathrm{D,ideal}}(t) = \begin{pmatrix} I_x^{\mathrm{D}}(t)p_x^{\mathrm{D,ideal}} \\ I_y^{\mathrm{D}}(t)p_y^{\mathrm{D,ideal}} \\ I_z^{\mathrm{D}}(t)p_z^{\mathrm{D,ideal}} \end{pmatrix}. \tag{4.9}$$

In der Realität ist das magnetische Feld, das durch ein Helmholtz-Spulenpaar oder eine Solenoidspule erzeugt wird, nur näherungsweise homogen. Das Feld (4.9) wird in dieser Arbeit als ideales Anregungsfeld bezeichnet. Das reale Feld eines Helmholtz-Spulenpaares ist sehr homogen im Zentrum zwischen den Spulen und weicht mit wachsendem Abstand zum Zentrum zunehmend von dem idealen homogenen Feld ab. Mit den Spulensensitivitäten $\boldsymbol{p}_x^{\mathrm{D}}$, $\boldsymbol{p}_y^{\mathrm{D}}$ und $\boldsymbol{p}_z^{\mathrm{D}}$ kann das Anregungsfeld allgemein in der Form

$$\boldsymbol{H}^{\mathrm{D}}(\boldsymbol{r},t) = \boldsymbol{p}_x^{\mathrm{D}}(\boldsymbol{r})I_x^{\mathrm{D}}(t) + \boldsymbol{p}_y^{\mathrm{D}}(\boldsymbol{r})I_y^{\mathrm{D}}(t) + \boldsymbol{p}_z^{\mathrm{D}}(\boldsymbol{r}) = \boldsymbol{P}^{\mathrm{D}}(\boldsymbol{r})\boldsymbol{I}^{\mathrm{D}}(t) \tag{4.10}$$

geschrieben werden. Dabei ist $\boldsymbol{P}^{\mathrm{D}}(\boldsymbol{r}) = \left(\boldsymbol{p}_x^{\mathrm{D}}(\boldsymbol{r}), \boldsymbol{p}_y^{\mathrm{D}}(\boldsymbol{r}), \boldsymbol{p}_z^{\mathrm{D}}(\boldsymbol{r})\right)$ die Sensitivitätsmatrix und $\boldsymbol{I}^{\mathrm{D}}(t) = \left(I_x^{\mathrm{D}}(t), I_y^{\mathrm{D}}(t), I_z^{\mathrm{D}}(t)\right)^{\mathsf{T}}$ der Stromvektor des Anregungsfeldes. Wie bei dem Selektionsfeld können die Spulensensitivitäten mittels des Biot-Savart-Gesetzes (2.45) berechnet werden. Zum Vergleich sind das ideale und das reale Magnetfeld eines Helmholtz-Spulenpaares entlang der Hauptachse in Abbildung 4.6 dargestellt.

Als nächstes werden die zeitlichen Verläufe der Anregungsfeldströme betrachtet. Wie in Abschnitt 4.1.1 beschrieben, können sinusförmige Anregungen

$$
\begin{aligned}
I_x^{\mathrm{D}}(t) &:= I_x^0 \sin(2\pi f_x t), \\
I_y^{\mathrm{D}}(t) &:= I_y^0 \sin(2\pi f_y t), \\
I_z^{\mathrm{D}}(t) &:= I_z^0 \sin(2\pi f_z t)
\end{aligned}
\tag{4.11}
$$

in der Praxis leicht realisiert werden. Dabei bezeichnen I_x^0, I_y^0 und I_z^0 die Stromamplituden sowie f_x, f_y und f_z die Anregungsfrequenzen. Die Feldamplituden der idealen Anregungsfelder sind durch

$$
\begin{aligned}
A_x^{\mathrm{D,ideal}} &:= p_x^{\mathrm{D,ideal}} I_x^0, \\
A_y^{\mathrm{D,ideal}} &:= p_y^{\mathrm{D,ideal}} I_y^0, \\
A_z^{\mathrm{D,ideal}} &:= p_z^{\mathrm{D,ideal}} I_z^0
\end{aligned}
\tag{4.12}
$$

gegeben. Das ideale Gesamtanregungsfeld kann somit in der Form

$$
\boldsymbol{H}^{\mathrm{D,ideal}}(t) = \begin{pmatrix} A_x^{\mathrm{D,ideal}} \sin(2\pi f_x t) \\ A_y^{\mathrm{D,ideal}} \sin(2\pi f_y t) \\ A_z^{\mathrm{D,ideal}} \sin(2\pi f_z t) \end{pmatrix}
\tag{4.13}
$$

geschrieben werden.

Wie bereits in Abschnitt 4.1.1 angedeutet, können die Anregungsfrequenzen nicht für die Bildgebung verwendet werden. Aus diesem Grund sollte die Bandbreite des Anregungsfeldes möglichst klein sein. Hierzu sei die Menge der in der Anregung enthaltenen Frequenzen als

$$
\Gamma := \left\{ f_k : k \in \mathbb{N} \text{ und } \sum_{l=x,y,z} \left| \int_0^T I_l^{\mathrm{D}}(t) \mathrm{e}^{2\pi \mathrm{i} k t/T} \, \mathrm{d}t \right| \neq 0 \right\}
\tag{4.14}
$$

definiert. Für die drei sinusförmigen Anregungsfelder gilt offensichtlich

$$
\Gamma = \{f_x, f_y, f_z\}.
\tag{4.15}
$$

Wenn alle drei Frequenzen sehr ähnlich gewählt werden, das heißt $f_x \approx f_y \approx f_z$, ist die Bandbreite der Anregung somit sehr schmal.

4.2.3 Feldfreier Punkt

Der feldfreie Punkt $\boldsymbol{r}^{\mathrm{FFP}}$ ist definiert als der Punkt im Raum, an dem die magnetische Feldstärke gleich null ist, das heißt

$$
\boldsymbol{H}(\boldsymbol{r}^{\mathrm{FFP}}, t) = \boldsymbol{0}.
\tag{4.16}
$$

In diesem Abschnitt wird der FFP an einem bestimmten Zeitpunkt t betrachtet. Aus der Definition (4.16) ergeben sich zwei Fragestellungen:

1. Wie kann der FFP r^{FFP} aus den Strömen I^{S}, I_x^{D}, I_y^{D} und I_z^{D} berechnet werden?

2. Wie können die Ströme I^{S}, I_x^{D}, I_y^{D} und I_z^{D} so gewählt werden, dass der FFP an der Position r^{FFP} liegt?

Bei der zweiten Frage wird nicht eine bestimmte Wellenform betrachtet, sondern geprüft, ob der FFP bei freier Wahl der Ströme an eine beliebige Position im Raum bewegt werden kann.

Berechnung des FFPs

Für ein ideales Selektions- (4.3) und Anregungsfeld (4.9) kann die Gesamtfeldstärke am FFP durch

$$H^{\mathrm{ideal}}(r^{\mathrm{FFP}}) = Gr^{\mathrm{FFP}} + P^{\mathrm{D,ideal}} I^{\mathrm{D}} = 0 \tag{4.17}$$

ausgedrückt werden. Dabei ist $P^{\mathrm{D,ideal}} := \mathrm{diag}\left((p_x^{\mathrm{D,ideal}}, p_y^{\mathrm{D,ideal}}, p_z^{\mathrm{D,ideal}})^{\mathsf{T}}\right)$. Somit kann der FFP durch

$$r^{\mathrm{FFP}} = -G^{-1} P^{\mathrm{D,ideal}} I^{\mathrm{D}} = -\frac{1}{G} \begin{pmatrix} -2p_x^{\mathrm{D,ideal}} & 0 & 0 \\ 0 & p_y^{\mathrm{D,ideal}} & 0 \\ 0 & 0 & -2p_z^{\mathrm{D,ideal}} \end{pmatrix} I^{\mathrm{D}} \tag{4.18}$$

berechnet werden. Das bedeutet, dass die Ströme mit dem Kehrwert der Gradientenstärke und den Spulensensitivitäten der Anregungsfelder gewichtet werden und sich direkt in eine FFP-Bewegung umsetzten. Für nichtideale Felder ist die Berechnung des FFPs komplizierter und besteht aus der Nullstellensuche der magnetischen Feldstärke $H(r, t)$ bezüglich des Ortes. Für die mehrdimensionale Nullstellensuche gibt es verschiedene Verfahren, die iterativ eine numerische Lösung berechnen. Im Rahmen dieser Arbeit wurde die FFP-Berechnung mit Algorithmen der GNU Scientific Library (GSL) [86] umgesetzt.

Berechnung der Ströme

Um die Ströme $\widetilde{I} = (I^{\mathrm{S}}, I_x^{\mathrm{D}}, I_y^{\mathrm{D}}, I_z^{\mathrm{D}})^{\mathsf{T}}$ so zu wählen, dass der FFP an der Position r^{FFP} liegt, kann das lineare Gleichungssystem

$$H(r^{\mathrm{FFP}}) = \widetilde{P}(r^{\mathrm{FFP}})\widetilde{I} = 0 \tag{4.19}$$

gelöst werden. Da die Anzahl der Unbekannten größer als die Anzahl der Gleichungen ist, hat dieses System keine eindeutige Lösung. Dies ist nicht überraschend, da sich der FFP nicht bewegt, wenn sich sowohl der Gradient des Selektionsfeldes als auch die Amplitude des Anregungsfeldes um denselben Faktor ändern. Diese Aussage kann gezeigt werden, indem der Stromvektor $\widetilde{I}$ in den Selektionsfeldstrom I^S und den Anregungsfeldstrom I^D aufgeteilt wird, so dass sich

$$P^D(r^{\mathrm{FFP}})I^D = -p^S(r^{\mathrm{FFP}})I^S \tag{4.20}$$

ergibt. Offensichtlich können I^D und I^S mit dem selben Faktor multipliziert werden, ohne die Gültigkeit des Gleichungssystems zu verletzen. Für einen gegebenen Selektionsfeldstrom I^S ist es aber nun möglich, die Anregungsfeldströme I^D durch Lösen eines linearen Gleichungssystemes so zu bestimmen, dass der FFP an der Position r^{FFP} liegt. Die Lösung ist eindeutig, wenn die Sensitivitätsmatrix der Anregungsfelder an jedem Punkt im Messbereich invertierbar ist. Für ideale Felder ist dies offensichtlich erfüllt, da $P^{D,\mathrm{ideal}}$ eine Diagonalmatrix ohne Nulleinträge auf der Hauptdiagonalen ist. In diesem Fall sind die Anregungsfeldströme durch $I^D = -I^S(P^{D,\mathrm{ideal}})^{-1}Gr^{\mathrm{FFP}}$ gegeben. Für reale Spulen ist die Sensitivitätsmatrix $P^D(r^{\mathrm{FFP}})$ invertierbar, wenn die Feldabweichungen nicht zu groß sind. Bei einem realen Aufbau kann ein FFP daher nicht überall sondern nur in einem bestimmten Bereich zwischen den Spulen erzeugt werden. Wie groß der Bereich ist, in dem ein FFP erzeugt werden kann, hängt von der Linearität des Selektionsfeldes und der Homogenität des Anregungsfeldes ab.

4.2.4 Abtasttrajektorie

Aufgrund der zeitlichen Änderung des Anregungsfeldes bewegt sich der FFP im Raum. Der Pfad $\psi(t)$, entlang dem sich der FFP bewegt, wird als Trajektorie bezeichnet. Die Trajektorie kann implizit durch

$$H(\psi(t),t) = 0, \quad t \in [0,T] \tag{4.21}$$

definiert werden. Bislang wird bei MPI eine spezielle Klasse von Trajektorien verwendet. Diese sogenannten Lissajous-Trajektorien entstehen, wenn sinusförmige Anregungsfelder genutzt werden. In Kapitel 6 werden alternative Trajektorien vorgeschlagen und in einer Simulationsstudie mit der Lissajous-Trajektorie verglichen.

Lissajous-Trajektorie

Für die in (4.11) definierten Ströme bewegt sich der FFP entlang einer 3D-Lissajous-Trajektorie, wie sie beispielhaft in Abbildung 4.7 gezeigt ist. Der Verlauf der Trajektorie und die Repetitionszeit (Periodenlänge) T der Anregungssequenz werden durch die Wahl der Frequenzen f_x, f_y und f_z bestimmt. Statt der Frequenzen selbst können auch die Frequenzverhältnisse betrachtet werden. Wenn diese rational sind, können sie in der Form

$$\frac{f_y}{f_x} = \frac{K_x}{K_y} \quad \text{und} \quad \frac{f_z}{f_x} = \frac{K_x}{K_z} \tag{4.22}$$

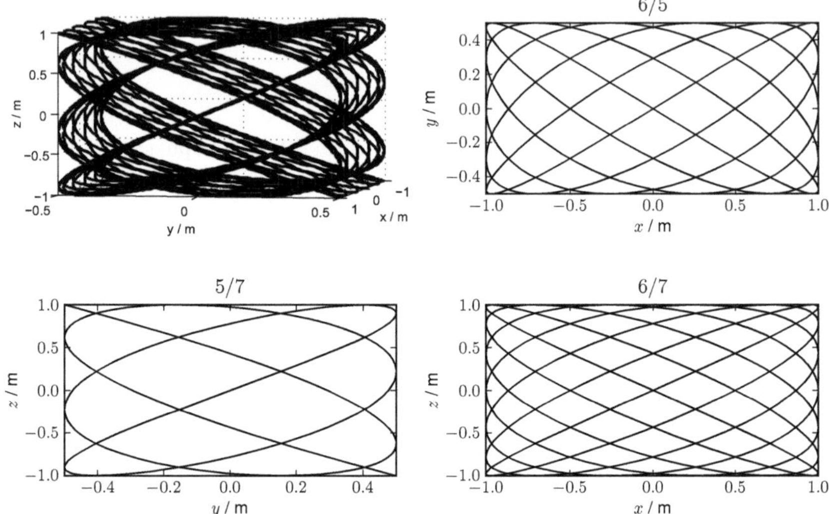

Abbildung 4.7: Eine 3D-Lissajous-Trajektorie (oben links) für $K_x = 6$, $K_y = 5$ und $K_z = 7$. Wenn nur die xy-Koordinaten betrachtet werden, bewegt sich der FFP entlang einer 2D-Lissajous-Trajektorie mit Frequenzverhältnis 6/5. In den xz-Koordinaten ist das Frequenzverhältnis 6/7 und in den yz-Koordinaten 7/5, was zu einer weniger dichten Trajektorie führt.

geschrieben werden, wobei K_x, K_y und K_z natürliche Zahlen sind. Die Frequenzverhältnisse werden in diesem Fall als kommensurabel bezeichnet. Da die Repetitionszeit für kommensurable Frequenzverhältnisse endlich bleibt, ist (4.22) eine sinnvolle Annahme für die MPI-Bildgebung. Die Trajektorie selbst hängt nicht von den absoluten Frequenzen, sondern nur von den Frequenzverhältnissen ab. Die Grundgeschwindigkeit des FFPs wird dabei durch Festlegen einer der drei Frequenzen f_x, f_y oder f_z bestimmt. Wie man leicht sieht, sind die Produkte $f_x K_x$, $f_y K_y$ und $f_z K_z$ gleich, so dass eine Basisfrequenz

$$f^{\text{Basis}} = f_x K_x = f_y K_y = f_z K_z \tag{4.23}$$

eingeführt werden kann. Statt f_x kann nun auch f^{Basis} vorgegeben werden, um die Anregungsfrequenzen durch

$$f_x = \frac{f^{\text{Basis}}}{K_x}, \quad f_y = \frac{f^{\text{Basis}}}{K_y} \quad \text{und} \quad f_z = \frac{f^{\text{Basis}}}{K_z} \tag{4.24}$$

zu berechnen.

Für die kommensurablen Frequenzen (4.22) ist die Repetitionszeit T durch

$$T = \frac{\text{kgV}(K_x, K_y, K_z)}{f^{\text{Basis}}} \tag{4.25}$$

gegeben. Dabei bezeichnet kgV das kleinste gemeinsame Vielfache.

Als nächstes wird besprochen, wie die Zahlen K_x, K_y und K_z gewählt werden sollten. Dabei müssen einige Grenzfälle betrachtet werden. Einerseits ist jede der Anregungsfrequenzen durch die Patientenbelastung begrenzt (SAR). Andererseits sollten die Frequenzen so hoch wie möglich gewählt werden, da dass SNR des Messsignals mit der Frequenz steigt. Hohe Frequenzen haben den weiteren Vorteil, dass sie die Messzeit gering halten. Der Wunsch nach möglichst hohen aber nach oben hin begrenzten Frequenzen führt dazu, dass möglichst ähnliche Frequenzen

$$f_x \approx f_y \approx f_z \Leftrightarrow K_x \approx K_y \approx K_z \tag{4.26}$$

gewählt werden sollten, die knapp unter der Maximalfrequenz f^{max} liegen. Durch Einführen eines Parameters $N^{\text{P}} \geq 2$ können ähnliche Frequenzen über

$$K_x = N^{\text{P}}, \quad K_y = N^{\text{P}} - 1 \quad \text{und} \quad K_z = N^{\text{P}} + 1 \tag{4.27}$$

abgeleitet werden. Dies hat den Vorteil, dass neben der Basisfrequenz f^{Basis} nur noch ein Parameter gewählt werden muss, um die Trajektorie vollständig zu beschreiben. Die Repetitionszeit ist für gerade N^{P} wegen $\text{kgV}(N^{\text{P}}, N^{\text{P}} + 1, N^{\text{P}} - 1) = N^{\text{P}}(N^{\text{P}} + 1)(N^{\text{P}} - 1)$ gegeben durch

$$T = \frac{(N^{\text{P}} + 1)(N^{\text{P}} - 1)}{f_x}. \tag{4.28}$$

Dichte der Trajektorie

Es stellt sich die Frage, wie der Parameter N^{P} gewählt werden sollte. Dabei beeinflusst N^{P} zwei Eigenschaften der Trajektorie. Zum einen steigt die Repetitionszeit T mit N^{P}, so dass der Parameter durch die gewünschte Bildwiederholungsrate beschränkt ist. Zum anderen steigt die Dichte der Trajektorie mit N^{P}. In Abbildung 4.8 sind 2D-Lissajous-Trajektorien für verschiedene N^{P} dargestellt. Die Dichte der Trajektorie beeinflusst die erreichbare Ortsauflösung des MPI-Scanners. Wenn die Dichte zu gering ist, gibt es Regionen im Messbereich, die nur einen geringen Teil zum Messsignal beitragen. In diesem Fall ist die Ortsauflösung durch die Dichte der Trajektorie beschränkt. Wenn die Dichte erhöht wird, verbessert sich auch die Ortsauflösung. Ab einem bestimmten Punkt geht eine Erhöhung der Trajektoriendichte aber nicht mehr mit einer Verbesserung der Ortsauflösung einher, da die Auflösung dann durch die Steilheit des Magnetisierungsverlaufs der Partikel, der Gradientenstärke des Selektionsfeldes und dem Rauschen der Messdaten limitiert wird. In Kapitel 6 wird der Einfluss der Trajektoriendichte auf die Ortsauflösung für verschiedene Trajektorien genauer untersucht.

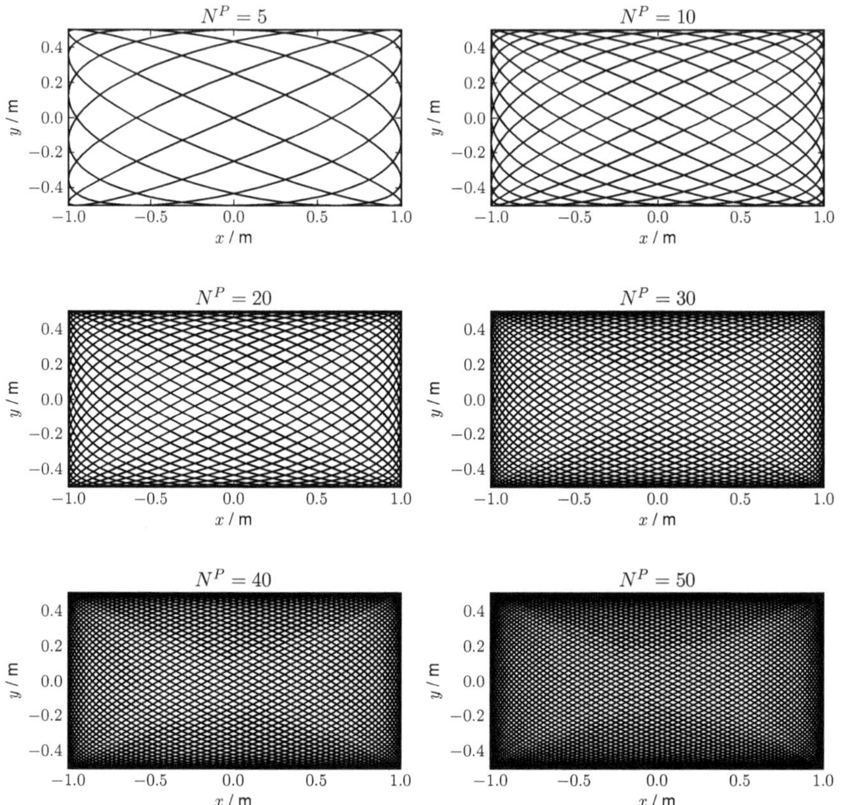

Abbildung 4.8: Einfluss des Parameters N^P auf die Dichte einer 2D-Lissajous-Trajektorie. Für größere N^P steigt die Dichte an.

Räumliche Ausdehnung des Messfeldes

Der Messbereich wird durch die Anregungsfeldamplituden und die Gradientenstärke des Selektionsfeldes bestimmt. Aus (4.18) ist ersichtlich, dass der Messbereich ein Quader der Größe

$$\left[-2\frac{A_x^{\mathrm{D,ideal}}}{G}, 2\frac{A_x^{\mathrm{D,ideal}}}{G}\right] \times \left[-\frac{A_y^{\mathrm{D,ideal}}}{G}, \frac{A_y^{\mathrm{D,ideal}}}{G}\right] \times \left[-2\frac{A_z^{\mathrm{D,ideal}}}{G}, 2\frac{A_z^{\mathrm{D,ideal}}}{G}\right] \tag{4.29}$$

ist. Folglich vergrößert sich der Messbereich mit den Anregungsfeldamplituden und dem Kehrwert der Gradientenstärken. Da die Gradientenstärken des Selektionsfeldes entlang der drei Hauptachsen unterschiedlich groß sind, ist der Messbereich bei gleichen Anregungsfeldamplituden kein Würfel sondern ein Quader mit zwei langen (x- und z-Richtung) und einer kurzen Kantenlänge (y-Richtung). Man könnte sich überlegen, die Anregungsfeldamplituden unterschiedlich zu wählen, das heißt in x- und z-Richtung zu halbieren, um einen würfelförmigen Messbereich zu erhalten. Das ist aber nicht sinnvoll, da dies zu einer Verschlechterung des SNRs führen würde. Eine Verdoppelung der Anregungsfeldamplituden in y-Richtung ist aufgrund der Patientenbelastung (SAR) nicht möglich.

4.3 Signalgleichung

In diesem Abschnitt wird die MPI-Bildgebungsgleichung hergeleitet. Mit dem allgemeinen 3D-MPI-Scanner werden drei Spannungssignale u_l, $l = x, y, z$ in drei Empfangsspulen gemessen. In Kapitel 2 wurde die durch das magnetische Feld induzierte Spannung mit u_l^H und die durch die Magnetisierung induzierte Spannung mit u_l^M bezeichnet. In diesem Kapitel werden die Bezeichnungen $u_l^D := u_l^H$ und $u_l^P := u_l^M$ verwendet, um zu verdeutlichen, dass u_l^D durch das Anregungsfeld (Drive-Field) und u_l^P durch die Partikelmagnetisierung verursacht wird. Wie in (2.60) gezeigt wurde, ist die gesamte in der l-ten Empfangsspule induzierte Spannung durch

$$u_l(t) = u_l^D(t) + u_l^P(t) \tag{4.30}$$

gegeben. Im Folgenden wird beschrieben, wie das Partikelsignal von dem Empfangssignal getrennt werden kann. Anschließend wird der Zusammenhang zwischen dem Messsignal und der Partikelkonzentration hergeleitet.

4.3.1 Signalfilterung

Von einem mathematischen Gesichtspunkt aus scheint die Trennung des Partikelsignals von dem induzierten Signal kein Problem darzustellen und könnte wie folgt gelöst werden:

1. Zunächst wird das Anregungssignal $u_l^0(t) = u_l^D(t)$ in einem leeren MPI-Scanner gemessen, das heißt es befinden sich keine Partikel in dem Messbereich.

2. Dann wird das Messobjekt in den Scanner bewegt und das Signal $u_l^1(t) = u_l^D(t) + u_l^P(t)$ gemessen.

3. Schließlich kann das Partikelsignal bestimmt werden, indem beide Signale voneinander subtrahiert werden, das heißt $u_l^P(t) = u_l^1(t) - u_l^0(t)$.

In der Realität ist es aber nicht möglich, das Messsignal mit hinreichender Genauigkeit zu digitalisieren. Das Problem ist nun, dass das Anregungssignal mehrere Ordnungen größer

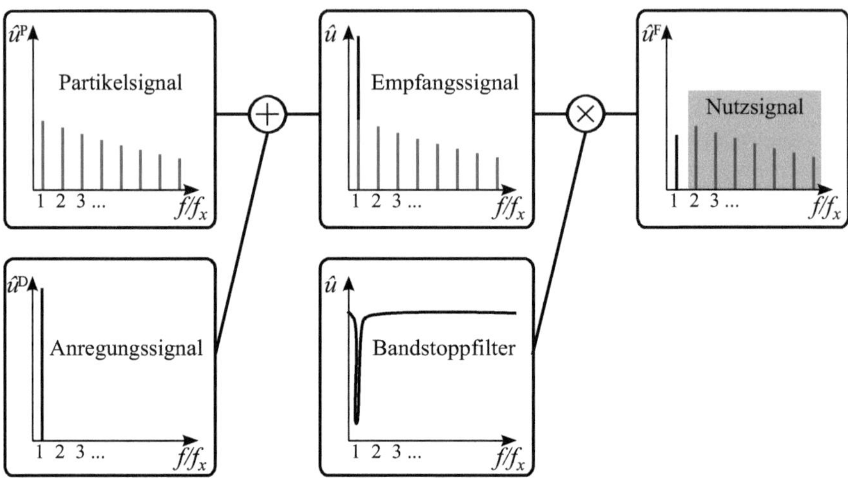

Abbildung 4.9: Trennung des Partikelsignals von der induzierten Spannung bei einer 1D-Messsequenz. Die Überlagerung des Anregungs- und des Partikelsignals wird an der Anregungsfrequenz f_x stark gedämpft, so dass das gefilterte Signal digitalisiert werden kann. Da in dem gefilterten Signal an allen Oberwellen der Anregungsfrequenz nur Teile des Partikelsignals enthalten sind, können alle Oberwellen des gefilterten Signals für die Bildgebung genutzt werden.

als das Partikelsignal ist. In Abhängigkeit von der Partikelkonzentration liegt ein Faktor von $10^6 - 10^{10}$ zwischen beiden Signalen. Dies macht es für die heute verfügbaren Analog-Digital-Wandler unmöglich, das Signal direkt zu messen. Die besten ADCs können bis zu 16 Bits bei Abtastraten über 1 MHz auflösen. Allerdings deckt die Eingangsdynamik damit nur einen Bereich von $2^{16} \approx 10^5$ ab und ist somit nicht ausreichend, um das Partikelsignal zu erfassen.

Glücklicherweise gibt es eine Möglichkeit, mit diesem Problem umzugehen. Wie bereits in (2.60) gezeigt wurde, hat das Anregungssignal nur eine geringe Bandbreite. Das Partikelsignal hingegen hat eine große Bandbreite. Somit kann das Partikelsignal durch Filterung der Anregungsfrequenzen aus dem Messsignal extrahiert werden. Aufgrund der beschränkten Eingangsdynamik des ADCs muss diese Filterung vor der Digitalisierung im analogen Pfad stattfinden. Dies kann durch einen analogen Bandstoppfilter erreicht werden, der zwischen die Empfangsspule und den ADC geschaltet ist (siehe Abschnitt 4.1.2). Zwischen dem Filter und dem ADC wird das Signal mittels eines rauscharmen Verstärkers in den Eingangsbereich des ADCs gebracht. Das Prinzip der Filterung des Anregungssignals ist in Abbildung 4.9 für eine 1D-Messsequenz dargestellt.

Mathematisch können der Bandstoppfilter und der Verstärker durch einen Filterkern $a_l(t)$ beschrieben werden. Das gefilterte und verstärkte Signal sei u_l^{F}. Der Zusammenhang zwischen dem empfangenen Signal u_l und dem gefilterten Signal u_l^{F} kann durch eine Faltung

$$u_l^{\mathrm{F}}(t) = (u_l * a_l)(t) = \int_0^T u_l(\tau)a_l(t - \tau)\,\mathrm{d}\tau \tag{4.31}$$

beschrieben werden.

4.3.2 Frequenzanalyse

Die Charakteristik des Bandstoppfilters lässt sich sehr anschaulich im Frequenzraum beschreiben. Daher wird das periodische Signal u_l^{F} in eine Fourierreihe entwickelt. Die Fourierkoeffizienten können durch

$$\hat{u}_{l,k}^{\mathrm{F}} = \frac{1}{T}\int_0^T u_l^{\mathrm{F}}(t)\mathrm{e}^{-2\pi\mathrm{i}kt/T}\,\mathrm{d}t \tag{4.32}$$

berechnet werden. Da das Messsignal u_l^{F} reell ist, gilt für die Fourierkoeffizienten die Symmetrie

$$\hat{u}_{l,k}^{\mathrm{F}} = \left(\hat{u}_{l,-k}^{\mathrm{F}}\right)^* . \tag{4.33}$$

Folglich enthalten die negativen Frequenzen keine Zusatzinformationen und werden in dieser Arbeit nicht weiter betrachtet. In der Programmbibliothek FFTW [87] gibt es spezielle Routinen, die eine Vor- und Rücktransformation unter Ausnutzung dieser Symmetrie durchführen.

Die Fourierkoeffizienten des Filterkerns $a_l(t)$ werden als Übertragungsfunktion bezeichnet und sind durch

$$\hat{a}_{l,k} = \frac{1}{T}\int_0^T a_l(t)\mathrm{e}^{-2\pi\mathrm{i}kt/T}\,\mathrm{d}t \tag{4.34}$$

gegeben. Mit dem Faltungstheorem kann (4.31) im Frequenzraum als Multiplikation geschrieben werden, so dass sich

$$\hat{u}_{l,k}^{\mathrm{F}} = \hat{a}_{l,k}\hat{u}_{l,k} \tag{4.35}$$

ergibt. Dabei bezeichnen $\hat{u}_{l,k}$, $k \in \mathbb{N}_0$ die Fourierkoeffizienten der in der l-ten Empfangsspule induzierten Spannung. Aufgrund der schmalen Bandbreite des Anregungssignals kann das gefilterte Messsignal im Frequenzraum durch

$$\hat{u}_{l,k}^{\mathrm{F}} = \begin{cases} \hat{a}_{l,k}(\hat{u}_{l,k}^{\mathrm{P}} + \hat{u}_{l,k}^{\mathrm{D}}) & \text{falls} \quad f_k \in \Gamma \\ \hat{a}_{l,k}\hat{u}_{l,k}^{\mathrm{P}} & \text{sonst} \end{cases} \tag{4.36}$$

ausgedrückt werden. Dabei bezeichnen $\hat{u}_{l,k}^{\mathrm{P}}$, $k \in \mathbb{N}_0$ die Fourierkoeffizienten des Partikelsignals und $\hat{u}_{l,k}^{\mathrm{D}}$, $k \in \mathbb{N}_0$ die Fourierkoeffizienten des Anregungssignals. Wenn man nun nur die Frequenzen betrachtet, die nicht in der Menge der Anregungsfrequenzen Γ enthalten sind (siehe (4.14)), erhält man das, mit der Übertragungsfunktion multiplizierte, Partikelsignal. Im Folgenden werden nur diese Frequenzen betrachtet.

In der Realität hat der Bandstoppfilter nur eine endliche Dämpfung, so dass noch ein kleiner Teil des Anregungssignals in den Messdaten enthalten ist. Dies stellt aber kein Problem dar, da die Anregungsfrequenzen sehr einfach im Frequenzraum verworfen werden können.

Offensichtlich werden durch den Bandstoppfilter auch Teile des Partikelsignals beeinflusst. Zwar kann bei den meisten Frequenzen die Übertragungsfunktion herausgerechnet werden, indem das Signal durch $\hat{a}_{l,k}$ geteilt wird. Bei der Grundfrequenz erhält man so aber nur das korrigierte Anregungssignal sowie das verstärkte Rauschen, da das Partikelsignal unter dem Rauschpegel liegt. Für die Berechnung der Partikelkonzentration ist es aber zum Glück nicht notwendig, das komplette Spektrum des Partikelsignals zu kennen. Es ist nur wichtig, dass das lineare Gleichungssystem zwischen den vorliegenden Fourierkoeffizienten und der Partikelverteilung invertierbar ist (siehe Kapitel 5).

4.3.3 Kontinuierliche Signalgleichung

In diesem Abschnitt werden alle modellierten Größen in einer Signalgleichung zusammengefasst. Mit (4.36) und dem Reziprozitätsgesetz (2.63) kann das Messsignal in der Form

$$\hat{u}_{l,k}^{\mathrm{F}} = -\hat{a}_{l,k}\frac{\mu_0}{T} \int_{\Omega} \int_0^T \frac{\partial}{\partial t} \boldsymbol{M}(\boldsymbol{r}, t) \cdot \boldsymbol{p}_l(\boldsymbol{r}) \mathrm{e}^{2\pi i k t/T} \, \mathrm{d}t \, \mathrm{d}^3 r, \tag{4.37}$$

geschrieben werden. Wie bereits zum Anfang des Kapitels erwähnt, bezeichnet Ω den Bereich, in dem sich die Nanopartikel befinden. Im folgenden Lemma wird gezeigt, dass sich der Zusammenhang zwischen der Partikelverteilung c und den Fourierkoeffizienten $\hat{u}_{l,k}^{\mathrm{F}}$ als lineare Integralgleichung schreiben lässt.

Lemma 4.1: *Der Zusammenhang zwischen der Partikelverteilung c und den Fourierkoeffizienten $\hat{u}_{l,k}^{F}$ des Messsignals u_l^{F} ist linear und kann als Integralgleichung*

$$\hat{u}_{l,k}^{F} = \int_{\Omega} \hat{s}_{l,k}(\boldsymbol{r})c(\boldsymbol{r}) \, d^3 r \tag{4.38}$$

geschrieben werden. Dabei bezeichnet

$$\hat{s}_{l,k}(\boldsymbol{r}) = -\hat{a}_{l,k}\frac{\mu_0}{T} \int_0^T \frac{\partial}{\partial t}\overline{\boldsymbol{m}}(\boldsymbol{r}, t) \cdot \boldsymbol{p}_l(\boldsymbol{r}) \mathrm{e}^{2\pi i k t/T} \, dt \tag{4.39}$$

die Systemfunktion, die alle System- und Messparameter sowie die Partikeldynamik enthält.

Beweis: Wie in (4.37) gezeigt wurde, hängt die die Magnetisierung M linear von der Partikelkonzentration c ab. Durch Einsetzen von (2.82) in (4.37) ergibt sich somit die Behauptung des Lemmas. ∎

4.3.4 Diskrete Signalgleichung

Um die kontinuierliche Signalgleichung auf einem Computer umzusetzen, müssen die kontinuierlichen Größen diskretisiert werden. Hierzu wird die in Abschnitt 3.4 vorgestellte räumliche Diskretisierung genutzt. Indem das Integral in (4.38) durch eine Summe über alle Ortspunkte angenähert wird, ergibt sich die diskrete Signalgleichung

$$\hat{u}_{l,k}^{\mathrm{F}} \approx \tilde{u}_{l,k}^{\mathrm{F}} := \Delta V \sum_{n=0}^{N-1} \hat{s}_{l,k}(\boldsymbol{r}_n)c(\boldsymbol{r}_n). \tag{4.40}$$

Für jeden Empfangskanal l kann dieses lineare Gleichungssystem in Matrix-Vektor-Form

$$\boldsymbol{S}_l\boldsymbol{c} = \hat{\boldsymbol{u}}_l, \tag{4.41}$$

mit Vektoren

$$\hat{\boldsymbol{u}}_l = \left(\tilde{u}_{l,k}^{\mathrm{F}}\right)_{k=0}^{K-1} \in \mathbb{C}^K, \tag{4.42}$$

$$\boldsymbol{c} = (c(\boldsymbol{r}_n))_{n=0}^{N-1} \in \mathbb{R}^N \tag{4.43}$$

und der Systemmatrix

$$\boldsymbol{S}_l = \left(\Delta V \hat{s}_{l,k}(\boldsymbol{r}_n)\right)_{k=0...,K-1;n=0,...,N-1} \in \mathbb{C}^{K\times N} \tag{4.44}$$

geschrieben werden.

Um bei der 2D- und 3D-Bildgebung zu einem einzigen Gleichungssystem zu gelangen, können die Matrizen und die Vektoren verschiedener Empfangskanäle aneinandergehängt werden, so dass sich

$$\boldsymbol{S}\boldsymbol{c} = \hat{\boldsymbol{u}} \tag{4.45}$$

ergibt. Die Systemmatrix $\boldsymbol{S}$ hat die Dimension $M \times N$, wobei $M = KL$ die Anzahl der Matrixzeilen und L die Anzahl der Empfangskanäle bezeichnet.

4.4 Systemfunktion

In diesem Abschnitt wird die Struktur der Systemfunktion genauer untersucht. Die gewonnenen Erkenntnisse erlauben es, Aussagen über das Auflösungsvermögen von MPI zu machen. Des Weiteren ist es unerlässlich, dass man die Struktur der Systemfunktion kennt, um effiziente Rekonstruktionsalgorithmen zu entwickeln. Während bei den meisten bildgebenden Verfahren die Struktur des Bildgebungsoperators gut erforscht ist und effiziente Rekonstruktionsalgorithmen bekannt sind, ist dies bei MPI bislang nicht der Fall. In [45] wurde die MPI-Systemfunktion das erste Mal untersucht und eine bekannte Struktur für die 1D-Bildgebung und ideale Felder gefunden. Für die 2D- und 3D-Bildgebung ist bislang aber wenig bekannt. In diesem Abschnitt werden die 1D-Resultate aus [45] vorgestellt und diskutiert. Des Weiteren werden einige neue Erkenntnisse für die 2D- bzw. 3D-Bildgebung hergeleitet.

Die Systemfunktion hängt sowohl vom Ort als auch von der Frequenz ab. Es erweist sich als nützlich, beide Abhängigkeiten getrennt zu untersuchen. Wenn man eine bestimmte Frequenz f_k und einen bestimmten Empfangskanal l betrachtet, kann die Energie der ortsabhängigen Frequenzkomponente $\hat{s}_{l,k}(\boldsymbol{r})$ durch

$$\widetilde{w}_{l,k} := \sqrt{\int_\Omega |\hat{s}_{l,k}(\boldsymbol{r})|^2 \, \mathrm{d}^3 r}, \tag{4.46}$$

definiert werden. Die Betrachtung der Energie erweist sich als nützlich, wenn man bedenkt, dass das Messsignal durch Rauschen gestört wird. Da das thermische Rauschen der Empfangsspulen unabhängig von der Frequenz ist [88], hängt das SNR der Fourierkoeffizienten des Messsignals nur von der Energie $\widetilde{w}_{l,k}$ ab.

Neben der Energie der einzelnen Frequenzkomponenten ist die örtliche Ausbreitung von Interesse. Um diese unabhängig von der Energie darstellen zu können, werden die normalisierten Frequenzkomponenten

$$\tilde{s}_{l,k}(\boldsymbol{r}) = \frac{\hat{s}_{l,k}(\boldsymbol{r})}{\widetilde{w}_{l,k}} \tag{4.47}$$

betrachtet. Mit (4.46) und (4.47) kann die Systemfunktion in der Form

$$\hat{s}_{l,k}(\boldsymbol{r}) = \widetilde{w}_{l,k}\tilde{s}_{l,k}(\boldsymbol{r}) \tag{4.48}$$

dargestellt werden.

4.4.1 1D-Ortskodierung

Bei einer 1D-Messsequenz wird nur ein Spulenpaar für die Partikelanregung benötigt, so dass der FFP auf einer Linie oszilliert. In diesem Abschnitt wird ohne Beschränkung der Allgemeinheit das Spulenpaar entlang der x-Achse verwendet. Auf der x-Achse ist sowohl die Richtung der magnetischen Feldstärke, als auch die Richtung der Magnetisierung parallel beziehungsweise antiparallel zur x-Achse. Daher wird in diesem Abschnitt auch nur die x-Komponente beider Felder betrachtet, so dass eine skalare magnetische Feldstärke

H, eine skalare Magnetisierung M sowie ein skalares durchschnittliches magnetisches Moment $\overline{m}$ verwendet werden können. Für ideale Feldgeometrien ist die magnetische Feldstärke bei einer 1D-Anregung durch

$$H(x,t) = H^{S}(x) + H^{D}(t) \tag{4.49}$$

gegeben, wobei

$$H^{S}(x) = Gx, \tag{4.50}$$

$$H^{D}(t) = A_x^{D} \sin(2\pi t f_x - \frac{\pi}{2}). \tag{4.51}$$

Dabei wird eine Phasenverschiebung um $\frac{\pi}{2}$ verwendet, um einen kompakten Ausdruck für die Systemfunktion herzuleiten (siehe [45]). Für eine homogene Empfangsspulensensitivität p kann die 1D-Systemfunktion durch

$$\hat{s}_k(x) = -\frac{\mu_0 p}{T} \int_0^T \frac{\mathrm{d}}{\mathrm{d}t}\overline{m}(H(x,t))\mathrm{e}^{2\pi i k t/T} \, \mathrm{d}t \tag{4.52}$$

beschrieben werden. Die Übertragungsfunktion $\hat{a}_k$ wird in diesem Abschnitt nicht betrachtet ($\hat{a}_k = 1$). Wie in [45] hergeleitet wurde, besteht zwischen der 1D-Systemfunktion und Chebyshev-Polynomen zweiter Art ein enger Zusammenhang:

Lemma 4.2: *Für eine 1D-Anregungssequenz und ideale Felder kann die Systemfunktion in der Form*

$$\hat{s}_k(x) = -\frac{2\mu_0 p i}{T} \left(\overline{m}'(G\cdot) * \sin\left(k \arccos\left(G/A_x^{D}\cdot\right)\right)\right)(x) \tag{4.53}$$

$$= -\frac{2\mu_0 p i}{T} \left(\overline{m}'(G\cdot) * \left(U_{k-1}(G/A_x^{D}\cdot)\sqrt{1 - (G/A_x^{D}\cdot)^2}\right)\right)(x) \tag{4.54}$$

geschrieben werden. Dabei ist $\overline{m}'$ die Ableitung von $\overline{m}$ nach der Feldstärke H und

$$U_k(x) = \frac{\sin((k+1)\arccos(x))}{\sin(\arccos(x))} \tag{4.55}$$

das Chebyshev-Polynom zweiter Art vom Grad k. Für ideale Partikel mit einer Sprung-funktion als Magnetisierungsverlauf kann dieser Ausdruck zu

$$\hat{s}_k(x) = -\frac{2\mu_0 p m i}{T} \sin\left(k \arccos\left(Gx/A_x^{D}\right)\right) \tag{4.56}$$

$$= -\frac{2\mu_0 p m i}{T} U_{k-1}(Gx/A_x^{D})\sqrt{1 - (Gx/A_x^{D})^2} \tag{4.57}$$

vereinfacht werden.

Die Aussage von Lemma 4.2 ist, dass die Systemfunktion für ideale Partikel aus Chebyshev-Polynomen besteht, die mit einem frequenzunabhängigen Faktor gewichtet sind. Für reale Partikel mit einem stetigen Magnetisierungsverlauf besteht die Systemfunktion aus einer Faltung der Chebyshev-Polynome mit der Ableitung des durchschnittlichen magnetischen Momentes $\bar{m}$ nach der Feldstärke H. In beiden Fällen ist die Systemfunktion aufgrund der Anregung mit einer geraden Funktion rein imaginär.

Ideale Partikel

In Abbildung 4.10 ist die 1D-Systemfunktion für ideale Partikel an verschiedenen Frequenzen dargestellt. Wie man sehen kann, hat jede Frequenzkomponente der Systemfunktion einen wellenartigen Verlauf auf dem Ortsintervall $\left[-A_x^{\mathrm{D}}/G, A_x^{\mathrm{D}}/G\right]$. Außerhalb dieses Intervalls nimmt die Systemfunktion den Wert null an, da der FFP das Intervall nicht verlässt. Folglich kann die Partikelverteilung auch nur auf dem erwähnten Gebiet rekonstruiert werden. Die k-te Frequenzkomponente der Systemfunktion hat $k + 1$ Nullstellen an den Positionen

$$x_n^{\mathrm{Nullstelle}} = \frac{A_x^{\mathrm{D}}}{G} \cos\left(\frac{n}{k}\pi\right), \quad n = 0, \ldots, k. \tag{4.58}$$

Des Weiteren hat die k-te Frequenzkomponente k lokale Extrema an nichtäquidistanten Positionen

$$x_n^{\mathrm{Extremum}} = \frac{A_x^{\mathrm{D}}}{G} \cos\left(\frac{2n + 1}{2k}\pi\right), \quad n = 0, \ldots, k - 1. \tag{4.59}$$

Die Dichte der Extrema ist in Randbereichen des Messfeldes größer als im Zentrum. Da die Anzahl der Extrema mit der Frequenz steigt, werden hohe Ortsfrequenzen der Partikelverteilung in hohen Zeitfrequenzen kodiert. Dagegen werden tiefe Ortsfrequenzen der Partikelverteilung in tiefen Zeitfrequenzen kodiert. Es besteht somit ein direkter Zusammenhang zwischen den Ortsfrequenzen der Partikelverteilung und den Zeitfrequenzen des Messsignals.

Da die Chebyshev-Polynome zweiter Art bezüglich der Gewichte $\sqrt{1 - x^2}$ im Intervall $[-1, 1]$ eine orthogonale Basis bilden, existieren effiziente direkte Algorithmen zum Lösen des Rekonstruktionsproblems [89]. Die Gewichte sind bei der MPI-Systemfunktion bereits berücksichtigt. Ob effiziente Rekonstruktionsalgorithmen in der Realität genutzt werden können ist aus zwei Gründen unklar. Zum einen sind weder die Partikel noch die Felder ideal, so dass durch die Modellannahme ein nicht zu vernachlässigender Fehler gemacht wird. Zum anderen ist bei MPI das Partikelsignal an der Anregungsfrequenz nicht bekannt, weshalb direkte Verfahren nicht ohne weiteres anwendbar sind.

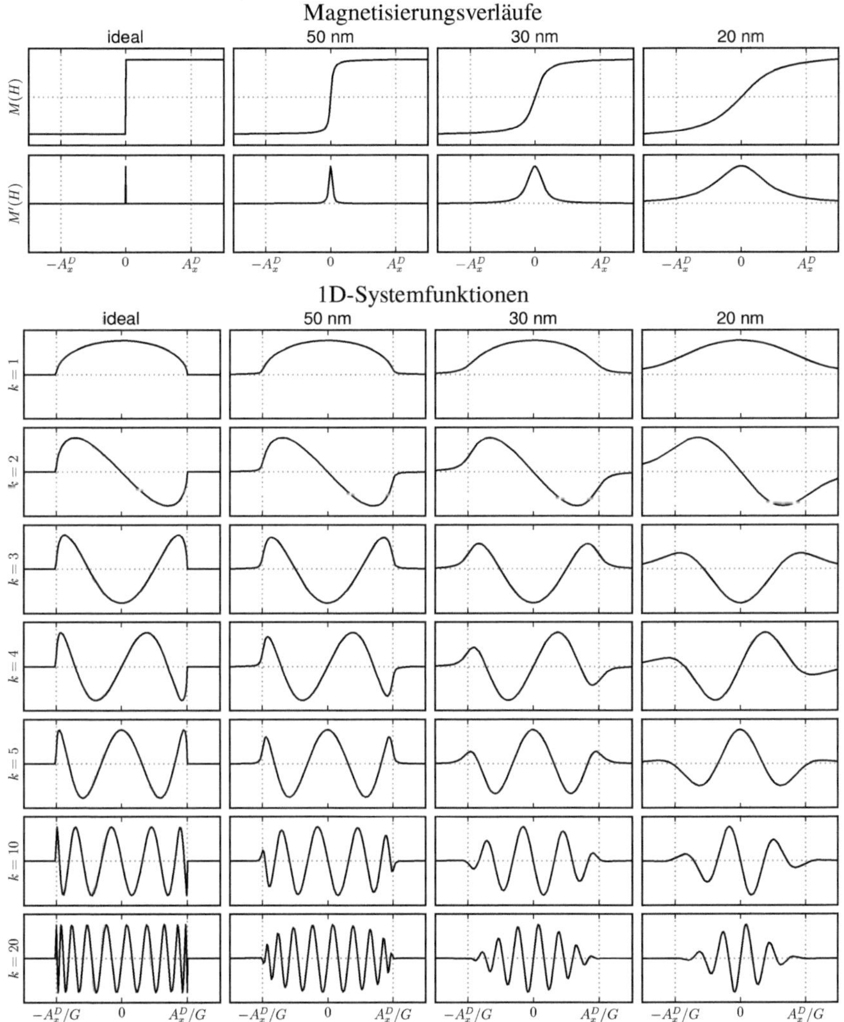

Abbildung 4.10: Simulierte Magnetisierungsverläufe und 1D-Systemfunktionen für verschiedene Partikeldurchmesser. Für ideale Partikel bestehen die einzelnen Frequenzkomponenten aus Chebyshev-Polynomen zweiter Art.

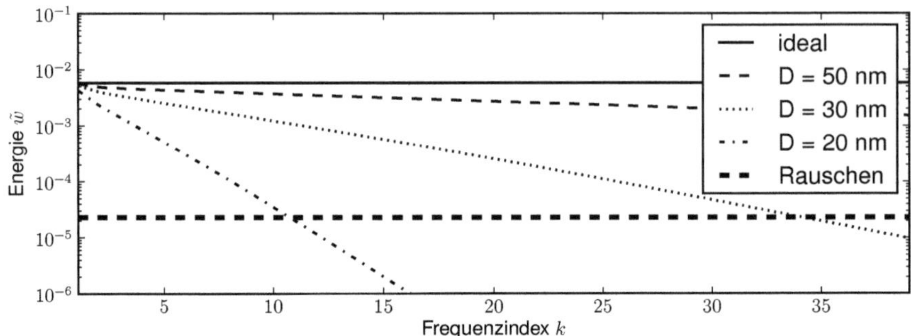

Abbildung 4.11: Energie der Frequenzkomponenten einer 1D-Systemfunktion für Langevin-Partikel von unterschiedlichem Durchmesser in Abhängigkeit von der Frequenz.

Langevin-Partikel

In Abbildung 4.10 sind mehrere 1D-Systemfunktionen für Langevin-Partikel von unterschiedlichem Durchmesser dargestellt. Je nach Steilheit des Magnetisierungsverlaufes ist der Faltungskern $\overline{m}'$ unterschiedlich breit. Die Faltung mit $\overline{m}'$ führt zu einer Verschmierung der idealen Systemfunktion. Aus diesem Grund ist die Systemfunktion für Langevin-Partikel nicht mehr auf das Intervall $\left[-A_x^{\mathrm{D}}/G, A_x^{\mathrm{D}}/G\right]$ beschränkt, obwohl der FFP dieses Intervall nicht verlässt. Folglich tragen auch Partikel außerhalb des Messgebietes zum Messsignal bei. Für tiefe Zeitfrequenzen ändert sich die Anzahl der Extrema durch die Faltung nicht. Wenn aber die Dichte der Maxima größer als die Halbwertsbreite von $\overline{m}'$ ist, wird die Anzahl der Maxima verringert. Folglich ist die Ortsauflösung für reale Langevin-Partikel durch die Halbwertsbreite von $\overline{m}'$ beschränkt. Die Halbwertsbreite fällt dabei mit steigendem Partikeldurchmesser. Für 30 nm Partikeldurchmesser und $5.5~\mathrm{Tm}^{-1}\mu_0^{-1}$ Selektionsfeldgradient wurde in [45] eine Halbwertsbreite von 0.5 mm berechnet.

Neben der Verschmierung der idealen Systemfunktion durch den Faltungskern $\overline{m}'$ wird die Ortsauflösung durch das Rauschen des Messsignals limitiert. In Abbildung 4.11 ist die Energie der einzelnen Frequenzkomponenten in Abhängigkeit von der Frequenz dargestellt. Für ideale Partikel ist die Energie konstant, wodurch theoretisch beliebig viele Oberwellen detektiert werden könnten. Für Langevin-Partikel fällt die Energie exponentiell mit der Frequenz. Aus diesem Grund können nur Frequenzen genutzt werden, bei denen das Signal noch nicht im Rauschen verschwunden ist. Je kleiner der Partikeldurchmesser, desto steiler ist der Abfall der Energie und umso geringer ist die Anzahl der messbaren Oberwellen. Da die Anzahl der verwendeten Frequenzen in direktem Zusammenhang zur erreichbaren Ortsauflösung steht, steigt die Auflösung mit dem Partikeldurchmesser und der Partikelkonzentration.

4.4.2 2D-Ortskodierung

Für die mehrdimensionale Bildgebung wurde bislang noch kein direkter Zusammenhang zu Chebyshev-Polynomen gefunden. In [45] wurde aber eine hohe Ähnlichkeit zwischen einer 2D-Systemfunktion und 2D-Tensor-Produkten aus Chebyshev-Polynomen festgestellt. In diesem Abschnitt wird die Struktur der 2D-Systemfunktion anhand von simulierten Daten beschrieben.

Bei der 2D-Bildgebung werden zwei Anregungsfelder benötigt. Hier werden ohne Beschränkung der Allgemeinheit die Felder in x- und y-Richtung verwendet. Das Frequenzverhältnis sei dabei

$$\frac{f_x}{f_y} = \frac{N^P}{N^P - 1}, \tag{4.60}$$

so dass sich der FFP entlang einer 2D-Lissajous-Trajektorie bewegt (siehe Abschnitt 4.2.4). Die Repetitionszeit ist für dieses Frequenzverhältnis durch

$$T = \frac{N^P - 1}{f_x} = \frac{N^P}{f_y} \tag{4.61}$$

gegeben. Somit kann der Frequenzabstand des Linienspektrums durch

$$\Delta f := \frac{1}{T} = \frac{f_x}{N^P - 1} = \frac{f_y}{N^P} \tag{4.62}$$

berechnet werden.

In Abbildung 4.12 sind die ersten 72 Frequenzkomponenten einer 2D-Systemfunktion für ein Frequenzverhältnis von $f_x/f_y = 33/32$, ideale Felder und Langevin-Partikel mit 30 nm Durchmesser dargestellt. Im Gegensatz zur 1D-Bildgebung besteht das Spektrum bei der 2D-Bildgebung nicht nur aus den reinen Oberwellen der beiden Anregungsfrequenzen f_x und f_y, sondern auch aus Mischfrequenzen. Wie die 1D-Systemfunktion hat auch die 2D-Systemfunktion einen wellenartigen Verlauf, wobei die Ortsfrequenzen der einzelnen Frequenzkomponenten in x- und y-Richtung variieren. Die Frequenzkomponenten der reinen Oberwellen sind nur in eine Richtung orientiert ($k = 32, 64$ im x-Empfangskanal und $k = 33, 66$ im y-Empfangskanal). Die Ortsfrequenz steigt dabei mit dem Grad der Oberwellen. Zwischen den reinen Oberwellen treten Frequenzkomponenten mit hohen Ortsfrequenzen in beide Richtungen auf. Im Gegensatz zur 1D-Bildgebung besteht bei der 2D-Bildgebung daher kein monotoner Zusammenhang zwischen der Zeitfrequenz und den Ortsfrequenzen der Systemfunktion.

Wie in Abbildung 4.13 zu sehen ist, fällt die Energie der Frequenzkomponenten bei der 2D-Bildgebung nicht monoton mit der Frequenz. Stattdessen breiten sich bei jeder reinen Oberwelle Seitenbänder aus, deren Energie rapide abfällt. Die lokalen Maxima der Energie liegen im x-Empfangskanal bei Oberwellen von f_x und im y-Empfangskanal bei Oberwellen

Empfangskanal x

Empfangskanal y

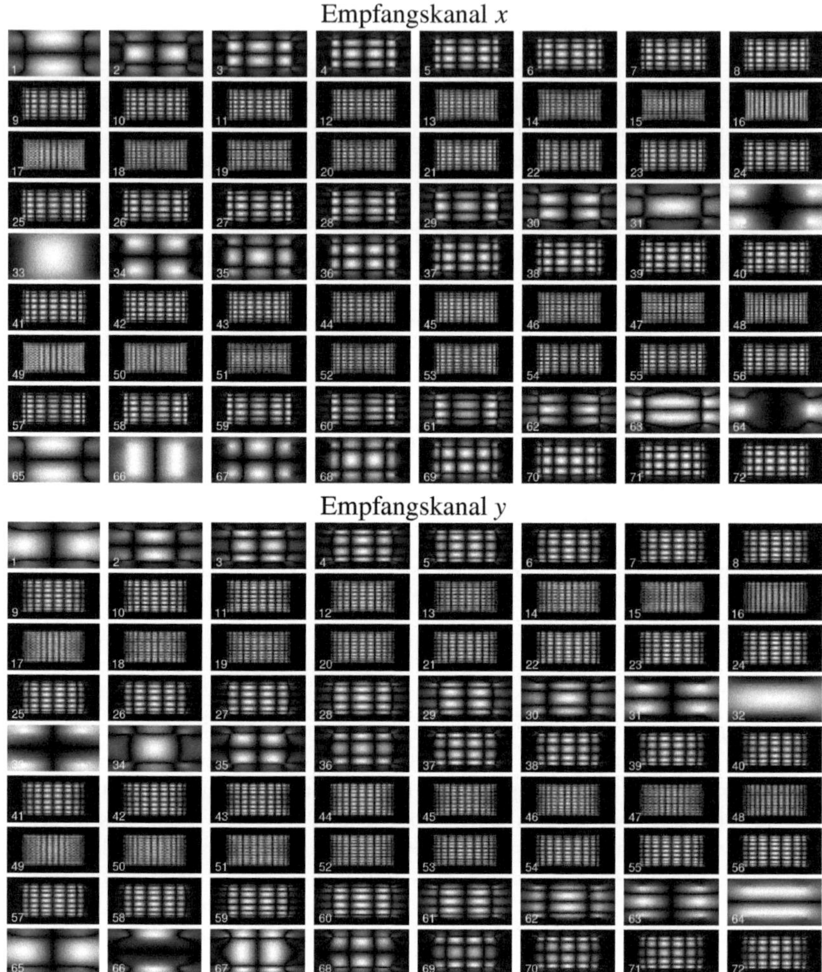

Abbildung 4.12: Absolutbetrag der ersten 72 Frequenzkomponenten einer 2D-Systemfunktion für ideale Felder und Langevin-Partikel mit 30 nm Partikeldurchmesser. Die Komponenten sind nach ihrer Frequenz $f_k = k\Delta f$ sortiert, wobei der Frequenzindex k in der linken unteren Ecke angegeben ist. Das Frequenzverhältnis der Anregungsfrequenzen liegt bei $f_x/f_y = 33/32$. Die x-Achse zeigt in horizontale Richtung, während die y-Achse in vertikale Richtung zeigt.

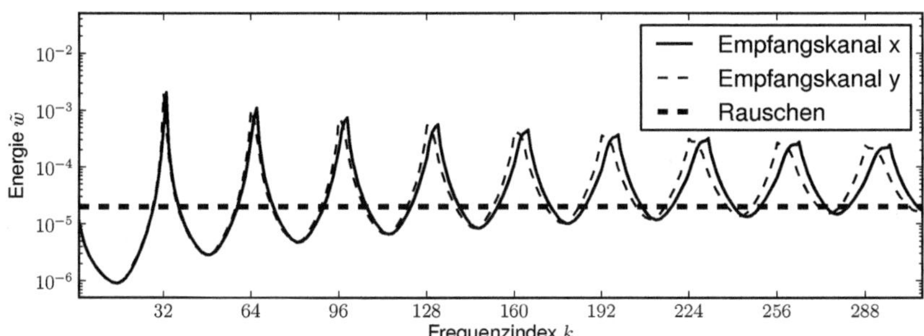

Abbildung 4.13: Energie der Frequenzkomponenten einer 2D-Systemfunktion für ideale Felder, Langevin-Partikel mit 30 nm Durchmesser und einem Frequenzverhältnis von $f_x/f_y = 33/32$. Die Energie beider Empfangskanäle ist in Abhängigkeit der Frequenz dargestellt.

von f_y. Die Energie der reinen Oberwellen fällt monoton mit der Frequenz. Wenn man frequenzunabhängiges Rauschen annimmt, fällt das Signalspektrum in Gebieten zwischen den reinen Oberwellen zum Teil unter den Rauschpegel. Je höher die Frequenz, desto schmaler sind die messbaren Seitenbänder, bis schließlich auch die reinen Oberwellen im Rauschen verschwinden.

Nichtlineare Mischung

Im Folgenden wird der Zusammenhang zwischen der zeitlichen Frequenz und den in der Systemfunktion enthaltenen Ortsfrequenzen untersucht. Hierzu kann die Intermodulationstheorie betrachtet werden [90, 91, 92, 51]. Diese sagt aus, dass die nichtlineare Magnetisierung M einen nichtlinearen Frequenzmischer darstellt. Wenn man M in eine Taylor-Reihe entwickelt und als Argument zwei sinusförmige Anregungen von verschiedener Frequenz übergibt, sieht man, dass an kombinierten Frequenzen

$$f_k = m_x f_x + m_y f_y \tag{4.63}$$

ein Signal entsteht. Dabei sind $m_x \in \mathbb{Z}$ und $m_y \in \mathbb{Z}$ die Mischfaktoren. Für das kommensurable Frequenzverhältnis (4.60) ist der Zusammenhang zwischen dem Frequenzindex k und den Mischfaktoren m_x, m_y durch

$$k(m_x, m_y) = N^{\mathrm{P}} m_x + (N^{\mathrm{P}} + 1) m_y = N^{\mathrm{P}}(m_x + m_y) + m_y \tag{4.64}$$

gegeben.

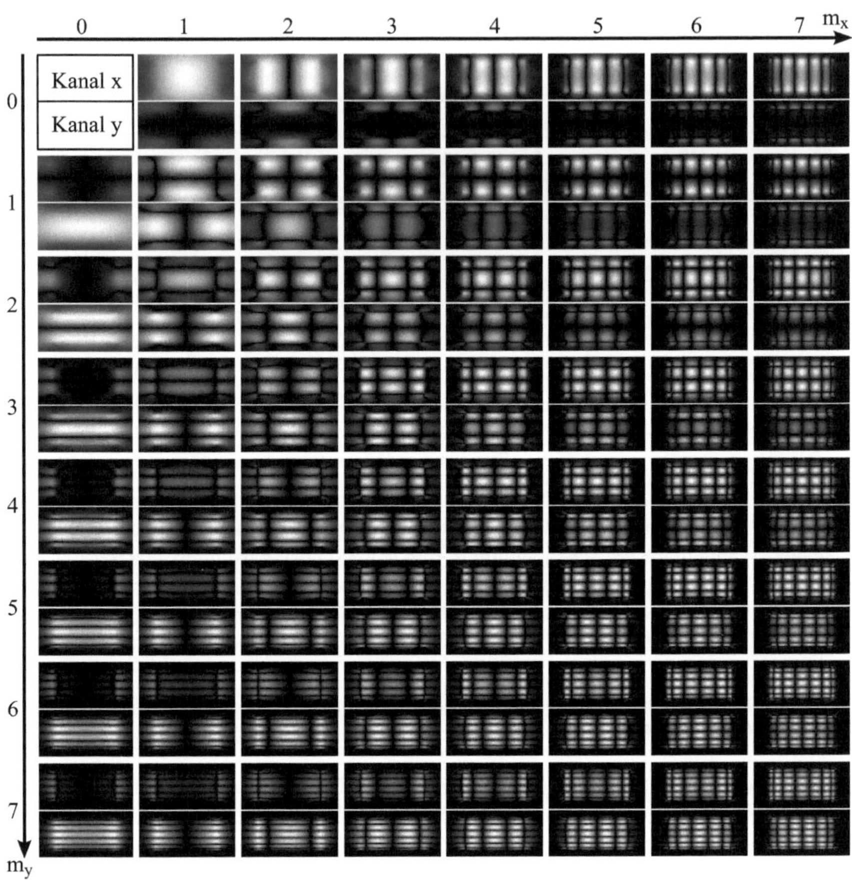

Abbildung 4.14: Absolutbetrag der Frequenzkomponenten einer 2D-Systemfunktion geordnet nach den Mischfaktoren m_x und m_y.

Statt die einzelnen Frequenzkomponenten wie in Abbildung 4.12 nach ihrer zeitlichen Frequenz f_k zu sortieren, wird in dieser Arbeit erstmals vorgeschlagen, die Frequenzkomponenten nach den Mischfaktoren m_x und m_y zu ordnen. Dies hat den Vorteil, dass dem 2D-Ort auch eine 2D-Struktur in der Frequenz zugeordnet werden kann. In Abbildung 4.14 ist die 2D-Systemfunktion bezüglich der Mischfaktoren $m_x = 0, \ldots, 7$ und $m_y = 0, \ldots, 7$ dargestellt. Wie man sehen kann, gibt es bei den meisten Frequenzkomponenten einen direkten Zusammenhang zwischen den Ortsfrequenzen der Systemfunktion und den Mischfaktoren. Und zwar ist die Anzahl der Wellenberge im x-Empfangskanal durch m_x in x-Richtung und $m_y + 1$ in y-Richtung gegeben. Im y-Empfangskanal treten in x-Richtung $m_x + 1$ und in y-Richtung m_y Wellenberge auf (siehe Tabelle 4.1). Bei diesen Zusammenhängen dürfen aber nur die Wellenberge im Abtastbereich der FFP-Trajektorie betrachtet werden. Der gezeigte Messbereich in Abbildung 4.14 ist in beiden Richtungen um den Faktor 1.5 größer. Bei einigen Frequenzkomponenten, zum Beispiel im x-Empfangskanal für $m_x = 0$ und im y-Empfangskanal für $m_y = 0$ gilt der Zusammenhang aus Tabelle 4.1 nicht. Dies könnte daran liegen, dass bei der Simulation nichtideale Partikel und eine endliche Trajektoriendichte verwendet wurden.

Mit den neuen Erkenntnissen über die Mischfaktoren kann nun erklärt werden, warum im unteren zeitlichen Frequenzbereich hohe Ortsfrequenzen auftreten. Zum Beispiel sind für $m_x = -N^{\mathrm{P}}/2 + 1$ und $m_y = N^{\mathrm{P}}/2$ die Ortsfrequenzen sehr hoch. Die Zeitfrequenz f_k liegt jedoch im unteren Frequenzbereich genau zwischen den ersten beiden harmonischen Frequenzen der Anregungsfrequenz f_y, da

$$k = N^{\mathrm{P}} \left(\frac{N^{\mathrm{P}}}{2} - \frac{N^{\mathrm{P}}}{2} + 1 \right) + \frac{N^{\mathrm{P}}}{2} = \frac{3}{2} N^{\mathrm{P}} \tag{4.65}$$

und somit

$$f_k = k\Delta_f = \frac{3}{2} N^{\mathrm{P}} \Delta f = \frac{3}{2} N^{\mathrm{P}} \frac{f_y}{N^{\mathrm{P}}} = \frac{3}{2} f_y. \tag{4.66}$$

Mit Hilfe der Mischfaktoren kann auch erklärt werden, dass es redundante Frequenzen gibt. Da die Anzahl der Wellenberge nur von dem Betrag der Mischfaktoren m_x, m_y abhängt, ist die Systemfunktion für $f_{|k(m_x,m_y)|}$ und $f_{|k(-m_x,m_y)|}$ gleich. Zum Beispiel sind die Frequenzkomponenten der Systemfunktion in Abbildung 4.12 für $k(1, 1) = 65$ und $k(-1, 1) = 1$ redundant. Diese Redundanzen könnten für eine Komprimierung der Systemfunktion genutzt werden (siehe auch [45]).

Was bislang noch fehlt, ist ein Zusammenhang zwischen der Energie der Frequenzkomponenten und den Mischfaktoren. In Abbildung 4.15 ist die Energie in Abhängigkeit der Mischfaktoren dargestellt. Der Einfachheit halber wird dabei die Summe der Energien beider Empfangskanäle betrachtet. Wie man sieht, fällt die Energie monoton mit beiden Mischfaktoren. Das bedeutet, dass ein direkter monotoner Zusammenhang zwischen den

Tabelle 4.1: Zusammenhang zwischen den Ortsfrequenzen und den Mischfaktoren m_x und m_y bei einer 2D-Systemfunktion.

# Wellenberge	x-Richtung	y-Richtung
Empfangskanal x	m_x	$m_y + 1$
Empfangskanal y	$m_x + 1$	m_y

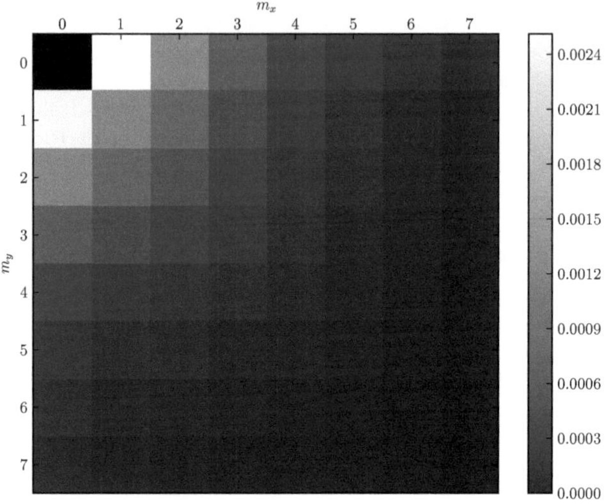

Abbildung 4.15: Energie der Frequenzkomponenten einer 2D-Systemfunktion in Abhängigkeit von den Mischfaktoren m_x und m_y. Zu sehen ist die Summe der Energien beider Empfangskanäle.

Ortsfrequenzen und der Energie der Frequenzkomponenten besteht. Da die erreichbare Auflösung von den Ortsfrequenzen der einzelnen Frequenzkomponenten abhängt, besteht ein direkter Zusammenhang zwischen der Ortsauflösung und dem Pegel, bei dem die Frequenzkomponenten im Rauschen verschwinden.

Es stellt sich die Frage, ob die einzelnen Komponenten der 2D-Systemfunktion wie bei der 1D-Systemfunktion eine Orthogonalitätsrelation erfüllen. In [45] wurde gezeigt, dass die 2D-Frequenzkomponenten zwar nicht exakt orthogonal sind, aber in hohem Maße orthogonal zueinander stehen. Diese Eigenschaft wird in Kapitel 5 ausgenutzt, um die Konvergenzgeschwindigkeit iterativer Verfahren durch eine spezielle Gewichtung zu erhöhen.

4.4.3 3D-Ortskodierung

Die bei der 2D-Bildgebung gewonnen Erkenntnisse können problemlos auf die 3D-Bildgebung übertragen werden. In der Frequenz f_k sind dann alle drei Anregungsfrequenzen f_x, f_y und f_z vermischt, so dass

$$f_k = m_x f_x + m_y f_y + m_z f_z. \tag{4.67}$$

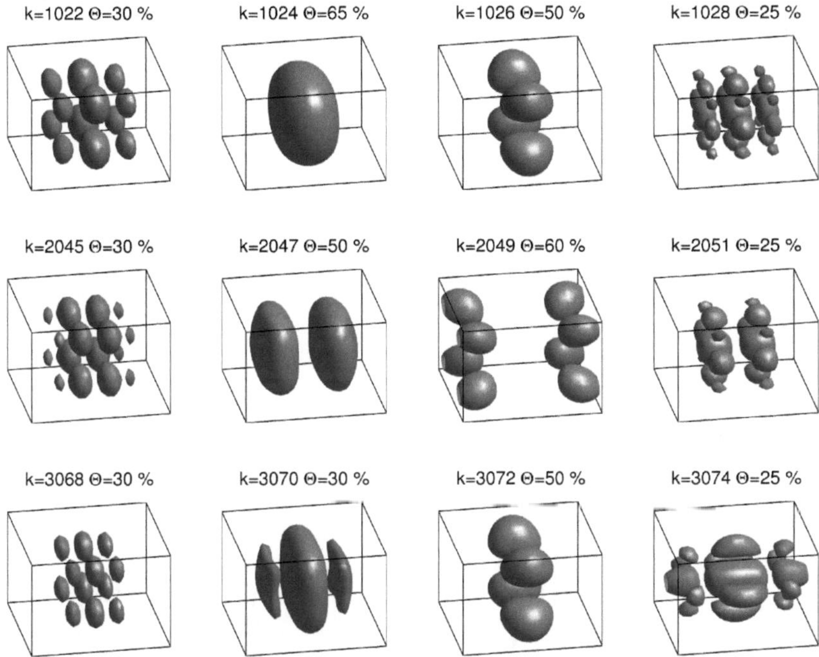

Abbildung 4.16: 3D-Oberflächendarstellung verschiedener Frequenzkomponenten einer 3D-Systemfunktion. Gezeigt sind Isoflächen bei verschiedenen Schwellwerten Θ, die in Prozent von dem Maximalwert der jeweiligen Frequenzkomponente angegeben sind.

Folglich kann wie bei der 2D-Bildgebung ein direkter Zusammenhang zwischen den drei Mischfaktoren m_x, m_y und m_z und den Ortsfrequenzen der 3D-Frequenzkomponenten abgeleitet werden. In Abbildung 4.16 sind verschiedenen Frequenzkomponenten einer simulierten 3D-Systemfunktion als 3D-Oberflächendarstellung einer Isofläche illustriert. Wie man sieht, bestehen die Frequenzkomponenten der 3D-Systemfunktion aus 3D-Wellen deren Ortsfrequenz von der zeitlichen Frequenz abhängen.

In Abbildung 4.17 ist die Energie der simulierten 3D-Systemfunktion dargestellt. Wie man sieht, bilden sich bei der 3D-Systemfunktion Seitenbänder zweifacher Ordnung um die reinen Oberwellen aus. Das bedeutet, dass sich innerhalb eines breiten Seitenbandes um die reinen Oberwellen mehrere schmale Seitenbänder ausbreiten. Der Zusammenhang zwischen der Energie und den Mischfrequenzen ist wie bei der 2D-Systemfunktion monoton.

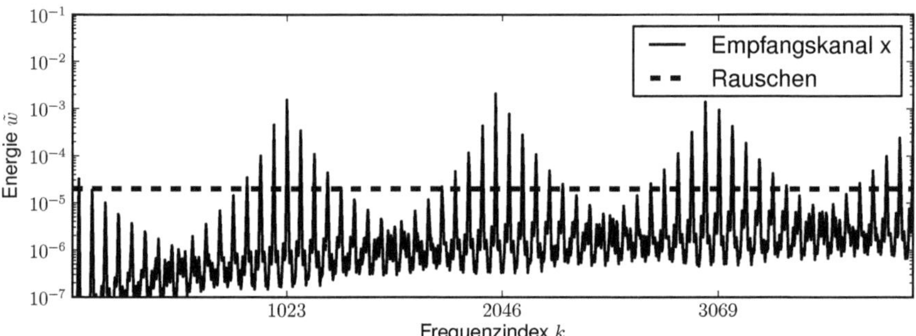

Abbildung 4.17: Energie der Frequenzkomponenten einer 3D-Systemfunktion für ideale Felder, Langevin-Partikel mit 30 nm Durchmesser und Frequenzverhältnissen $f_x/f_y = 33/32$ und $f_x/f_z = 31/32$.

5

Effiziente Rekonstruktion

Die Bestimmung der Partikelverteilung aus den gemessenen Spannungssignalen ist ein inverses Problem, das üblicherweise als Rekonstruktion bezeichnet wird. Im letzten Kapitel wurde ein linearer Zusammenhang zwischen den beiden Größen hergeleitet. Durch Diskretisierung von Raum und Zeit ergab sich ein lineares Gleichungssystem. In diesem Kapitel wird darauf eingegangen, wie dieses lineare Gleichungssystem gelöst werden kann. Das Gleichungssystem kann in Matrix-Vektor-Form

$$Sc = \hat{u} \tag{5.1}$$

geschrieben werden. Dabei bezeichnet $S \in \mathbb{C}^{M \times N}$ die Systemmatrix, $c \in \mathbb{C}^N$ den Vektor der unbekannten Partikelverteilung und $\hat{u} \in \mathbb{C}^M$ den idealen rauschfreien Messvektor. Der Messvektor enthält die komplexwertigen Fourierkoeffizienten der gemessenen Spannungssignale (siehe (4.32)). Der Zeilenindex wird in diesem Kapitel mit j bezeichnet. Dieser durchläuft sowohl die Frequenz, als auch die Anzahl der Empfangskanäle. Die j-te Zeile von S wird mit s_j bezeichnet.

In der Realität sind die Messdaten mit Rauschen η belegt, so dass nur ein verrauschter Messvektor

$$\tilde{u} = \hat{u} + \eta \tag{5.2}$$

vorliegt. Folglich ist der Zusammenhang zwischen dem realen Messvektor $\tilde{u}$ und der Partikelverteilung c durch die Approximation

$$Sc \approx \tilde{u} \tag{5.3}$$

gegeben. Um die Partikelverteilung c rekonstruieren zu können, muss sowohl der Messvektor $\tilde{u}$, als auch die Systemmatrix S bekannt sein. Im Gegensatz zu den Messdaten, die nach der Datenerfassung vorliegen, ist die Systemmatrix bei MPI unbekannt. In Kapitel 8 werden verschiedene Verfahren für die Bestimmung der Systemmatrix vorgestellt. Dabei wird entweder eine aufwendige Kalibrierungsmessung oder ein Modell der Signalkette verwendet. In diesem Kapitel wird angenommen, dass die Systemmatrix bekannt ist.

Die Aufgabe ein lineares Gleichungssystems zu lösen, tritt in der medizinischen Bildgebung, der Bildverarbeitung und vielen weiteren Gebieten häufig auf. Bis heute wird aktiv an dem Thema geforscht, obwohl die Theorie weitestgehend verstanden ist. Eine wichtige Fragestellung ist, in welchem Sinne das lineare System (5.3) gelöst werden soll. Da die Systemmatrix im Allgemeinen rechteckig ist, kann die Existenz und die Eindeutigkeit einer Lösung nicht garantiert werden. Selbst wenn eine exakte Lösung existiert, ist sie möglicherweise aufgrund des Rauschens weit von der gesuchten Lösung des ungestörten Systems entfernt. Daher wird in dieser Arbeit ein regularisierter gewichteter Kleinste-Quadrate-Ansatz verwendet. Dieser garantiert eine eindeutige Lösung und ist gegenüber dem Rauschen robust.

Neben der Wahl des Regularisierungsparameters wird die Wahl einer geeigneten Gewichtsmatrix besprochen, die speziell an die Struktur der MPI-Systemmatrix angepasst ist. Die Gewichtsmatrix ist so gewählt, dass sie zu einer Zeilennormierung der originalen Systemmatrix führt. Anhand von experimentellen Daten wird gezeigt, dass diese Gewichtung nicht nur die Kondition der Systemmatrix, sondern auch die Qualität der rekonstruierten Bilder deutlich verbessert.

Um die regularisierte gewichtete Kleinste-Quadrate-Lösung zu berechnen, gibt es vielzählige Algorithmen, die alle ihre Vor- und Nachteile haben. In den bisherigen Arbeiten über MPI wurde eine Singulärwertzerlegung verwendet [40, 43, 41]. Die SVD ist ein flexibles Werkzeug, das es erlaubt, schlecht gestellte Probleme zu klassifizieren und zu regularisieren. Allerdings ist die Berechnung der SVD sehr zeit- und speicherintensiv. Bei der Berechnung der SVD muss die Systemmatrix in der Regel komplett im Hauptspeichers des Computers gehalten werden. Aufgrund der limitierten Größe des Hauptspeichers ist die Matrixröße bei der Berechnung der SVD beschränkt. Um diese Größenbeschränkung aufzuheben und die Rekonstruktion deutlich zu beschleunigen, wird in dieser Arbeit die Verwendung iterativer Algorithmen vorgeschlagen und untersucht. Es werden zwei weitverbreitete iterative Verfahren verwendet: das CGNR-Verfahren und das Kaczmarz-Verfahren. Es wird motiviert und in Experimenten gezeigt, dass die zuvor erwähnte Gewichtung die Konvergenzgeschwindigkeit beider Algorithmen drastisch erhöht. Bei den experimentellen Daten benötigt sowohl das CGNR-Verfahren als auch das Kaczmarz-Verfahren nur drei Iterationen, um eine vergleichbare Bildqualität zu liefern wie eine SVD. Dies liegt daran, dass die Systemmatrixzeilen einen hohen Grad an Orthogonalität aufweisen. Dies reduziert die Rekonstruktionszeit deutlich und ermöglicht eine Datenverarbeitung in Echtzeit.

5.1 Mathematische Lösung

In diesem Kapitel werden verschiedene Methoden vorgestellt, um eine eindeutige Lösung des linearen gestörten Gleichungssystems (5.3) zu bestimmen. Das Rauschen der Messdaten sei dabei normalverteilt, was bei thermischem Rauschen in den Empfangsspulen eine gute Annahme ist (siehe [88]). Aufgrund des Rauschens ist das System unter Umständen inkonsistent, was bedeutet, dass keine exakte Lösung existiert.

5.1.1 Kleinste-Quadrate-Lösung

Im Falle eines inkonsistenten linearen Gleichungssystems, muss eine Näherung gesucht werden. Der Fehler, der bei einer approximativen Lösung auftritt, kann durch die euklidische Norm des Residuums μ quantifiziert werden, das heißt

$$\|\mu\|_2^2, \quad \text{mit} \quad \mu := Sc - \tilde{u}. \tag{5.4}$$

Es liegt auf der Hand, die Lösung des Gleichungssystems über das Minimieren des Fehlers

$$\|\mu\|_2^2 = \|Sc - \tilde{u}\|_2^2 \xrightarrow{c} \min \tag{5.5}$$

zu definieren. Zum Lösen dieses Kleinste-Quadrate-Problems kann die Normalengleichung erster Art gelöst werden:

Lemma 5.1: *Das Kleinste-Quadrate-Problem (5.5) ist äquivalent zur Normalengleichung erster Art*

$$S^{\mathsf{H}} Sc = S^{\mathsf{H}} \tilde{u}. \tag{5.6}$$

Die Matrix $S^{\mathsf{H}} S$ ist quadratisch und das lineare Gleichungssystem (5.6) hat mindestens eine Lösung. Wenn die Matrix S vollen Rang hat, ist die Lösung eindeutig.

Ein Beweis des Lemmas kann in [93, Seite 5-6] gefunden werden.

Es sollte bemerkt werden, dass die Kleinste-Quadrate-Lösung auch statistisch motiviert werden kann. Für normalverteilte Messdaten mit konstanter Standardabweichung liefert der Kleinste-Quadrate-Ansatz dieselbe Lösung wie die Maximum-Likelihood-Methode, welche die wahrscheinlichste aller Lösungen bestimmt [94].

5.1.2 Gewichtete Kleinste-Quadrate-Lösung

Bei konsistenten linearen Gleichungssystemen kann jede Zeile mit einem beliebigen positiven Faktor multipliziert werden, ohne die Lösung des Systems zu verändern. Dies gilt für inkonsistente Systeme nicht mehr, so dass es unter Umständen vorteilhaft ist, eine Gewichtung des Systems vorzunehmen. Zum Beispiel wenn das Gleichungssystem durch Diskretisierung eines Integrals an nichtäquidistanten Stützstellen entstanden ist, sollten Gewichte genutzt werden (siehe [95, 96, 97]). Dazu wird das gewichtete Kleinste-Quadrate-Problem

$$\|Sc - \tilde{u}\|_W^2 = \|W^{\frac{1}{2}}(Sc - \tilde{u})\|_2^2 \overset{c}{\to} \min \tag{5.7}$$

betrachtet, wobei $W = \operatorname{diag}\left(\left(w_j\right)_{j=0}^{M-1}\right)$ die Gewichtsmatrix mit positiven Einträgen $w_j > 0$, $j = 0, \ldots, M - 1$ bezeichnet. Wie bei dem gewöhnlichen Kleinste-Quadrate-Problem kann die Lösung über ein lineares Gleichungssystem bestimmt werden:

Lemma 5.2: *Das gewichtete Kleinste-Quadrate-Problem (5.7) ist äquivalent zur gewichteten Normalengleichung erster Art*

$$S^H W S c = S^H W \tilde{u}. \tag{5.8}$$

Die Matrix $S^H W S$ ist quadratisch und das lineare Gleichungssystem (5.8) hat mindestens eine Lösung. Wenn die Matrix S vollen Rang hat, ist die Lösung eindeutig und wird im Folgenden mit c_W bezeichnet.

Beweis: Durch Anwenden von Lemma 5.1 auf das gewichtete System

$$W^{\frac{1}{2}} S c = W^{\frac{1}{2}} \tilde{u} \tag{5.9}$$

erhält man die Aussage von Lemma 5.2.   ■

5.1.3 Wahl der Gewichtsmatrix

Im Folgenden wird eine Gewichtsmatrix vorgeschlagen, die speziell an die Struktur der MPI-Systemmatrix angepasst ist. Hierzu werden die Erkenntnisse aus Abschnitt 4.4 genutzt.

Die einfachste Wahl für die Gewichtsmatrix sind Einheitsgewichte $W = I$. Dies ist äquivalent dazu, einen gewöhnlichen Kleinste-Quadrate-Ansatz ohne spezielle Gewichtung zu verwenden. Die Wahl von Einheitsgewichten kann dadurch motiviert werden, dass Frequenzkomponenten der MPI-Systemmatrix mit hoher Energie mehr zu dem Fehlerfunktional (5.5) beitragen als Komponenten mit niedriger Energie. Dieser vermeintliche Vorteil ist aber eigentlich ein entscheidender Nachteil, da die Lösung bei Einheitsgewichten nur von sehr wenigen Frequenzkomponenten bestimmt wird. Da die Systemfunktion an zeitlichen Frequenzen mit hoher Energie gerade tiefe Ortsfrequenzen enthält (siehe Abschnitt 4.4), erhält man so nur ein Bild mit geringer Ortsauflösung.

Diese Begründung stützt sich darauf, dass der absolute Fehler der Frequenzkomponenten mit hoher Energie nicht auf das Fehlerniveau der Frequenzkomponenten mit niedriger Energie gebracht werden kann. Bei dem durch den elektrischen Widerstand der Empfangsspulen verursachten normalverteilten Rauschen sollte dies eigentlich möglich sein, da die Frequenzkomponenten mit hoher Energie auch ein hohes SNR haben. In der Realität gibt es aber bei der dynamischen Bildgebung einen zusätzlichen systematischen Fehler, der bislang außer acht gelassen wurde, nämlich die Bewegung des Objektes während der Aufnahme. Obwohl MPI bei der Datenakquisition enorm schnell ist, führt auch eine sehr geringe Bewegung dazu, dass ein kleiner Fehler in allen Frequenzkomponenten verursacht wird. Dieser systematische Fehler hat einen ähnlichen Frequenzverlauf wie das Signal selbst, was dazu führt, dass Frequenzkomponenten mit hoher Energie bei Einheitsgewichten stärker berücksichtigt werden.

Aus diesem Grund wird in dieser Arbeit vorgeschlagen, die Gewichte so zu wählen, dass jede Frequenzkomponente nach der Gewichtung dieselbe Energie hat, das heißt

$$W = \widehat{W} := \operatorname{diag}\left(\left(1/\widetilde{w}_j^2\right)_{j=0}^{M-1} \right). \tag{5.10}$$

Dies entspricht einer Normierung der einzelnen Zeilen der Systemmatrix und dem entsprechenden Eintrag des Messvektors. Für Frequenzen, bei denen das SNR groß genug ist, hat die Zeilennormierung keine negativen Effekte. Sehr verrauschte Frequenzkomponenten jedoch werden durch die Normierung verstärkt und können so die Lösung verschlechtern. Aus diesem Grund wird in dieser Arbeit vorgeschlagen, nur die Frequenzkomponenten zu verwenden, für die das SNR der Messdaten über einem Schwellwert Θ liegt. Dies kann erreicht werden, indem die Zeilen der Systemmatrix entfernt werden, die ein geringeres SNR als Θ aufweisen. Das von der Frequenz f_k abhängige SNR ist hier als das Verhältnis der Energie der gemessenen Frequenzkomponente $\tilde{u}_k$ zur Standardabweichung des Rauschens η definiert.

5.1.4 Diskrete schlecht gestellte Probleme

Bei vielen Anwendungen führt der bisher besprochene (gewichtete) Kleinste-Quadrate-Ansatz zu unbrauchbaren Ergebnissen. Dies liegt daran, dass viele Probleme schlecht gestellt sind. Der Begriff „schlecht gestellt" wird von einer Definition von Hadamard abgeleitet [98]:

> **Definition 5.1:** Ein lineares Gleichungssystem wird als (diskret) gut gestellt bezeichnet, wenn folgende drei Bedingungen erfüllt sind:
>
> 1. Existenz: Das System hat eine Lösung.
>
> 2. Eindeutigkeit: Die Lösung ist eindeutig.
>
> 3. Stabilität: Die Systemmatrix hat eine gute Kondition.
>
> Andernfalls wird das System als (diskret) schlecht gestellt bezeichnet.

Die ersten beiden Bedingungen sind in vielen Anwendungen erfüllt. Die letzte Bedingung hingegen ist die Hauptursache dafür, dass ein Gleichungssystem schlecht gestellt ist. Allerdings ist eine „gute Kondition" keine quantitative Aussage. Um ein Gleichungssystem als schlecht gestellt klassifizieren zu können, muss daher in der Praxis die Konditionszahl der Systemmatrix in das Verhältnis zum Rauschpegel der Messdaten gesetzt werden (siehe auch Lemma 5.3).

Es sollte bemerkt werden, dass Definition 5.1 für diskrete lineare Probleme formuliert wurde. Für kontinuierliche inverse Probleme lautet die letzte Bedingung: „Die Lösung hängt stetig von den Eingangsdaten ab". Da dies aber für jedes lineare Gleichungssystem erfüllt ist, wenn die ersten beiden Bedingungen gelten, wird für diskrete Probleme die alternative Formulierung gewählt. Denn auch wenn ein kontinuierlich schlecht gestelltes Problem nach der Diskretisierung stetig von den Eingangsdaten abhängt, ist die Lösung mittels eines gewöhnlichen Kleinste-Quadrate-Ansatzes nicht sinnvoll.

Um besser zu verstehen, warum der Kleinste-Quadrate-Ansatz bei diskret schlecht gestellten Problemen fehlschlägt, wird die Abhängigkeit der Lösung von dem Eingangsrauschen untersucht. Im folgenden Lemma wird der relative Fehler der Messdaten in Relation zu dem relativen Fehler der Kleinste-Quadrate-Lösung gesetzt.

> **Lemma 5.3:** *Der Zusammenhang zwischen dem relativen Fehler der Messdaten $\frac{\|\tilde{u}-\hat{u}\|_2}{\|\hat{u}\|_2}$ und dem relativen Fehler der Kleinste-Quadrate-Lösung $\frac{\|\tilde{c}-c\|_2}{\|c\|_2}$ kann durch die Ungleichung*
>
> $$\frac{\|\tilde{c} - c\|_2}{\|c\|_2} \leq cond(S) \frac{\|\tilde{u} - \hat{u}\|_2}{\|\hat{u}\|_2} \tag{5.11}$$
>
> *beschrieben werden. Dabei bezeichnet cond(S) die Konditionszahl der Systemmatrix.*

Ein Beweis von Ungleichung (5.11) wird in [99] geführt. Die Ungleichung gibt eine obere Schranke für den Fehler der Kleinste-Quadrate-Lösung an. Offensichtlich erhöht sich der Fehler wenn das Rauschen $\eta = \tilde{u} - \hat{u}$ ansteigt. Zusätzlich hängt die obere Schranke aber auch linear von der Konditionszahl der Systemmatrix ab. Das bedeutet, dass der Fehler der Kleinste-Quadrate-Lösung selbst für geringes Eingangsrauschen sehr groß sein kann, wenn die Systemmatrix eine große Konditionszahl hat. Auch wenn in (5.11) nur eine obere Schranke angegeben wird, kann vereinfacht gesagt werden, dass das Rauschen der Messdaten durch die Konditionszahl $\mathrm{cond}(S)$ verstärkt wird und sich auf die Lösung überträgt. Bei diskret schlecht gestellten Problemen ist die Konditionszahl groß, so dass das Eingangsrauschen die Kleinste-Quadrate-Lösung unbrauchbar macht. Da eine sehr kleine Änderung an den Messdaten zu einer sehr großen Änderung in der Lösung führt, sagt man auch, dass der Rekonstruktionsprozess instabil ist.

Es stellt sich die Frage, warum der Kleinste-Quadrate-Ansatz zu unbrauchbaren Ergebnissen führt, obwohl es eigentlich eine gute Idee zu sein scheint, das Residuum zu minimieren. Um dies näher zu untersuchen, kann das Residuum der exakten Lösung betrachtet werden:

$$\mu = Sc - \tilde{u} = Sc - u - \eta = -\eta \qquad (5.12)$$

Wie man sieht, ist das Residuum nicht null, sondern besteht aus dem Rauschen. Der Kleinste-Quadrate-Ansatz jedoch, versucht das Residuum auch jenseits des Rauschpegels zu minimieren. Die Information kann dabei aber nur aus dem Rauschen gewonnen werden. Daher passt der Kleinste-Quadrate-Ansatz die Lösung an das Rauschen an und führt bei schlechter Kondition zu einer unbrauchbaren Lösung.

5.1.5 Regularisierung

Um mit schlecht gestellten Problemen umgehen zu können, wurde eine Vielzahl von Methoden vorgeschlagen, die man als Regularisierungsverfahren bezeichnet [100, 101, 102]. Ein Überblick über die verschiedenen Verfahren wird in [99] gegeben. Allgemein kann man sagen, dass jede Regularisierungstechnik das originale Gleichungssystem durch ein verwandtes Gleichungssystem approximiert, das gut gestellt ist. Dabei muss ein Kompromiss zwischen der Güte der Approximation und der Kondition des regularisierten Gleichungssystems gefunden werden, der durch einen Regularisierungsparameter $\lambda > 0$ gesteuert werden kann.

Die bekannteste Regularisierungstechnik ist die Methode von Tikhonov [101, 102], die das Kleinste-Quadrate-Problem (5.7) um einen Regularisierungsterm erweitert, so dass sich

$$\|Sc - \tilde{u}\|_W^2 + \lambda\|c\|_2^2 \xrightarrow{c} \min \qquad (5.13)$$

ergibt. Der Regularisierungsterm $\lambda\|c\|_2^2$ wird dazu genutzt, Lösungen mit großer Euklidischer Norm zu bestrafen, die typischerweise auftreten, wenn die Lösung an das Rauschen angepasst wird. Somit kann bei angemessener Wahl des Parameters λ erreicht werden, dass das Residuum nur bis zum Rauschpegel minimiert wird.

Wie bei dem gewöhnlichen Kleinste-Quadrate-Problem kann das Ergebnis des Minimierungsproblems (5.13) durch Lösen eines Gleichungssystems bestimmt werden:

Lemma 5.4: *Das regularisierte gewichtete Kleinste-Quadrate-Problem (5.13) ist äquivalent zur regularisierten, gewichteten Normalengleichung erster Art*

$$\left(S^H W S + \lambda I\right) c = S^H W \tilde{u}, \tag{5.14}$$

Die Matrix $\left(S^H W S + \lambda I\right)$ ist quadratisch und das lineare Gleichungssystem (5.14) hat für $\lambda > 0$ genau eine Lösung die mit c_λ^w bezeichnet wird.

Beweis: Zunächst kann der Regularisierungsparameter λ in die Norm gezogen und eine Einheitsmatrix I in der zweiten Norm eingeführt werden. Weiterhin kann die originale Definition der gewichteten Norm verwendet werden, so dass sich

$$\|W^{\frac{1}{2}}(Sc - \tilde{u})\|_2^2 + \|\lambda^{\frac{1}{2}} I c\|_2^2 \overset{c}{\to} \min \tag{5.15}$$

ergibt. Indem man beide Normen aneinanderhängt, erhält man

$$\left\|\begin{pmatrix} W^{\frac{1}{2}}(Sc - \tilde{u}) \\ \lambda^{\frac{1}{2}} I c \end{pmatrix}\right\|_2^2 = \left\|\begin{pmatrix} W^{\frac{1}{2}} S \\ \lambda^{\frac{1}{2}} I \end{pmatrix} c - \begin{pmatrix} W^{\frac{1}{2}}\tilde{u} \\ 0 \end{pmatrix}\right\|_2^2 \overset{c}{\to} \min . \tag{5.16}$$

Wegen Lemma 5.1 ist dieses Minimierungsproblem äquivalent zum Lösen der Normalengleichung

$$\begin{pmatrix} W^{\frac{1}{2}} S \\ \lambda^{\frac{1}{2}} I \end{pmatrix}^H \begin{pmatrix} W^{\frac{1}{2}} S \\ \lambda^{\frac{1}{2}} I \end{pmatrix} c = \begin{pmatrix} W^{\frac{1}{2}} S \\ \lambda^{\frac{1}{2}} I \end{pmatrix}^H \begin{pmatrix} W^{\frac{1}{2}}\tilde{u} \\ 0 \end{pmatrix} . \tag{5.17}$$

Durch Ausmultiplizieren ergibt sich die erste Behauptung von Lemma 5.4. Die Eindeutigkeit der Lösung ist gesichert, da die Matrix

$$\begin{pmatrix} W^{\frac{1}{2}} S \\ \lambda^{\frac{1}{2}} I \end{pmatrix} \tag{5.18}$$

vollen Rang hat, wenn der Regularisierungsparameter λ positiv ist.   ∎

5.1.6 Singulärwertzerlegung

Die Singulärwertzerlegung ist ein mächtiges Werkzeug für die Klassifizierung schlecht gestellter Probleme. Wenn die Zerlegung durchgeführt wurde, kann die SVD weiterhin als Regularisierungstechnik genutzt werden, wobei der Regularisierungsparameter sehr effizient optimiert werden kann. Allerdings ist die Berechnung der Zerlegung selbst zeit- und speicherplatzintensiv, so dass in der Praxis oft effizientere Verfahren verwendet werden.

In der Literatur wird die SVD meist ohne Gewichtung verwendet. Um die Gewichtsmatrix W zu berücksichtigen, wird im Folgenden die SVD der gewichteten Systemmatrix $\widehat{S} = W^{\frac{1}{2}}S$ betrachtet. Zu lösen ist somit das System

$$\widehat{S}c = \breve{u}, \tag{5.19}$$

wobei der gewichtete Messvektor durch $\breve{u} = W^{\frac{1}{2}}\tilde{u}$ gegeben ist.

Theorem 5.2: *Jede Matrix $\widehat{S} \in \mathbb{C}^{M \times N}$ hat eine Singulärwertzerlegung, die in kompakter Form*

$$\widehat{S} = U\Sigma V^{\mathsf{H}} \tag{5.20}$$

geschrieben werden kann. Dabei sind

$$U \in \mathbb{C}^{M \times \zeta} \quad und \quad V \in \mathbb{C}^{N \times \zeta} \tag{5.21}$$

unitäre Matrizen und $\zeta := \min(M, N)$. Die Diagonalmatrix

$$\Sigma = diag(s) \in \mathbb{R}^{\zeta \times \zeta} \tag{5.22}$$

besteht aus den Singulärwerten $s = \left(s_0, \ldots, s_{\zeta-1}\right)^{\mathsf{T}}$ in absteigender Reihenfolge.

Ein Beweis des Theorems wird in [103] geführt.

Die gewichtete Kleinste-Quadrate-Lösung (5.7) kann explizit mittels der SVD berechnet werden und zwar durch

$$c^{w} = \sum_{i=0}^{\zeta-1} \frac{U_{\cdot,i}^{\mathsf{H}}\breve{u}}{s_i}V_{\cdot,i}. \tag{5.23}$$

Dabei bezeichnet $U_{\cdot,i}$ die i-te Spalte von U und $V_{\cdot,i}$ die i-te Spalte von V.

Zum Klassifizieren schlecht gestellter Probleme können die Singulärwerte analysiert werden. Bei diskret schlecht gestellten Problemen fallen die Singulärwerte rapide ab. Folglich ist das Verhältnis zwischen dem größten und dem kleinsten Singulärwert sehr groß. Dieses Verhältnis ist gerade die Konditionszahl der Systemmatrix

$$\mathrm{cond}(\widehat{S}) = \frac{s_0}{s_{\zeta-1}}. \tag{5.24}$$

Die Rauschverstärkung des Kleinste-Quadrate-Ansatzes (siehe (5.11)) kann auch intuitiv anhand der Singulärwerte erklärt werden. Wenn das Rauschen η durch kleine Singulärwerte in (5.23) geteilt wird, führt dies zu einer Verstärkung des Rauschens um den Kehrwert des Singulärwertes. Somit sind es gerade die kleinen Singulärwerte, die für eine instabile Lösung verantwortlich sind.

Um die Lösung mittels der SVD zu regularisieren, können die Singulärwerte gefiltert werden. Hierzu gibt es zwei bekannte Möglichkeiten. Die erste besteht darin, die Singulärwerte ab einem bestimmten Index $\tilde{\zeta}$ abzuschneiden, so dass das Verhältnis $\frac{s_0}{s_{\tilde{\zeta}}}$ klein bleibt. Dieser Ansatz wird als abgeschnittene Singulärwertzerlegung (englisch: Truncated Singular Value Decomposition, TSVD) bezeichnet. Die TSVD kann durch

$$c_{\tilde{\zeta}}^{w} = \sum_{i=0}^{\tilde{\zeta}} \frac{U_{.,i}^{\mathsf{H}}\breve{u}}{s_i} V_{.,i} \tag{5.25}$$

berechnet werden. Der Abschneideindex $\tilde{\zeta}$ nimmt dabei die Rolle des Regularisierungsparameters ein.

Die zweite Möglichkeit ist die Verwendung von Filterfaktoren

$$y_i := \frac{s_i^2}{s_i^2 + \lambda}, \tag{5.26}$$

die als Tiefpassfilter fungieren. Die Lösung ist dann durch

$$c_{\lambda}^{w} = \sum_{i=0}^{\zeta-1} y_i \frac{U_{.,i}^{\mathsf{H}}\breve{u}}{s_i} V_{.,i} \tag{5.27}$$

gegeben. Wie man zeigen kann, ist diese Filterung gerade äquivalent zur Tikhonov-Regularisierung (5.13) und somit eine Möglichkeit, die Tikhonov-Lösung explizit anhand der SVD zu formulieren [104]. Je nach Regularisierungsparameter werden kleine Singulärwerte gedämpft, so dass das Verhältnis $\frac{y_i}{s_i}$ klein bleibt. Große Singulärwerte hingegen bleiben so gut wie unverändert, da $y_i \approx 1$ für $s_i \gg \lambda$ ist. Um zu quantifizieren, wie viele Singulärwerte effektiv zur Lösung c_{λ}^{w} beitragen, kann der Index bestimmt werden, bei dem die Filterfaktoren kleiner als $\frac{1}{\sqrt{2}}$ (das heißt -3 dB) werden. Der Effekt der Tikhonov-Regularisierung auf die Singulärwerte ist in Abbildung 5.1 illustriert.

5.1.7 Regularisierungsparameter

Die Qualität der regularisierten Kleinste-Quadrate-Lösung (5.13) hängt maßgeblich von dem Regularisierungsparameter λ ab. Der Regularisierungsterm hat dabei eine glättende Wirkung, die durch den Regularisierungsparameter gesteuert werden kann. Wenn λ zu klein gewählt wird, wirkt sich der Regularisierungsterm kaum aus, so dass sich eine zu verrauschte Lösung ergibt. Wird λ zu groß gewählt, ist die Lösung zu glatt, was zu einem Auflösungsverlust führt. Die Herausforderung liegt darin, durch geeignete Wahl des

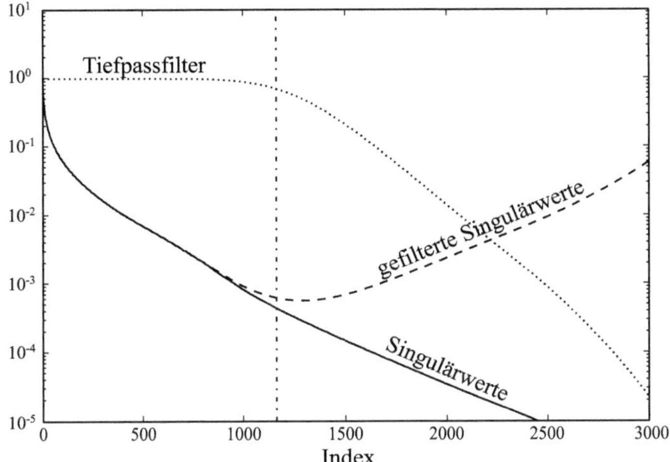

Abbildung 5.1: Auswirkung der Tikonov-Regularisierung auf die Singulärwerte (durchgezogen). Ein Tiefpassfilter (gepunktet) wird verwendet, um kleine Singulärwerte herauszufiltern. Die gefilterten Singulärwerte sind als gestrichelte Linie dargestellt.

Regularisierungsparameters einen Kompromiss zwischen einer zu verrauschten und einer zu glatten Lösung zu finden.

Die adäquate Bestimmung des Regularisierungsparameters ist eine anspruchsvolle Aufgabe, die hochgradig von der Kondition der Systemmatrix und dem Rauschen der Messdaten abhängt. Daher wird in vielen Anwendungen der Regularisierungsparameter manuell bestimmt, indem mehrere Lösungen mit verschiedenen Regularisierungsparametern berechnet werden und die augenscheinlich „beste" gewählt wird [43]. Eine erste Schätzung kann durch

$$\lambda_0 = \frac{\text{Spur}(S^H W S)}{\text{Spur}(I)} \tag{5.28}$$

bestimmt werden, wobei der Operator „Spur" die Summe der Diagonalelemente einer quadratischen Matrix berechnet. Der Rauschpegel wird bei dieser Schätzung jedoch nicht mitberücksichtigt.

Eines der erfolgversprechendsten Verfahren zur automatischen Bestimmung des Regularisierungsparameters ist die L-Kurven-Methode [104]. Diese stellt das Quadrat der Residuumsnorm $\|S c_\lambda^W - \tilde{u}\|_W^2$ und das Quadrat der Lösungsnorm $\|c_\lambda^W\|_2^2$ in einem doppelt logarithmischen Plot dar. Die Kurve ist dabei durch λ parametrisiert. In den meisten Fällen ist diese Kurve L-förmig und der beste Regularisierungsparameter liegt in der Ecke des Ls.

An diesem Punkt sind die Residuums- und die Lösungsnorm in einem guten Gleichgewicht. Für die Bestimmung der Ecke des Ls gibt es verschiedene automatisierte Ansätze. Eine Möglichkeit ist es, den Punkt als Ecke zu definieren, an dem die Krümmung der Kurve am größten ist [105]. Eine andere Methode wurde in [106] vorgeschlagen. Dabei werden je zwei aufeinanderfolgende Punkte auf der L-Kurve als Vektor aufgefasst und der Punkt als Ecke definiert, bei dem der Winkel zwischen zwei aufeinanderfolgenden Vektoren maximal wird. Da das Verfahren zusätzlich eine Reihe von Ausnahmefällen berücksichtigt, gilt es als sehr robust und wird deshalb in dieser Arbeit verwendet.

Um zu illustrieren, welchen Einfluss der Regularisierungsparameter auf die regularisierte Lösung eines schlecht gestellten linearen Gleichungssystems hat, sind in Abbildung 5.2 Rekonstruktionsergebnisse eines simulierten 2D-MPI-Datensatzes dargestellt. Weiterhin ist die resultierende L-Kurve abgebildet. Die Scanner und Rauschparameter sind dabei so gewählt, wie sie bei einem realen System auftreten würden (siehe Abschnitt 6.2 für Details). Wie man sieht, ist der beste Kompromiss zwischen einer zu verrauschten und einer zu glatten Lösung tatsächlich in der Ecke des Ls zu finden. Der Algorithmus aus [106] bestimmt die Ecke bei dem Regularisierungsparameter λ_2.

5.2 Algorithmen

Es gibt zahlreiche Algorithmen zum Lösen linearer Gleichungssysteme. Ein Überblick über die wichtigsten Verfahren wird zum Beispiel in [77] gegeben. Generell werden die Algorithmen in direkte und indirekte Verfahren unterteilt. Beispiele für direkte Verfahren sind das Gaußsche Eliminationsverfahren, die Cholesky-Zerlegung und die Singulärwertzerlegung. Trotz vieler Vorteile haben die direkten Verfahren aber den großen Nachteil, dass die komplette Systemmatrix im Speicher gehalten werden muss. In einer Vielzahl von Anwendungen ist dies aufgrund des begrenzten Speicherplatzes nicht möglich, so zum Beispiel bei einer 3D-MPI-Systemmatrix mit einer feinen Gitterauflösung.

Aus diesem Grund gibt es seit langem den Bedarf an iterativen Verfahren, die weniger Speicherplatz benötigen und unter Umständen schneller eine Lösung berechnen. Es wurden zahlreiche Verfahren entwickelt, die sich grundsätzlich in zwei Kategorien einteilen lassen: Zum einen gibt es die Klasse der Krylov-Unterraum-Verfahren, zum anderen die Klasse der Splitting-Verfahren. Aus beiden Klassen wird in dieser Arbeit je ein bekanntes Verfahren genutzt, um die Effizienz iterativer Verfahren bei der MPI-Systemmatrix zu untersuchen.

5.2.1 CGNR-Verfahren

Das Verfahren der konjugierten Gradienten (englisch: Conjugate Gradient, CG) wurde 1952 von Hestenes und Stiefel entwickelt [107] und ist ein Krylov-Unterraum-Verfahren. Die Grundidee besteht darin, das Lösen des Gleichungssystems auf das Minimieren eines

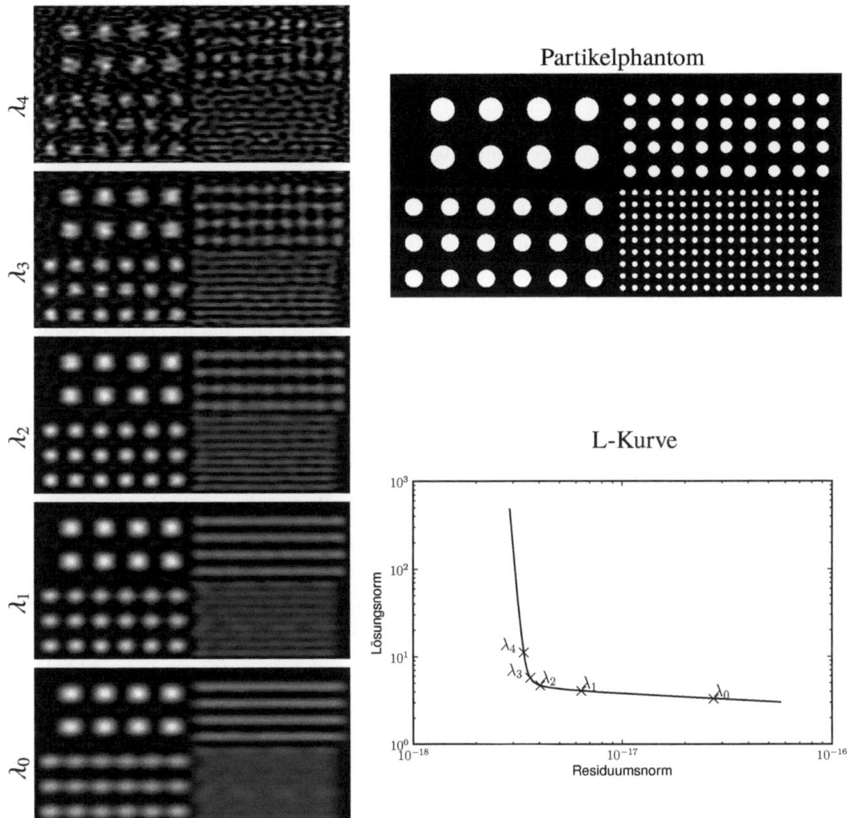

Abbildung 5.2: Einfluss des Regularisierungsparameters auf das Rekonstruktionsergebnis eines 2D-MPI-Simulationsdatensatzes. Das bei der Simulation verwendete Partikelphantom besteht aus Kreisen verschiedener Größe. Aufgrund des Rauschens in den simulierten Messdaten können nicht alle Kreise in den rekonstruierten Bildern aufgelöst werden. Wie man sieht, ist der beste Kompromiss zwischen einem zu verrauschten und einem zu glatten Bild bei dem Regularisierungsparameter λ_2 zu finden, der in der Ecke der L-Kurve liegt.

quadratischen Funktionals zurückzuführen. In jedem Iterationsschritt wird das Funktional entlang orthogonaler Richtungen minimiert, so dass bei exakter arithmetischer Rechnung und einer $N \times N$ Systemmatrix die Lösung in N Iterationen erreicht wird. Erst Jahrzehnte nach der Entdeckung durch Hestenes und Stiefel wurde herausgefunden, dass das CG-Verfahren oft schon nach wenigen Iterationen eine sehr gute Approximation liefert.

Das CG-Verfahren kann nur bei einer positiv definiten Systemmatrix angewandt werden. Um ein allgemeines $M \times N$-System lösen zu können, wird das CG-Verfahren auf die Normalengleichung erster Art (5.6) angewendet. Auch eine Gewichtung (5.8) und eine Regularisierung (5.14) kann problemlos berücksichtigt werden. Beim Anwenden des CG-Verfahrens auf die Normalengleichung erster Art können noch einige Vereinfachungen gemacht werden, die zum sogenannten CGNR-Verfahren (Conjugate Gradient Normal Residual) führen. Eine detaillierte Beschreibung des CGNR-Verfahrens ist in [108] zu finden. In dieser Arbeit soll nur auf zwei wichtige Eigenschaften hingewiesen werden. Zum einen ergibt sich bei einem Nullvektor als Startvektor nach einer Iteration die Lösung

$$c^1 = \varrho S^{\mathsf{H}} W \tilde{u}, \tag{5.29}$$

wobei der Parameter ϱ optimal bezüglich (5.8) gewählt ist [109]. Falls die Zeilen der Systemmatrix orthogonal sind, ist (5.29) schon die gesuchte Lösung. Bei einem hohen Grad an Orthogonalität, wie bei den Zeilen der MPI-Systemmatrix, kann erwartet werden, dass (5.29) eine Näherung an die Lösung darstellt.

Zum anderen hängt die Konvergenzgeschwindigkeit des CGNR-Verfahrens von der Kondition der Matrix $S^{\mathsf{H}} W S$ ab. Wenn die Kondition durch Wahl geeigneter Gewichte verbessert werden kann, erhöht sich die Konvergenzgeschwindigkeit des CGNR-Verfahrens.

Die zeitliche Komplexität einer CGNR-Iteration hängt von einer Matrix-Vektor-Multiplikation mit S und einer Matrix-Vektor-Multiplikation mit S^{H} ab. Für eine dicht besetzte Matrix benötigt eine CGNR-Iteration daher $O(MN)$ arithmetische Operationen.

5.2.2 Kaczmarz-Verfahren

Bei der Klasse der Splitting-Verfahren wird das zu lösende Gleichungssystem so umgeformt, dass man eine Fixpunktgleichung erhält. Dazu wird die Systemmatrix zum Beispiel in Dreiecks- und Diagonalmatrizen aufgeteilt. Daher leitet sich auch der Name „Splitting-Verfahren" ab. Bekannte Algorithmen sind das Gauß-Seidel-Verfahren, das Jacobi-Verfahren und das SOR-Verfahren. Diese können jedoch nur bei quadratischen Systemen verwendet werden. Durch Lösen der Normalengleichung zweiter Art mit dem SOR-Verfahren ergibt sich das Kaczmarz-Verfahren, das in [110] vorgestellt wurde. Bei der Anwendung in der Computertomographie wird das Verfahren auch „Algebraic-Reconstruction-Technique" (ART) genannt [94]. Da das Kaczmarz-Verfahren allgemeine $M \times N$-Systeme lösen kann, wird es in dieser Arbeit verwendet.

Das Kaczmarz-Verfahren basiert auf der Fixpunktiteration

$$c^{l+1} = c^l + \frac{\tilde{u}_j - s_j^* \cdot c^l}{\|s_j\|_2^2} s_j^*, \qquad (5.30)$$

wobei der Index l die innere Iteration bezeichnet. Der Zeilenindex j wird üblicherweise in der Form $l = j \bmod M$ gewählt. Die Iteration wird meist mit einem Nullvektor initialisiert. Ein Durchlauf durch alle Matrixzeilen wird als eine Kaczmarz-Iteration bezeichnet. Allerdings löst die klassische Kaczmarz-Iteration (5.30) nicht das Kleinste-Quadrate-Problem, wenn das Gleichungssystem inkonsistent ist. Um das regularisierte gewichtete Kleinste-Quadrate-Problem (5.13) zu lösen, kann die Kaczmarz-Iteration auf das System

$$\left(W^{\frac{1}{2}} S \quad \lambda I \right) \binom{c}{v} = W^{\frac{1}{2}} \tilde{u}, \qquad (5.31)$$

angewendet werden (siehe [111]). Wenn man das Matrix-Vektor-Produkt ausmultipliziert, sieht man, dass der neu eingeführte Vektor v gerade gleich dem gewichteten Residuumsvektor ist, das heißt $v = \frac{1}{\lambda} W^{\frac{1}{2}} (Sc \quad \tilde{u})$.

Die Konvergenzgeschwindigkeit des Kaczmarz-Verfahrens wurde in zahlreichen Veröffentlichungen untersucht [112, 113, 114]. Dabei wurde festgestellt, dass die Konvergenzgeschwindigkeit hoch ist, wenn die Zeilen der Systemmatrix einen hohen Grad an Orthogonalität aufweisen. Dagegen konvergiert das Kaczmarz-Verfahren bei nahezu linear abhängigen Zeilen sehr langsam. Die Zeitkomplexität einer Kaczmarz-Iteration liegt bei $O(MN)$ arithmetischen Operationen. Da das CGNR-Verfahren und das Kaczmarz-Verfahren dieselbe Zeitkomplexität pro Iteration besitzen, ist bei dem Vergleich der Methoden die Anzahl der Iterationen direkt gegenüberstellbar.

5.3 Material und Methoden

Um die verschiedenen Rekonstruktionsalgorithmen zu vergleichen und die vorgeschlagene Zeilengewichtung zu evaluieren, werden 2D-Messdaten des MPI-Scanners von Philips verwendet [40, 41, 42]. Eine schematische Zeichnung des Scanners ist in Abbildung 5.3 dargestellt. Zwei Permanentmagnete, deren Nordpole sich gegenüber liegen, und ein Maxwell-Spulenpaar erzeugen das Selektionsfeld mit einem Gradient von $5.5\ \mathrm{Tm}^{-1}\mu_0^{-1}$ in y-Richtung. Um den FFP durch den Raum zu bewegen, wird das Spulenpaar in y-Richtung zusätzlich in Helmholtz-Anordnung genutzt sowie ein zusätzliches Helmholtz-Spulenpaar in x-Richtung verwendet. Die beiden Anregungsfelder in x- und y-Richtung haben eine Amplitude von $18\ \mathrm{mT}\mu_0^{-1}$. Die Anregungsfrequenzen liegen bei $f_x = 2.5\ \mathrm{MHz}\,/\,96 \approx 26041.7\ \mathrm{Hz}$ und $f_y = 2.5\ \mathrm{MHz}\,/\,99 \approx 25252.5\ \mathrm{Hz}$, so dass sich der FFP entlang einer 2D-Lissajous-Trajektorie mit Frequenzverhältnis $32\,/\,33$ und Repetitionszeit $T = 1.26\ \mathrm{ms}$ bewegt. Um das SNR des Messsignals zu verbessern, werden 17 Perioden aufgenommen und gemittelt,

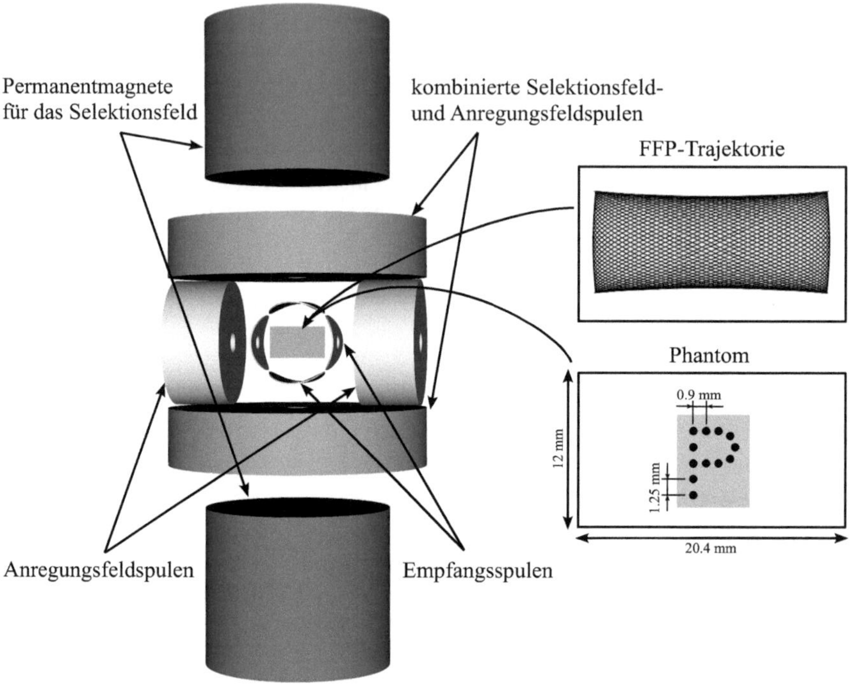

Abbildung 5.3: Schematische Zeichnung des experimentellen 2D-MPI-Scanners bestehend aus zwei Permanentmagneten, zwei Sendespulenpaaren und zwei Empfangsspulenpaaren. Zusätzlich ist die resultierende Lissajous-Trajetorie und das verwendetet Phantom zu sehen.

so dass die Messdauer pro Bild bei 21.5 ms liegt. Dies ergibt eine Bildwiederholungsrate von 46 Bildern pro Sekunde.

Die zeitliche Änderung der Partikelmagnetisierung wird mit zwei sattelförmigen Empfangsspulenpaaren gemessen. Beide Paare sind auf einer Röhre mit einem Durchmesser von 32 mm befestigt und zeigen in x- bzw. y-Richtung. Die beiden Spulen jedes Paares sind in Serie geschaltet, so dass insgesamt zwei Empfangskanäle zur Verfügung stehen.

Die kontinuierliche Spannung in jedem Empfangskanal wird mit 20 MS s^{-1} („Megasamples" pro Sekunde) abgetastet. Da die Messsignale ab 1 MHz im Rauschen verschwinden, werden lediglich die ersten 1268 Frequenzkomponenten pro Empfangskanal genutzt. Unter Berücksichtigung der Systemmatrizen und Messvektoren beider Empfangskanäle besteht das zu lösende lineare Gleichungssystem aus $M = 2536$ Gleichungen.

Das verwendete Partikelphantom besteht aus 12 Zylindern mit einem Durchmesser von 0.5 mm und einer Länge von 1 mm. Es stellt den Buchstaben „P" dar und ist als schematische Zeichnung in Abbildung 5.3 wiedergegeben. Alle Zylinder sind mit unverdünntem Resovist (Schering AG) gefüllt, einem kommerziell erhältlichen Eisenoxid-Tracer, der üblicherweise bei der Magnetresonanztomographie verwendet wird [68].

Die Systemmatrix wird mit einem messbasierten Verfahren bestimmt, das in Abschnitt 8.1 im Detail vorgestellt wird. Dabei wird eine würfelförmige Punktprobe mit einer Kantenlänge von 0.6 mm genutzt, die mit Resovist derselben Charge wie das Phantom gefüllt ist. Die Probe repräsentiert einen Bildvoxel und wird an $N = 2720$ Ortspunkten auf einem Gitter der Größe 68×40 gefahren. Der Gitterabstand beträgt 0.3 mm in beiden Richtungen, so dass sich ein Messbereich von 20.4 mm $\times$ 12.0 mm ergibt. Die von dem FFP abgefahrene Fläche ist etwas kleiner und etwa 14 mm $\times$ 7 mm groß, wie in Abbildung 5.3 zu sehen ist. Die reine Datenerfassungzeit für die Bestimmung der Systemfunktion liegt bei 0.6 Sekunden pro Position. Die Gesamtmesszeit inklusive Roboterbewegung liegt bei 45 Minuten.

Alle Rekonstruktionsalgorithmen sind in C/C++ implementiert und werden auf einem Computer mit Intel Core 2 Quad (Q6600, 2.4 GHz), 8 GB Ram und Linux 2.6.24 ausgeführt. Für die Singulärwertzerlegung wird die `zgesvd`-Routine der LAPACK-Bibliothek verwendet [115].

5.4 Ergebnisse

Zunächst wird untersucht, in welchem Maße die Systemmatrixzeilen orthogonal zueinander stehen. Dazu werden die Skalarprodukte von je zwei Zeilen berechnet und dargestellt. Um dabei vergleichbare Ergebnisse zu erhalten, werden die Zeilen zuvor normiert, so dass zwei Zeilen linear abhängig sind, wenn das Skalarprodukt eins ist und sie orthogonal sind, wenn das Skalarprodukt null ergibt. Die normierten Skalarprodukte sind in der Matrix $\widehat{S}\widehat{S}^{\mathrm{H}}$ enthalten. In Abbildung 5.4 ist ein Ausschnitt dieser Orthogonalitätsmatrix gezeigt. Wie man sieht, ist die Energie der Matrix $\widehat{S}\widehat{S}^{\mathrm{H}}$ auf der Hauptdiagonalen und nur wenigen Seitendiagonalen hoch. Somit stehen die meisten Zeilen der Systemmatrix tatsächlich nahezu orthogonal zueinander.

Als nächstes wird die Systemmatrix der Normalengleichung erster Art für Einheits- und Normierungsgewichte betrachtet. Ausschnitte der beiden Matrizen $S^{\mathrm{H}}S$ und $S^{\mathrm{H}}\widehat{W}S$ sind in Abbildung 5.5 dargestellt. Wie man sehen kann, wird die Systemmatrix der Normalengleichung erster Art durch die Zeilennormierung von einer dicht besetzten zu einer dünn besetzten Matrix. Diese hat fast ausschließlich Einträge auf der Hauptdiagonalen und weist daher Ähnlichkeit zu einer Einheitsmatrix auf.

Um zu untersuchen, ob die Zeilennormierung die Kondition der Systemmatrix verbessert, werden die Singulärwerte der Matrizen S und $\widehat{S}$ berechnet und in Abbildung 5.6 dargestellt.

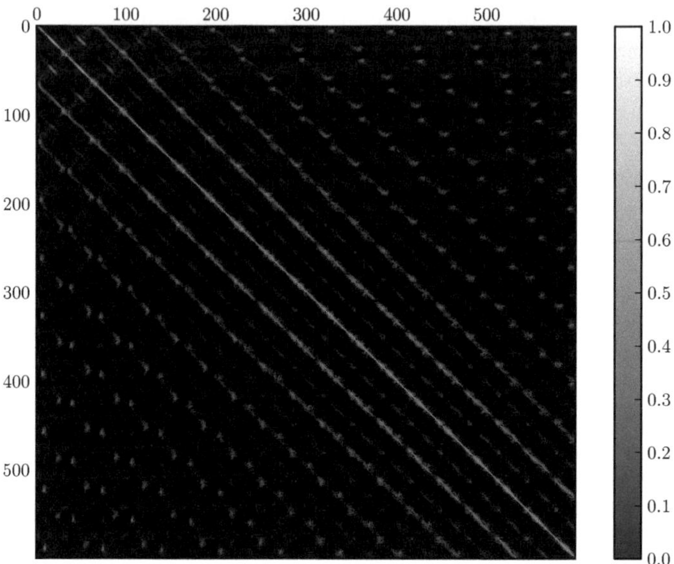

Abbildung 5.4: Orthogonalitätsplot der Systemmatrixzeilen. Gezeigt ist sind die ersten 600×600 von 2720×2720 Einträgen der Matrix $\widehat{S}\,\widehat{S}^{H}$. Diese besteht aus den Skalarprodukten der Zeilen von $\widehat{S}$.

Wie man sieht, ist der Abfall der Singulärwerte deutlich geringer wenn die Systemmatrixzeilen normiert sind. Somit ist die Matrix $\widehat{S}$ wesentlich besser konditioniert als die Matrix S.

Als nächstes wird der Einfluss der Zeilennormierung auf die regularisierte Kleinste-Quadrate-Lösung untersucht. Für die Berechnung der Lösung wird eine SVD verwendet. Vor der Rekonstruktion werden verrauschte Frequenzkomponenten der Systemmatrix und des Messvektors entfernt. Dazu wird ein Schwellwert Θ verwendet, der zwischen 0 und 50 liegt. Relativ zu allen verfügbaren 2536 Frequenzkomponenten führt dies zu einer Datenreduktion von bis zu 77 %. In Abbildung 5.7 sind die Rekonstruktionsergebnisse zu sehen. Wie man erkennt, hat die Wahl des Schwellwertes nur einen geringen Einfluss auf die Lösung, wenn Einheitsgewichte verwendet werden. Folglich ist es in diesem Fall nicht nötig, verrauschte Frequenzen zu verwerfen. Anders sieht es bei den Ergebnissen mit Zeilennormierung aus. Bei einem Schwellwert von $\Theta = 10$ enthält das Ergebnis weniger Artefakte als wenn alle Frequenzen genutzt werden. Ist der Schwellwert jedoch zu groß, verringert sich die Ortsauflösung, da nützliche Informationen verworfen werden. Im Vergleich zu den Ergebnissen mit Einheitsgewichten weisen die Ergebnisse mit Zeilennor-

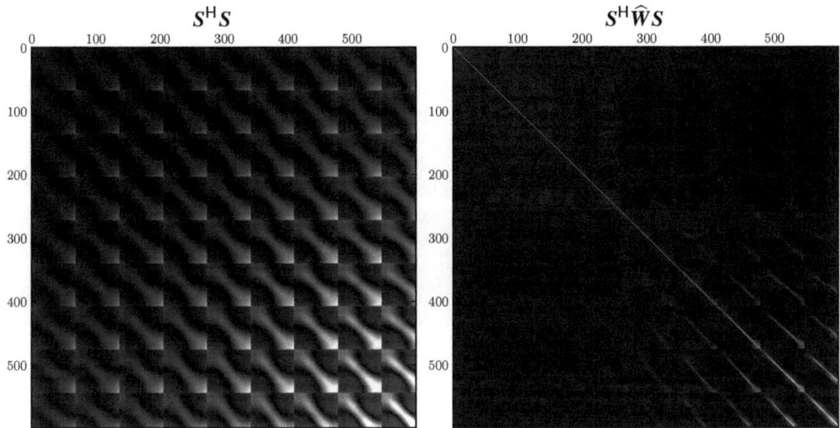

Abbildung 5.5: Grauwertdarstellung der Absolutwerte der Matrizen $S^H S$ (links) und $S^H \widehat{W} S$ (rechts). Exemplarisch sind die ersten 600×600 von 2536×2536 Einträgen gezeigt. Da der 2D-Ort in einem 1D-Vektor repräsentiert wird, weisen beide Matrizen eine Blockstruktur auf.

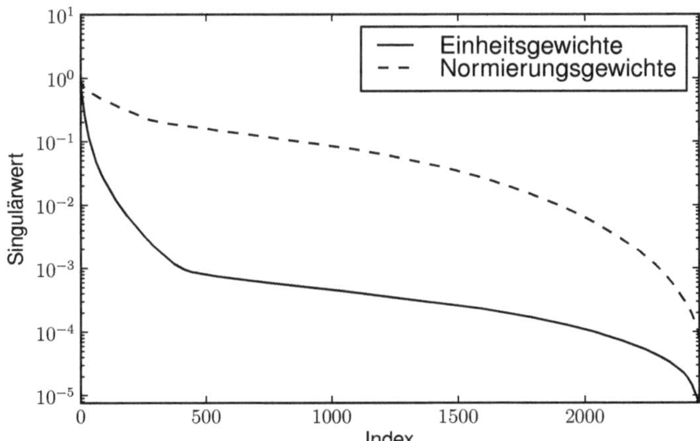

Abbildung 5.6: Singulärwerte der Matrizen S und $\widehat{S}$.

mierung eine deutlich besserer Qualität auf. Dies ist auch in Abbildung 5.8 feststellbar, in der ein Profil durch den Steg des Ps dargestellt ist. Nur bei der Rekonstruktion mit Zeilennormierung können die fünf Punkte des Stegs aufgelöst werden.

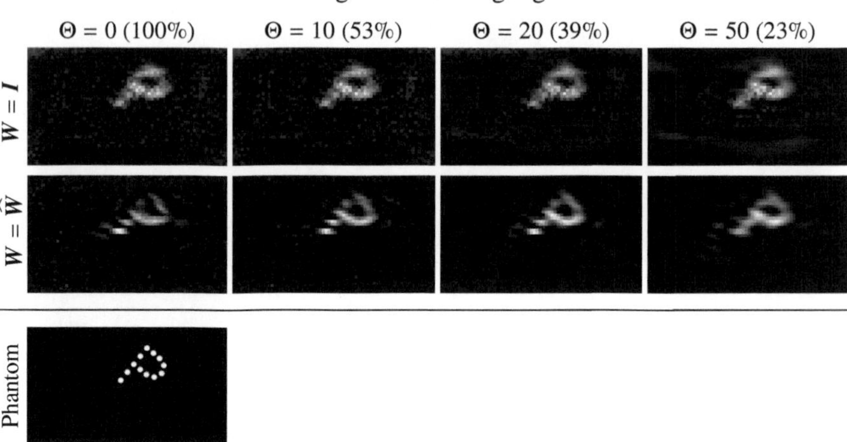

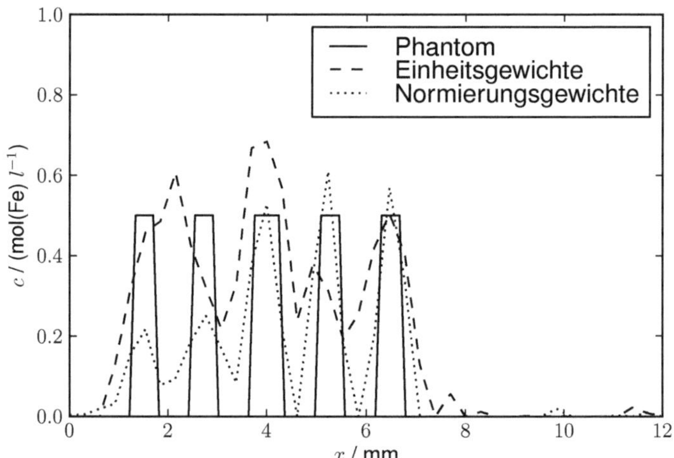

Abbildung 5.7: Rekonstruktionsergebnisse der Singulärwerzerlegung mit und ohne Zeilennormierung. Dabei wurden verschiedene Schwellwerte Θ für die Verwerfung verrauschter
Frequenzkomponenten verwendet. Zum Vergleich ist eine schematische Zeichnung
des verwendeten Phantoms dargestellt.

Abbildung 5.8: Profil des Phantoms und der rekonstruierten Bilder. Zur Rekonstruktion wurde dabei
eine Singulärwertzerlegung mit und ohne Zeilennormierung verwendet.

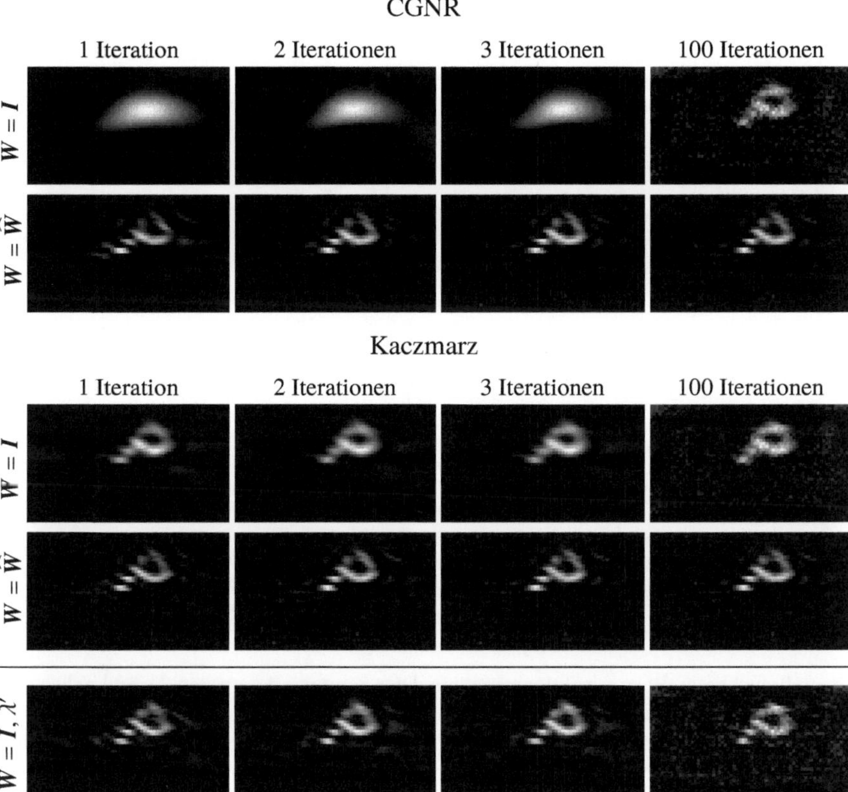

Abbildung 5.9: Rekonstruktionsergebnisse des CGNR-Verfahrens und des Kaczmarz-Verfahrens mit und ohne Zeilennormierung. Bei dem Kaczmarz-Verfahren ist zusätzlich das Ergebnis mit einem kleineren Regularisierungsparameter λ' dargestellt.

Um die iterativen Gleichungssystemlöser zu vergleichen, wird im Folgenden der Schwellwert $\Theta = 10$ verwendet. In Abbildung 5.9 sind die mit dem CGNR-Verfahren und dem Kaczmarz-Verfahren rekonstruierten Bilder nach unterschiedlich vielen Iterationen dargestellt. Zunächst kann festgestellt werden, dass die Algorithmen gegen die gleiche Lösung wie die SVD konvergieren. Mit Einheitsgewichten konvergiert das CG-Verfahren eher langsam, da die Kondition der Systemmatrix groß ist. Im Gegensatz dazu erhält man mit beiden iterativen Verfahren schon nach 2 – 3 Iterationen ein zu der SVD-Lösung vergleichbares Ergebnis, wenn man die Zeilennormierung verwendet. Sogar die erste Iteration führt zu

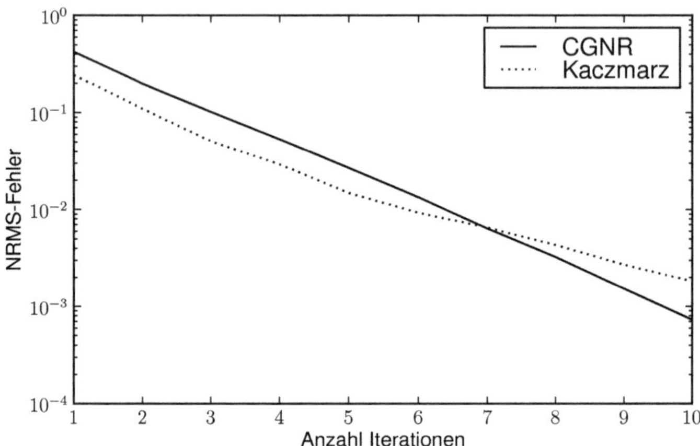

Abbildung 5.10: NRMS-Fehler der iterativen Lösungen im Vergleich zur SVD-Lösung in Abhängigkeit von der Anzahl an Iterationen wobei eine Zeilennormierung verwendet wurde.

einem brauchbaren Rekonstruktionsergebnis. Dies kann mit der großen Anzahl nahezu orthogonaler Systemmatrixzeilen begründet werden. Um die Konvergenzgeschwindigkeit zu quantifizieren ist der NRMS-Fehler der iterativen Lösung im Vergleich zur SVD-Lösung in Abbildung 5.10 gezeigt. Wie man sieht, weisen beide Algorithmen eine sehr hohe Konvergenzgeschwindigkeit auf.

Interessanterweise liefert das Kaczmarz-Verfahren auch bei Einheitsgewichten schon nach wenigen Iterationen ein gutes Ergebnis. Allerdings verschlechtert sich das Ergebnis nach einer hohen Anzahl an Iterationen wieder, da die Lösung gegen das SVD-Ergebnis konvergiert. Für den anhand der SVD-Lösung bestimmen Regularisierungsparameter, ist das Ergebnis mit Zeilennormierung leicht besser als ohne. Wenn man jedoch einen etwas kleineren Regularisierungsparameter $\lambda' = \lambda/6$ nutzt, sieht man, dass das Ergebnis mit Einheitsgewichten nach drei Iterationen vergleichbar zu dem Ergebnis mit Zeilennormierung ist. Allerdings muss der Iterationsprozess dabei frühzeitig unterbrochen werden, damit das Kaczmarz-Verfahren nicht gegen eine verrauschte Lösung konvergiert.

Laufzeiten beider Algorithmen nach drei Iterationen sowie der SVD-Berechnung sind in Tabelle 5.1 aufgeführt. Wie man sieht, benötigen die beiden iterativen Verfahren ähnlich viel Zeit und ermöglichen es, die Messdaten mit einer Bildwiederholungsrate von sechs Bildern pro Sekunde in Echtzeit zu rekonstruieren.

Tabelle 5.1: Laufzeiten verschiedener Rekonstruktionsalgorithmen. Bei den iterativen Verfahren sind die Zeiten für drei Iterationen angegeben.

Algorithmus	Laufzeit
SVD	104.0 s
CGNR	0.156 s
Kaczmarz	0.166 s

5.5 Diskussion und Ausblick

In diesem Kapitel wurde auf das Rekonstruktionsproblem bei MPI eingegangen. Zunächst wurde eine eindeutige Lösung mittels eines regularisierten, gewichteten Kleinste-Quadrate-Ansatzes definiert. Zum Lösen wurde ein direktes Verfahren, die Singulärwertzerlegung und zwei iterative Verfahren, das CGNR-Verfahren und das Kaczmarz-Verfahren, vorgestellt. Indem die Zeilen der Systemmatrix vor der Rekonstruktion durch geeignete Gewichte normiert wurden, konnte die Qualität der rekonstruierten Bilder deutlich verbessert werden. Des Weiteren hat die Zeilennormierung den Vorteil, dass beide iterative Verfahren sehr schnell konvergieren und schon nach drei Iterationen ein gutes Ergebnis liefern. Da beide Algorithmen für konstant viele Iterationen $O(N^2)$ arithmetische Operationen benötigen (für $M = O(N)$), reduziert sich der zeitliche Aufwand im Gegensatz zu direkten Verfahren deutlich. Direkte Verfahren, wie die Singulärwertzerlegung oder die Cholesky-Zerlegung veranschlagen $O(N^3)$ arithmetische Operationen.

Es stellt sich die Frage, ob eines der beiden iterativen Verfahren Vorteile gegenüber dem anderen hat. Mit dem Kaczmarz-Verfahren kann eine reelle positive Lösung erzwungen werden, indem die Imaginärteile und die negativen Realteile des Lösungsvektors nach jeder Iteration auf null gesetzt werden. Bei dem CGNR-Verfahren führen solche Eingriffe zu schlechter Qualität, so dass ein aufwändigerer Ansatz gewählt werden muss [116]. Die Stärke des CGNR-Verfahrens ist, dass es hauptsächlich Matrix-Vektor-Multiplikationen mit der Systemmatrix und ihrer Adjungierten verwendet. Da diese unter Umständen implizit durch schnelle Summationstechniken mit nur $O(N \log N)$ arithmetischen Operationen durchgeführt werden können (siehe [117, 118]), kann die Rekonstruktionszeit des CGNR-Verfahrens möglicherweise noch deutlich reduziert werden. Dazu müsste die Bildgebungsgleichung als Faltung formulierbar sein. Für die 1D-Bildgebung ist dies, wie in Abschnitt 4.4 besprochen, möglich. Bei der 2D- und 3D-Bildgebung ist es noch unklar, ob beziehungsweise unter welchen Voraussetzungen sich die Bildgebungsgleichung als Faltung schreiben lässt.

6

Simulationsstudie zur Abtasttrajektorie

In diesem Kapitel wird eine Simulationsstudie zur Evaluierung verschiedener Abtasttrajektorien durchgeführt. In allen bislang veröffentlichten Arbeiten wurde eine Lissajous-Trajektorie für die mehrdimensionale Bildgebung verwendet. Dies liegt vor allem daran, dass die Abtastung mit einer Lissajous-Trajektorie in der Praxis einfach realisierbar ist. Wie bereits in Abschnitt 4.2.4 beschrieben wurde, entsteht eine Lissajous-Trajektorie, wenn die orthogonalen Anregungsfelder sinusförmig mit unterschiedlichen aber ähnlichen Frequenzen gewählt werden. In diesem Kapitel werden vier alternative Trajektorien vorgeschlagen und mit der Lissajous-Trajektorie verglichen: die kartesische, die verbesserte kartesische, die radiale und die spiralförmige Trajektorie. Die Anregungsströme werden zunächst möglichst schmalbandig gewählt. Dies hat den Vorteil, dass das Partikelsignal nur an wenigen Frequenzen durch das Anregungssignal überlagert wird. Wie in Abschnitt 4.3.1 beschrieben wurde, können nur die Frequenzen für die MPI-Bildgebung verwendet werden, die nicht in der Anregung enthalten sind. Die Dichte der Abtasttrajektorie im Messbereich ist bei sinusförmigen Anregungsströmen jedoch inhomogen. Beispielsweise ist eine Lissajous-Trajektorie in äußeren Bereichen dichter als im Zentrum. Um eine homogene Abtastung zu erhalten, können die sinusförmigen Anregungen durch Anregungen mit einer Dreiecksfunktion ersetzt werden. In diesem Kapitel wird untersucht, ob dadurch eine Verbesserung der Bildqualität erreicht werden kann. Allerdings enthält die Dreiecksfunktion alle Oberwellen der Anregungsfrequenz und überlagert das Partikelsignal an allen Frequenzen, wodurch eine Signaltrennung im Frequenzraum praktisch kaum machbar erscheint. Ob und wie die MPI-Bildgebung mit einer Dreiecksanregung realisiert werden kann, ist daher noch offen. In diesem Kapitel wird angenommen, dass das Partikelsignal auch bei der Dreiecksanregung an allen Frequenzen bis auf den reinen Anregungsfrequenzen vorliegt.

Um den Trajektorienvergleich möglichst übersichtlich zu gestalten, beschränkt sich dieses Kapitel auf die 2D-Bildgebung. Die vorgeschlagenen Trajektorien lassen sich aber alle für die 3D-Bildgebung verallgemeinern, so dass sich die in diesem Kapitel gewonnenen Erkenntnisse auf die 3D-Bildgebung übertragen lassen.

6.1 Alternative Abtasttrajektorien

6.1.1 Anregungsfunktionen

Die betrachteten Trajektorien verwenden alle eine Anregungsfunktion $\Lambda(\zeta)$ mit einer Periodenlänge von eins. Eine mögliche Wahl für Λ ist die Sinus-Funktion

$$\Lambda^{\text{Sinus}}(\zeta) = \sin(2\pi\zeta) \tag{6.1}$$

Wie bereits erwähnt wurde, ist eine sinusförmige Anregung einfach realisierbar und überlagert das Partikelsignal nur an einer Frequenz pro Anregungskanal.

Als Alternative wird in diesem Kapitel eine Dreiecksfunktion als Anregung vorgeschlagen. Mithilfe der Arcussinus-Funktion kann die periodische Dreiecksfunktion durch

$$\Lambda^{\text{Dreieck}}(\zeta) = \frac{2}{\pi} \arcsin(\sin(2\pi\zeta)) \tag{6.2}$$

beschrieben werden.

Die Dichte der betrachteten Trajektorien wird so gewählt, dass die Periodenlänge T für verschiedene Trajektorientypen gleich lang ist. Dazu wird eine Basisfrequenz f_0 gewählt und eine weitere Frequenz f_1 abgeleitet, so dass $T = N^{\text{P}}/f_0$, wobei N^{P} die Anzahl der Basisfrequenzperioden pro Gesamtperiode bezeichnet. Mit dem Parameter N^{P} wird dabei sowohl die Dichte der Trajektorie als auch die Periodenlänge gesteuert.

In Abschnitt 4.2.4 wurden die Anregungsfrequenzen mit f_x und f_y bezeichnet. Da die Frequenzen bei einigen Trajektorien, wie der radialen und der spiralförmigen Trajektorie, keinen Bezug zu einer der beiden Raumrichtungen x und y haben, werden in diesem Kapitel die Bezeichnungen f_0 und f_1 verwendet.

In Abbildung 6.1 und Abbildung 6.2 sind die im Folgenden vorgestellten Trajektorien einander grafisch gegenübergestellt.

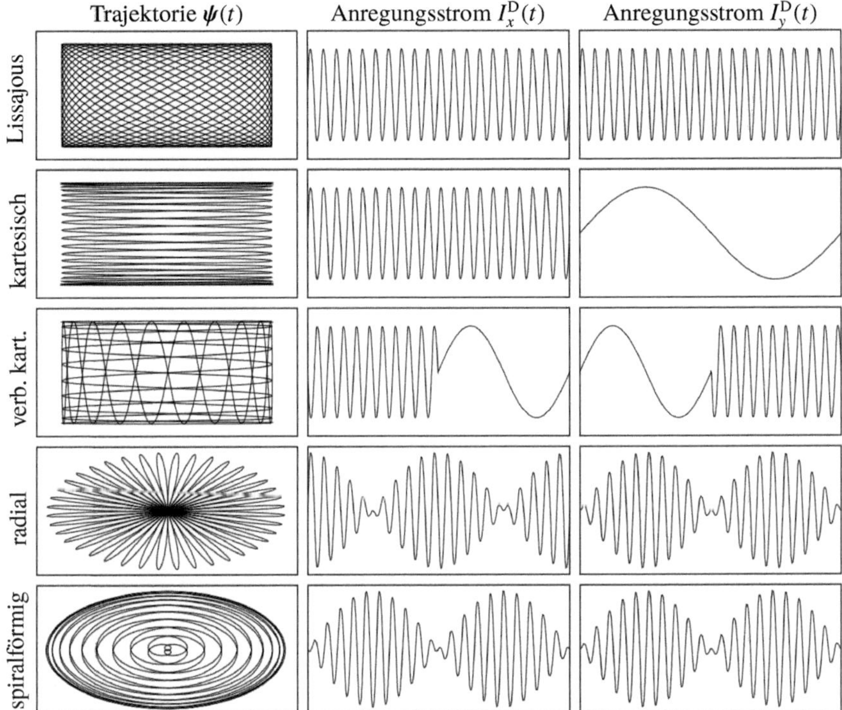

Abbildung 6.1: Verschiedene 2D-Trajektorien und die entsprechenden Anregungsströme für eine Sinusanregung und $N^P = 20$.

6.1.2 Lissajous-Trajektorie

Die Lissajous-Trajektorie wurde bereits in Abschnitt 4.2.4 ausführlich diskutiert. Hier wird diese Trajektorie für eine beliebige periodische Anregungsfunktion Λ verallgemeinert. Die Ströme werden bei der Lissajous-Trajektorie in der Form

$$I_x^D(t) = I_x^0 \Lambda(f_0 t), \tag{6.3}$$

$$I_y^D(t) = I_y^0 \Lambda(f_1 t) \tag{6.4}$$

gewählt. Das Frequenzverhältnis bestimmt dabei die Dichte der Trajektorie. Für die Periodenlänge $T = N^P/f_0$ liegt das Frequenzverhältnis bei $f_0 = \frac{N^P}{N^P+1} f_1$. Je ähnlicher die Frequenzen sind, desto dichter ist die Trajektorie.

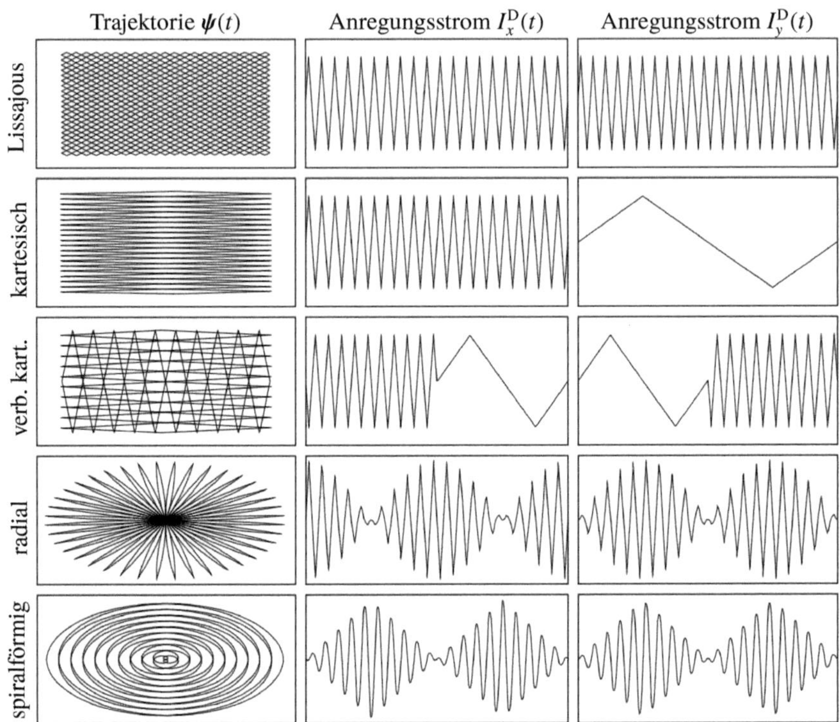

Abbildung 6.2: Verschiedene 2D-Trajektorien und die entsprechenden Anregungsströme für eine Dreiecksanregung und $N^\mathrm{P} = 20$.

6.1.3 Kartesische Trajektorie

Eine offensichtliche Alternative zur Lissajous-Trajektorie ist die kartesische Abtastbahn. Mathematisch können die Ströme bei der kartesischen Trajektorie durch

$$I_x^\mathrm{D}(t) = I_x^0 \Lambda(f_0 t), \tag{6.5}$$

$$I_y^\mathrm{D}(t) = I_y^0 \Lambda(f_1 t + \phi) \tag{6.6}$$

beschrieben werden. Im Gegensatz zur Lissajous-Trajektorie sind die Frequenzen aber nicht ähnlich, sondern f_1 ist um den Faktor N^P kleiner als f_0, das heißt $f_0 = N^\mathrm{P} f_1$. Auf diese Weise oszilliert der FFP schnell in x-Richtung, wobei er sich langsam in y-Richtung bewegt. Bei der kartesischen Trajektorie wird in den y-Spulen eine Phasenverschiebung um $\phi = \frac{N^P}{4}$ verwendet. Dies ist nötig, damit sich der FFP während einer Periode nicht mehrfach entlang desselben Pfades bewegt.

6.1.4 Verbesserte kartesische Trajektorie

Da bei der kartesischen Trajektorie die Anregung mit einer hohen Frequenz nur in x-Richtung erfolgt, wird in der y-Empfangsspule so gut wie kein Signal empfangen. Dies liegt daran, dass die Signalstärke von der zeitlichen Änderung der Magnetisierung abhängt, wie man auch an der zeitlichen Ableitung beim Induktionsgesetz (2.63) sehen kann. Bei der kartesischen Trajektorie ändert sich die y-Komponente der Magnetisierung nur sehr langsam (mit der Frequenz f_1), so dass das induzierte Signal sehr gering ist. Folglich ist zu erwarten, dass die Auflösung in y-Richtung schlechter als in x-Richtung ist. Um diesen Nachteil der kartesischen Trajektorie auszugleichen, wird eine „verbesserte" kartesische Trajektorie vorgeschlagen, bei der die Frequenzen f_0 und f_1 nach der Hälfte der Periode vertauscht werden. Somit wird auch in y-Richtung eine schnelle FFP-Bewegung erreicht. Die Ströme der verbesserten kartesischen Trajektorie sind durch

$$I_x^{D}(t) = \begin{cases} I_x^0 \Lambda(f_0 t) & \text{falls } t < \frac{T}{2} \\ I_x^0 \Lambda(f_1 t + \phi) & \text{falls } t \geq \frac{T}{2} \end{cases}, \tag{6.7}$$

$$I_y^{D}(t) = \begin{cases} I_y^0 \Lambda(f_1 t + \phi) & \text{falls } t < \frac{T}{2} \\ I_y^0 \Lambda(f_0 t) & \text{falls } t \geq \frac{T}{2} \end{cases} \tag{6.8}$$

gegeben. Damit sich die Periodenlänge gegenüber der kartesischen Trajektorie nicht verdoppelt, muss die Dichte der Trajektorie verringert werden, so dass $f_0 = \frac{N^P}{2} f_1$ zu wählen ist. Die Phasenverschiebung wird entsprechend als $\phi = \frac{N^P}{8}$ gewählt.

6.1.5 Radiale Trajektorie

Als Alternative zur Lissajous-Trajektorie und den beiden kartesischen Abtastbahnen wird eine radiale Abtastung vorgeschlagen. Die Ströme werden bei dieser Trajektorie in der Form

$$I_x^{D}(t) = I_x^0 \Lambda(f_0 t) \cos(2\pi f_1 t), \tag{6.9}$$

$$I_y^{D}(t) = I_y^0 \Lambda(f_0 t) \sin(2\pi f_1 t) \tag{6.10}$$

gewählt. Dabei ist f_0 die höhere Frequenz mit $f_0 = N^P f_1$. Der FFP oszilliert bei der radialen Trajektorie mit hoher Geschwindigkeit, wobei sich der Winkel der Abtastgeraden zur x-Achse langsam ändert. Folglich wird mit der radialen Trajektorie ein kreis- bzw. ellipsenförmiger Messbereich abgetastet.

6.1.6 Spiralförmige Trajektorie

Die letzte betrachtete Abtastbahn ist die spiralförmige Trajektorie. Sie wird durch die Ströme

$$I_x^{\mathrm{D}}(t) = I_x^0 \Lambda(f_1 t) \cos(2\pi f_0 t), \tag{6.11}$$

$$I_y^{\mathrm{D}}(t) = I_y^0 \Lambda(f_1 t) \sin(2\pi f_0 t) \tag{6.12}$$

erzeugt. Dabei ist wieder $f_0 = N^{\mathrm{P}} f_1$ die höhere der beiden Frequenzen. Im Vergleich zur radialen Trajektorie sind die beiden Frequenzen f_0 und f_1 vertauscht. Dies hat zur Folge, dass sich der FFP schnell entlang einer kreisförmigen bzw. ellipsenförmigen Bahn bewegt, deren Radius sich langsam ändert. Folglich läuft der FFP entlang einer spiralförmigen Trajektorie.

6.2 Material und Methoden

6.2.1 Spulenanordnung

Bei der Simulationsstudie wird die in [43] vorgestellte Spulenanordnung verwendet. Die Anordnung ist für die Herzbildgebung an einem normal großen Menschen ausgelegt. Wie in Abbildung 6.3 zu sehen ist, werden zwei rechteckförmige Empfangsspulen verwendet, die orthogonal zueinander 10 cm bzw. 15 cm vom Zentrum des Scanners entfernt angebracht sind. Dies würde bei einem normal großen Menschen das Aufnahmen des Herzens ermöglichen, wenn der Patient so in dem Scanner liegt, dass sich das Herz im Zentrum befindet. In jede Raumrichtung wird je nur eine Empfangsspule verwendet, damit der Patient in den Aufbau passt. Zum Generieren der Anregungsfelder werden zwei orthogonale Spulenpaaren verwendet. Das Spulenpaar in y-Richtung erzeugt zusätzlich das Selektionsfeld mit einer Gradientenstärke von 2.5 Tm$^{-1}\mu_0^{-1}$.

Die Anregungsfeldamplituden werden so gewählt, dass die abgetasteten Flächen für verschiedene Trajektorien gleich groß sind. Während die Lissajous-Trajektorie und die beiden kartesischen Trajektorien einen rechteckförmigen Messbereich abdecken, ist der Messbereich bei der radialen und der spiralförmigen Trajektorie ellipsenförmig. Für konstante Anregungsfeldamplituden ist der Messbereich bei den letzten beiden Trajektorien um den Faktor $\frac{4}{\pi}$ kleiner. Für einen fairen Vergleich werden daher bei den rechteckförmigen Trajektorien Feldamplituden von 20 mTμ_0^{-1} verwendet, während bei der radialen und der spiralförmigen Trajektorie Feldamplituden von $\frac{4}{\pi}$20 mTμ_0^{-1} genutzt werden. Bei den rechteckförmigen Trajektorien ist die Messfeldgröße folglich 32 mm × 16 mm groß. Für die Erfassung des ganzen Herzens würde ein Fokusfeld benötigt werden, das höhere Feldamplituden erlaubt (siehe Abschnitt 4.1.1). Aufgrund des kleinen Messbereichs weisen die Anregungsfelder eine hohe Homogenität und das Selektionsfeld eine hohe Linearität auf.

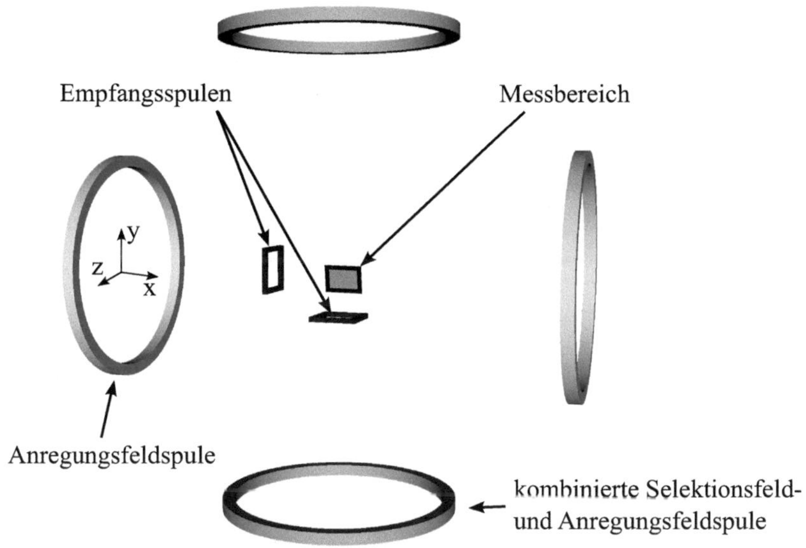

Abbildung 6.3: Aufbau eines 2D-MPI-Scanners, der für die Herzbildgebung an einem normal großen Menschen ausgelegt ist. Zwei kombinierte Selektions- und Anregungsfeldspulen sind symmetrisch mit einem Abstand von 0.5 m zum Zentrum plaziert. Die Hauptachse jeder Spulen ist dabei in y-Richtung orientiert. Ein zweites Anregungsfeldspulenpaar ist in x-Richtung orientiert, wobei die Spulen denselben Abstand zum Zentrum haben. Quadratische Empfangsspulen mit einer Seitenlänge von 10 cm sind 15 cm (x-Richtung) und 10 cm (y-Richtung) entfernt vom Zentrum angebracht. Der Messbereich ist 32 mm × 16 mm groß und liegt zentrisch.

Daher kommt es bei den Trajektorien zu keinen feststellbaren Verzerrungen, die durch Feldinhomogenitäten induziert werden könnten.

In der Simulationsstudie werden verschiedene Trajektoriendichten verwendet. Der Parameter N^{P} wird im Bereich von $10 - 100$ gewählt. Für $f_0 = 25000$ Hz liegt die Periodenlänge T folglich im Bereich von 0.4 ms – 4.0 ms.

6.2.2 Partikelphantom

In der Simulationsstudie wird ein spezielles Partikelphantom verwendet, das im Folgenden vorgestellt wird. Der Zweck des Phantoms ist die Bestimmung der örtlichen Auflösung in den inneren und äußeren Messfeldbereichen. Dazu werden Zylinder von unterschiedlichen

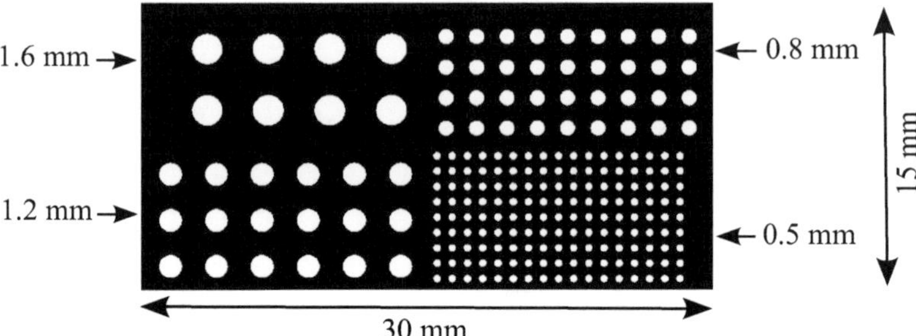

Abbildung 6.4: In der Simulationsstudie verwendetes Partikelphantom, das aus mehreren Zylindern mit unterschiedlichem Durchmesser besteht.

Durchmessern im Bereich von 0.5 mm – 1.6 mm sowie einer Länge von 1 mm verwendet. Wie in Abbildung 6.4 dargestellt, besteht das Phantom aus vier Quadranten in denen jeweils Zylinder einer bestimmten Größe regulär angeordnet sind. Die Gesamtgröße des Phantoms liegt bei 30 mm × 15 mm. Der Partikeldurchmesser des Tracers wird mit 50 nm hoch gewählt. Dies hat den Grund, dass in dieser Simulationsstudie die Auswirkung der Trajektorie auf die Bildqualität nach der Rekonstruktion untersucht werden soll. Daher sollte die Auflösung zumindest bei geringen Abtastdichten nicht durch einen zu niedrigen Partikeldurchmesser oder eine zu niedrige Gradientenstärke beschränkt werden. Ab einer bestimmten Trajektoriendichte wird die Auflösung aber auch bei den gewählten Parametern von dem Partikeldurchmesser und der Gradientenstärke beschränkt. Die Partikelkonzentration wird mit 744 μmol(Fe) l^{-1} hoch gewählt, damit das SNR der simulierten Messdaten hoch ist.

Zur Bestimmung der Ortsauflösung in den rekonstruierten Bildern wird untersucht, welche der Zylinder noch unterscheidbar sind. Zwei benachbarte Zylinder werden als unterscheidbar gewertet, wenn der Wert zwischen den Zylindern geringer als die Hälfte des Maximalwertes in den Zylindern ist.

6.2.3 Messparameter und Rauschen

Zur Simulation wird das Phantom an 512×256 Punkten diskretisiert. Die zeitliche Abtastrate liegt bei 20 MS s^{-1}. Für eine realistische Simulation wird thermisches Rauschen in den Empfangsspulen berücksichtigt. Dabei wird in jeder der Spulen ein Rauschwiderstand von $R^{\text{Rauschen}} = 0.185$ mΩ verwendet. Dieser Wert wurde in [43] experimentell für die verwendeten Empfangsspulen bestimmt.

Bei allen Simulationen wird eine feste Gesamtmesszeit von $T^{\text{gesamt}} = 40$ s verwendet, damit das SNR bei den verschiedenen Trajektoriendichten konstant bleibt. Hierzu werden bei jeder Simulation T^{gesamt}/T Perioden gemittelt. Die Systemmatrix wird an 180×90 Positionen ausgewertet, wobei kein Rauschen berücksichtigt wird.

Zur Rekonstruktion wird das Kaczmarz-Verfahren mit 200 Iterationen verwendet, da eine höhere Anzahl an Iterationen zu keiner Verbesserung der Bildqualität mehr führte. Bei dem zu lösenden Gleichungssystem werden nur die Frequenzen berücksichtigt, bei denen das Partikelsignal über dem Rauschpegel liegt.

6.3 Ergebnisse

6.3.1 Dichte und Geschwindigkeit der Trajektorien

In diesem Abschnitt wird die Trajektoriendichte untersucht. Da die Signalamplitude und folglich auch das SNR der Messdaten von der zeitlichen Ableitung der Magnetisierung abhängt, wird des Weiteren die Geschwindigkeit $\frac{d\psi}{dt}$ der Trajektorien studiert. In Abbildung 6.5 und Abbildung 6.6 sind die Geschwindigkeiten der verschiedenen Trajektorien in x- und y-Richtung getrennt dargestellt. Die Geschwindigkeit ist dabei als Grauwert kodiert.

Die geringste Dichte einer Trajektorie kann durch den größten Abstand benachbarter Abtastpunkte im Messbereich angegeben werden. Zur Berechnung dieses Abstands wird ein Voronoi-Diagramm verwendet [119]. Die Ergebnisse sind in Tabelle 6.1 dargestellt. Der größte Abstand benachbarter Abtastpunkte beschränkt die erreichbare Ortsauflösung, wie auch die Gradientenstärke des Selektionsfeldes und die Partikelgröße.

Für sinusförmige Anregungen erreichen die Lissajous-Trajektorie und die kartesische Abtastbahn den kleinsten Abstand benachbarter Abtastpunkte. Wie erwartet, ist der Abstand bei der verbesserten kartesischen Trajektorie doppelt so groß wie bei der gewöhnlichen kartesischen Trajektorie. Alle drei Trajektorien sind in den äußeren Regionen dichter als im Zentrum des Messbereichs. Die radiale und die spiralförmige Trajektorie enthalten größere Abstände als die drei zuvor beschriebenen Trajektorien. Bei der radialen Trajektorie ist die Dichte der Abtastpunkte im Zentrum am größten. Im Gegensatz dazu ist bei der spiralförmigen Trajektorie die Dichte der Abtastpunkte in den äußeren Bereichen am größten.

Durch die Dreiecksanregung verbessert sich die Homogenität der Abtastpunkte für alle Trajektorien bis auf die radiale Trajektorie. Dies kann auch in Abbildung 6.5 und Abbildung 6.6 festgestellt werden.

Als nächstes wird die FFP-Geschwindigkeit untersucht. Generell ist die FFP-Geschwindigkeit in x-Richtung doppelt so groß wie in y-Richtung. Dies liegt an der unterschiedlichen Gradientenstärke, die auch zu einem rechteckförmigen Messbereich führt (siehe

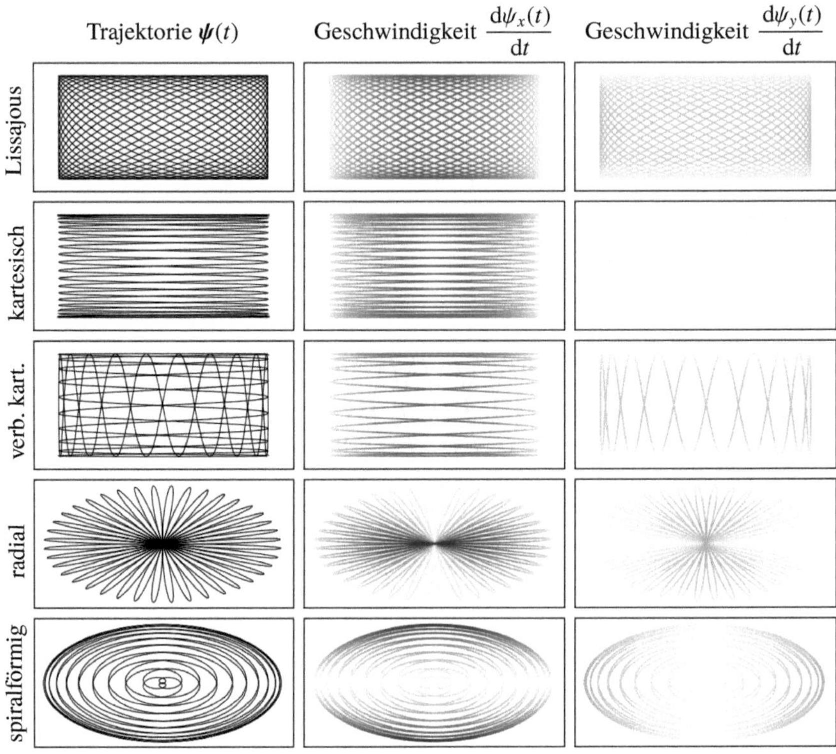

Abbildung 6.5: Verschiedene 2D-Trajektorien und deren Geschwindigkeit in x- und y-Richtung für eine Sinusanregung und $N^{\mathrm{P}} = 20$. Die Geschwindigkeit ist dabei als Grauwert kodiert.

Abschnitt 4.2.4). Bei sinusförmiger Anregung ist die Geschwindigkeit bei den ersten drei Trajektorien im Zentrum hoch und in den äußeren Regionen niedrig. Da dies gerade gegensätzlich zur Dichte der Abtastmenge ist, kann eine homogene räumliche Auflösung im Messbereich erwartet werden. Bei der radialen und der spiralförmigen Trajektorie ist die FFP-Geschwindigkeit in dichten Regionen am höchsten. Daher ist bei diesen Trajektorien eine inhomogene räumliche Auflösung zu erwarten. Die FFP-Geschwindigkeit der kartesischen Trajektorie ist in x-Richtung $2N^{\mathrm{P}}$ so groß wie in y-Richtung. Aus diesem Grund wird erwartet, dass die erreichte Ortsauflösung in y-Richtung schlechter als in x-Richtung ist. Der Effekt wird durch Erhöhen der Dichte sogar noch verstärkt. Wie man in Abbildung 6.5 und Abbildung 6.6 sieht, wird der Nachteil einer geringen FFP-Geschwindigkeit in y-Richtung durch die verbesserte kartesische Trajektorie aufgehoben. Allerdings ist, wie

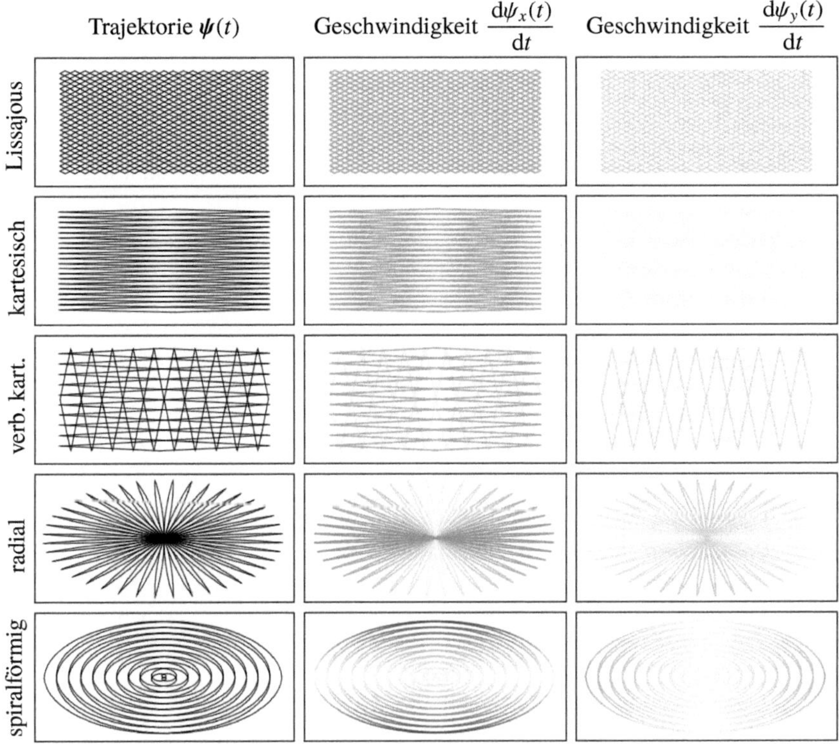

Abbildung 6.6: Verschiedene 2D-Trajektorien und deren Geschwindigkeit in x- und y-Richtung für eine Dreiecksanregung und $N^{\mathrm{P}} = 20$. Die Geschwindigkeit ist dabei als Grauwert kodiert. Der Umkehrpunkt bei der Dreiecksanregung wird nicht berücksichtigt.

bereits erwähnt, die Dichte der Abtastpunkte bei der verbesserten kartesischen Trajektorie geringer.

Bei der Dreiecksanregung ist die FFP-Geschwindigkeit für die Lissajous-Trajektorie und beide kartesischen Abtastbahnen in x- und y-Richtung konstant. Im Gegensatz dazu variiert die FFP-Geschwindigkeit bei der radialen und der spiralförmigen Trajektorie in beide Richtungen.

Tabelle 6.1: Größter Abstand benachbarter Abtastpunkte in mm für verschiedene Abtasttrajektorien, Anregungsfunktionen und Periodenlängen. Zur Berechnung des Abstands wurde ein Voronoi-Diagramm verwendet.

			Sinusanregung		
T	Lissajous	kartesisch	verb. kart.	radial	spiralförmig
0.4 ms	2.429	2.471	4.922	3.970	4.619
0.8 ms	1.172	1.255	2.329	2.287	2.569
1.2 ms	0.778	0.843	1.673	1.629	1.780
1.6 ms	0.574	0.638	1.223	1.270	1.359
2.0 ms	0.460	0.516	1.010	1.033	1.100
4.0 ms	0.301	0.306	0.541	0.545	0.562
			Dreiecksanregung		
T	Lissajous	kartesisch	verb. kart.	radial	spiralförmig
0.4 ms	1.562	1.605	3.187	4.771	3.720
0.8 ms	0.749	0.805	1.606	2.694	1.884
1.2 ms	0.528	0.540	1.072	1.844	1.262
1.6 ms	0.368	0.409	0.805	1.423	0.947
2.0 ms	0.297	0.333	0.646	1.117	0.758
4.0 ms	0.218	0.224	0.334	0.590	0.383

6.3.2 Rekonstruktionsergebnisse

In diesem Abschnitt werden die Rekonstruktionsergebnisse der Simulationsstudie vorgestellt. Die rekonstruierten Bilder sind in Abbildung 6.7 und Abbildung 6.8 dargestellt. Unter den Bildern ist die erreichte Ortsauflösung in inneren und äußeren Bereichen angegeben. Zur Bestimmung der inneren Auflösung werden die drei inneren Zylinder jeder Zylindergröße betrachtet. Entsprechend werden für die Bestimmung der äußeren Auflösung jeweils die drei Zylinder in der Ecke des Messfeldes verwendet. Zunächst werden die Ergebnisse für die sinusförmige Anregung besprochen. Die Lissajous-Trajektorie und die beiden kartesischen Abtastbahnen erreichen für alle Dichten eine fast homogene Auflösung im ganzen Messbereich. Im Zentrum ist die Auflösung dabei geringfügig besser. Im Gegensatz dazu ist die Auflösung bei der radialen Trajektorie, wie erwartet, inhomogen. Sogar für kleine N^P erreicht die radiale Trajektorie eine hohe Auflösung im Zentrum. Die Auflösung nimmt bei dieser Trajektorie mit dem Abstand zum Zentrum ab. Die spiralförmige Trajektorie erreicht interessanterweise eine gute Auflösung im ganzen Messbereich. Allerdings zeigen die Bilder auch bei langen Repetitionszeiten Artefakte, die sich entlang ellipsenförmiger

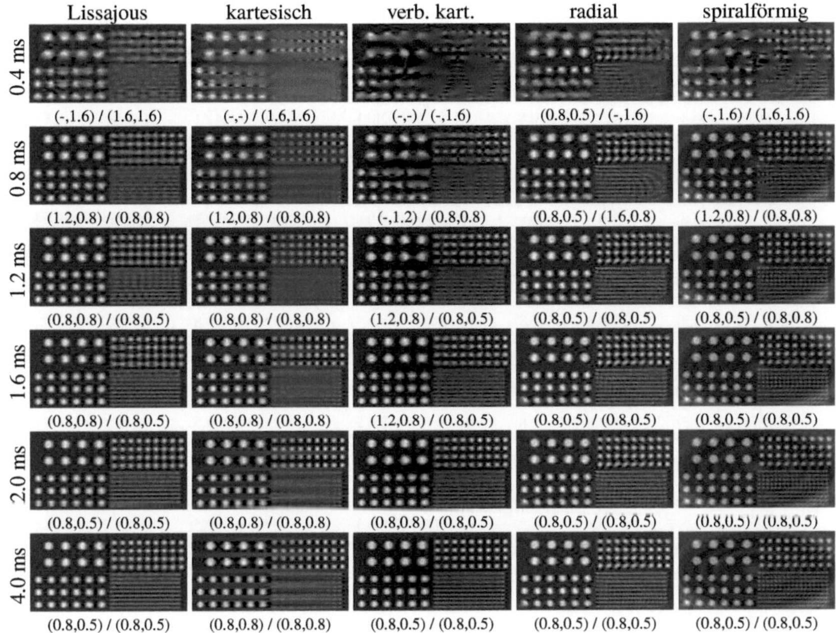

Abbildung 6.7: Rekonstruktionsergebnisse für verschiedene Trajektorien und unterschiedliche Periodenlängen bei einer sinusförmigen Anregung. Die räumlichen Auflösungen in mm in x- und y-Richtung sind unter den Bildern dargestellt, wobei die folgende Form verwendet wird: (x-Richtung, y-Richtung) innen / (x-Richtung, y-Richtung) außen.

Bahnen ausprägen. Dies liegt wohl daran, dass es bei der spiralförmigen Trajektorie größere unabgetastete Flächen im ganzen Messbereich gibt.

Bei allen Trajektorien steigt die räumliche Auflösung mit der Dichte der Abtastpunkte. Wenn man die erreichte räumliche Auflösung mit dem größten Abstand benachbarter Abtastpunkte der Trajektorie in Tabelle 6.1 vergleicht, sieht man, dass die Auflösung durch die Trajektoriendichte für die Periodenlängen 0.4 ms, 0.8 ms und 1.2 ms beschränkt wird. Beispielsweise ist für die Lissajous-Trajektorie mit $T = 0.4$ ms der größte Abstand 2.429 mm groß, was gut mit der erreichten Auflösung von 1.6 mm in y-Richtung im Zentrum übereinstimmt. Für $T = 0.8$ ms liegt die erreichte Auflösung bei $0.8 - 1.2$ mm, wohingegen der größte Abstand 1.172 mm groß ist. Bei längeren Perioden als 1.2 ms ist die Auflösung nicht mehr durch die Dichte der Trajektorie beschränkt, sondern durch die Gradientenstärke des Selektionsfeldes und die Größe der Partikel. Die maximal erreichte Auflösung liegt bei 0.8 mm in x-Richtung und 0.5 mm in y-Richtung.

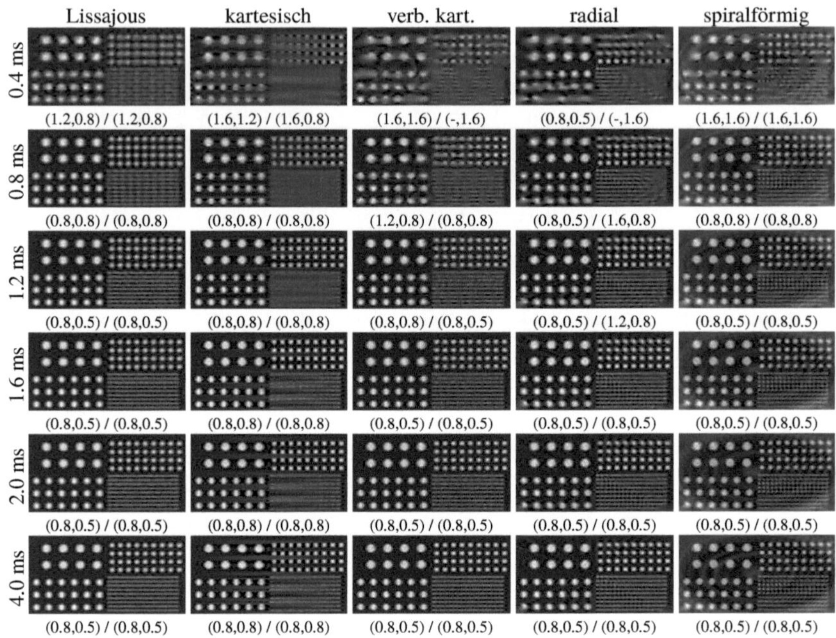

Abbildung 6.8: Rekonstruktionsergebnisse für verschiedene Trajektorien und unterschiedliche Periodenlängen bei einer Dreiecksanregung. Die räumlichen Auflösungen in mm in x- und y-Richtung sind unter den Bildern dargestellt, wobei die folgende Form verwendet wird: (x-Richtung, y-Richtung) innen / (x-Richtung, y-Richtung) außen.

Aufgrund der niedrigen FFP-Geschwindigkeit in y-Richtung erreicht die kartesische Trajektorie keine Auflösung von 0.5 mm in diese Richtung. Wie erwartet, erreicht die verbesserte kartesische Trajektorie die volle erreichbare Auflösung. Allerdings sind die Rekonstruktionsergebnisse bei kurzen Periodenlängen schlechter, da die Trajektoriendichte um den Faktor zwei geringer ist. Die Lissajous-Trajektorie bietet beides: eine hohe FFP-Geschwindigkeit in x- und y-Richtung und eine hohe Dichte. Daher sind die Ergebnisse der Lissajous-Trajektorie besser als die beider kartesischer Abtastbahnen.

Beim Vergleich von Abbildung 6.7 und Abbildung 6.8 sieht man, dass die Bildqualität durch eine Dreiecksanregung verbessert wird. Allerdings wird die maximale Ortsauflösung gegenüber der Sinusanregung nicht erhöht. Dafür wird diese Auflösung schon für kürzere Periodenlängen erreicht. Dies kann damit begründet werden, dass die Trajektoriendichte bei der Dreiecksanregung eine höhere Homogenität aufweist.

6.4 Diskussion und Ausblick

In diesem Kapitel wurde eine Simulationsstudie zur Evaluierung verschiedener Abtasttrajektorien durchgeführt. Dabei wurde die bekannte Lissajous-Trajektorie mit vier neu-
en Abtastmustern verglichen. An den Rekonstruktionsergebnissen sieht man, dass die
Lissajous-Trajektorie eine gute Bildqualität liefert und beide kartesischen Trajektorien
übertrifft. Die radiale Trajektorie erreicht im Zentrum eine bessere Ortsauflösung als die
Lissajous-Trajektorie. In äußeren Regionen nimmt die Auflösung allerdings ab und ist
schlechter als bei der Lissajous-Trajektorie. Da beide Abtastbahnen Vor- und Nachteile
haben, werden in der Praxis wahrscheinlich beide Trajektorien eine Anwendung finden.
Die spiralförmige Trajektorie lieferte auch eine hohe räumliche Auflösung. Allerdings sind
in den rekonstruierten Bildern deutliche Artefakte erkennbar, die auch bei langen Periodenlängen nicht verschwinden. Sofern dies nicht verbessert werden kann, ist die spiralförmige
Trajektorie keine Alternative zur Lissajous-Trajektorie und der radialen Abtastbahn.

In der Praxis können die Lissajous-Trajektorie und die kartesische Abtastbahn mit geringem
Aufwand realisiert werden, da in jedem Anregungskanal nur eine einzige Frequenz auftritt.
Eine Filterung des Anregungssignals zur Verbesserung der Signalqualität kann durch einen
einfachen analogen Bandpassfilter erreicht werden (siehe Abschnitt 4.1.2). Im Gegensatz
dazu benötigen die radiale und die spiralförmige Trajektorie unter Umständen eine kom-
plexere Filterstufe zur Verbesserung der Signalqualität, da in jedem Anregungssignal zwei
Frequenzen enthalten sind. Die verbesserte kartesische Trajektorie benötigt zusätzliche
Hardware, um den Wechsel der Frequenzen durchzuführen.

Für jede Trajektorie wurde untersucht, welchen Einfluss die Dichte der Abtastpunkte auf
die räumliche Auflösung hat. Hierzu wurde die Periodenlänge variiert, wohingegen die
Gesamtmesszeit konstant gehalten wurde, um ein vergleichbares SNR in den simulierten
Messdaten zu gewährleisten. Es wurde festgestellt, dass die Bildqualität mit der Trajek-
toriendichte zunimmt. Ab einem gewissen Wert wurde die räumliche Auflösung durch
Erhöhen der Dichte aber nicht besser. In diesem Fall, ist die Auflösung nicht mehr durch die
Dichte der Trajektorie beschränkt, sondern durch die Gradientenstärke des Selektionsfeldes
und die Größe der Partikel. Die Dichte der Trajektorie sollte nur höher gewählt werden,
wenn eine Erhöhung der Periodenlänge in der Anwendung unkritisch ist. Generell ist eine
Erhöhung der Dichte einer Mittelung des Signals vorzuziehen, wenn die Speicherkapazität
des Messrechners eine Erhöhung der Dichte zulässt.

In der Simulationsstudie wurde mit der Dreiecksanregung eine bessere Bildqualität als mit
der Sinusanregung erreicht. Dies kann mit den Homogenitätsverbesserungen der FFP-Geschwindigkeit und der Abtastdichte begründet werden. In der Praxis ist eine Realisierung
der Dreiecksanregung aber anspruchsvoll, da noch völlig unklar ist, wie das Partikelsignal
bei der Dreiecksanregung von dem Messsignal getrennt werden kann.

7

Single-Sided-Spulenanordnung

Der in der Entwicklungschronologie erste entwickelte MPI-Scanner besteht aus mehreren Spulenpaaren, die symmetrisch um eine Röhre angeordnet sind. Der Aufbau hat somit große Ähnlichkeit mit einem MRT- bzw. CT-Scanner, bei dem der Patient auch innerhalb des Messaufbaus liegt. Die maximale Objektgröße ist bei der klassischen Spulenanordnung durch die Größe der Bohrung beschränkt. Der ursprünglich bei Philips entwickelte MPI-Scanner nutzt ein symmetrisches Design und hat einen Bohrungsdurchmesser von 32 mm [40, 41, 42]. Folglich können lediglich Kleintiere, wie zum Beispiel Mäuse, abgebildet werden.

In diesem Kapitel wird eine neue Spulenanordnung vorgestellt, die keine allgemeine Größenbeschränkung für Messobjekte aufweist. Diese als Single-Sided bezeichnete Anordnung ist so aufgebaut, dass alle felderzeugenden Komponenten von nur einer Seite an das Messobjekt herangebracht werden. Folglich gibt es keine Größenbeschränkung für das Messobjekt mehr. Allerdings ist bei Single-Sided-MPI die axiale Messfeldausdehnung beschränkt. Daher eignet sich Single-Sided-MPI inbesondere zum Messen oberflächennaher Strukturen. In dieser Arbeit wird der englische Begriff „Single-Sided" nicht eingedeutscht da die Übersetzung „einseitig" negativ aufgefasst werden könnte.

Dieses Kapitel ist wie folgt gegliedert. Zunächst wird das physikalische Grundprinzip von Single-Sided-MPI erklärt. Anschließend wird der realisierte Prototyp beschrieben und die Leistung des Systems anhand von Phantomexperimenten erfasst. Schließlich werden medizinische Anwendungen diskutiert sowie ein Ausblick auf zukünftige Single-Sided-Scanner gegeben.

7.1 Grundprinzip

Wie in Kapitel 1 und 4 beschrieben, benötigt MPI zwei verschiedene Magnetfeldtypen zur Bildgebung. Zum einen ein statisches Selektionsfeld, das einen FFP erzeugt und linear im Raum ansteigt. Zum anderen ein dynamisches Wechselfeld, das homogen im Raum ist. Durch Überlagerung beider Felder bewegt sich der FFP durch den Raum entlang einer festgelegten Trajektorie. Im Folgenden wird beschrieben, wie ein FFP mit Spulen erzeugt und bewegt werden kann, die nur von einer Seite an das Messobjekt herangeführt werden. Aufgrund des asymmetrischen Aufbaus kann Single-Sided-MPI gegenüber dem klassischen MPI allerdings zwei Eigenschaften nicht bieten. Dies ist zum einen ein lineares Selektionsfeld und zum anderen ein homogenes Anregungsfeld. Stattdessen sind beide Felder bei Single-Sided-MPI nichtlinear im Raum.

Zunächst wird darauf eingegangen, wie ein FFP vor dem Messaufbau realisiert werden kann. Beim klassischen MPI-Scanner wurde dies durch zwei Spulen erreicht, deren Ströme in entgegengesetzte Richtung fließen. Bei Single-Sided-MPI ist nun die Idee, die eine der Spulen kleiner als die andere zu wählen und beide Spulen konzentrisch ineinander zu positionieren. Es stellt sich die Frage, welchen Einfluss der Spulenradius auf das erzeugte Magnetfeld hat. Laut dem Gesetz von Biot-Savart ist das Magnetfeld einer kreisrunden Spule mit unendlich dünnem Leiter und Radius r auf der Hauptachse durch

$$H(x) = \frac{1}{2} \frac{Ir^2}{(r^2 + x^2)^{\frac{3}{2}}} \tag{7.1}$$

gegeben (siehe auch [57]). In Abbildung 7.1 ist das erzeugte Magnetfeld für unterschiedliche Radien und konstanten Strom dargestellt. Wie man sehen kann, ist das Magnetfeld bei jedem Radius für $x = 0$ maximal mit einem Wert von $H(0) = \frac{1}{2}\frac{I}{r}$. Mit steigender Entfernung zur Spule geht das Magnetfeld stetig gegen null. Der Abfall ist dabei relativ schwach bis zum Punkt $x = r$, an dem das Magnetfeld ein Drittel des Maximalwertes erreicht hat. Nach diesem Punkt überwiegt der Abstand x im Nenner von (7.1), so dass die Feldstärke mit einer Ordnung von $O(x^3)$ gegen Null geht. Zusammenfassend kann gesagt werden, dass eine kleine Spule ein sehr großes Magnetfeld an der Stelle $x = 0$ erzeugt, das dann rapide fällt, wohingegen eine große Spule ein eher schwaches Magnetfeld an der Stelle $x = 0$ aufweist, das dann jedoch viel langsamer abfällt.

Diese letzte Beobachtung kann sich bei Single-Sided-MPI zu Nutze gemacht werden. Hierzu werden zwei konzentrisch ineinander liegende Spulen betrachtet, wie sie in Abbildung 7.2 dargestellt sind. Die innere Spule hat den Radius r_{innen}, die äußere den Radius $r_{\text{außen}}$. Wie man in Abbildung 7.3 sieht, ist das generierte Magnetfeld jeder einzelnen Spule an genau zwei Punkten betragsmäßig gleich. Wenn nun die Ströme in beiden Spulen in

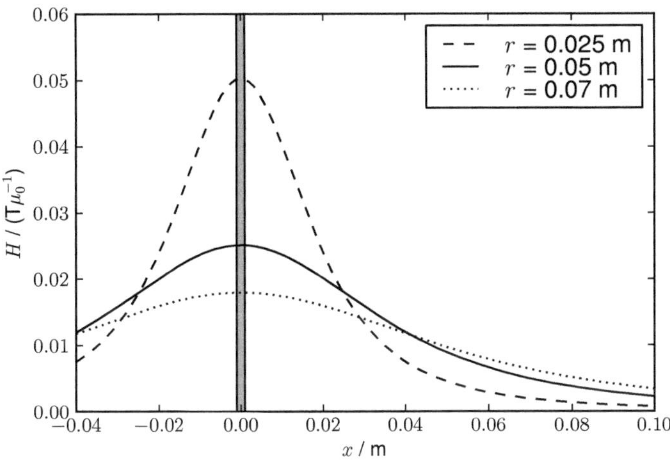

Abbildung 7.1: Das von einer kreisrunden Spule erzeugte Magnetfeld auf der Spulenhauptachse für verschiedene Spulenradien und konstanten Strom.

entgegengesetzte Richtungen fließen, hebt sich das Magnetfeld gerade in diesen Punkten auf. Es entstehen also zwei FFPs, von denen der rechte vor dem Spulenaufbau liegt und in das Messobjekt eindringt, während der linke hinter dem Aufbau liegt. Letzterer kann nicht für die Bildgebung genutzt werden und wird daher auch nicht weiter betrachtet. Allerdings muss bei der Realisierung des Scanners darauf geachtet werden, dass kein magnetisierbares Material hinter dem Spulenaufbau liegt.

Mathematisch ist das Gesamtmagnetfeld der beiden Spulen durch

$$H(x) = \frac{1}{2}\frac{I_{\text{innen}}r_{\text{innen}}^2}{(r_{\text{innen}}^2 + x^2)^{\frac{3}{2}}} - \frac{1}{2}\frac{I_{\text{außen}}r_{\text{außen}}^2}{(r_{\text{außen}}^2 + x^2)^{\frac{3}{2}}} \qquad (7.2)$$

gegeben. Um die Positionen der FFPs berechnen zu können, kann $H(x_{\text{FFP}})$ gleich null gesetzt werden, so dass man

$$x_{\text{FFP}} = \pm\left(\frac{r_{\text{außen}}(I_{\text{innen}}r_{\text{innen}}^2)^{\frac{2}{3}} - r_{\text{innen}}(I_{\text{außen}}r_{\text{außen}}^2)^{\frac{2}{3}}}{(I_{\text{außen}}r_{\text{außen}}^2)^{\frac{2}{3}} - (I_{\text{innen}}r_{\text{innen}}^2)^{\frac{2}{3}}}\right)^{\frac{1}{2}} \qquad (7.3)$$

erhält. Dividieren durch $I_{\text{innen}}^{\frac{2}{3}}$ ergibt

$$x_{\text{FFP}} = \pm\left(\frac{r_{\text{außen}}r_{\text{innen}}^{\frac{4}{3}} - r_{\text{innen}}(\frac{I_{\text{außen}}}{I_{\text{innen}}}r_{\text{außen}}^2)^{\frac{2}{3}}}{(\frac{I_{\text{außen}}}{I_{\text{innen}}}r_{\text{außen}}^2)^{\frac{2}{3}} - r_{\text{innen}}^{\frac{4}{3}}}\right)^{\frac{1}{2}}. \qquad (7.4)$$

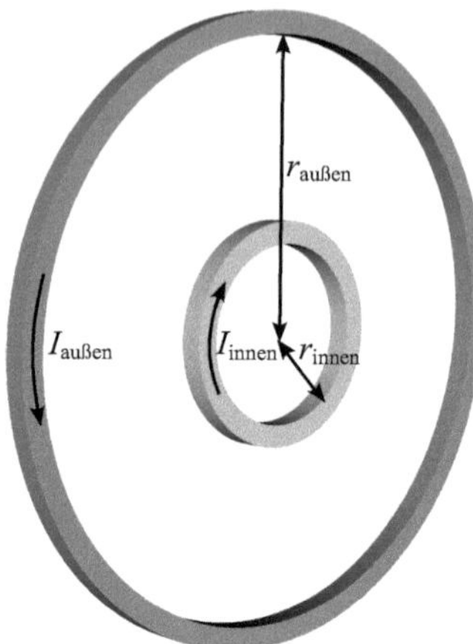

Abbildung 7.2: Spulenaufbau eines einfachen Single-Sided-MPI-Scanners. Er besteht aus zwei kreisrunden Spulen mit Radien r_{innen} und $r_{\text{außen}}$, die konzentrisch ineinander liegen. Die Ströme I_{innen} und I_{innen} fließen in entgegengesetzte Richtungen.

Folglich hängt die FFP-Position nicht von den absoluten Strömen sondern nur von deren Verhältnis $\frac{I_{\text{außen}}}{I_{\text{innen}}}$ ab.

Um den FFP durch den Raum zu bewegen, wird ein Anregungsfeld benötigt. Da die Position des FFPs von dem Verhältnis der Ströme $\frac{I_{\text{außen}}}{I_{\text{innen}}}$ abhängt, kann der FFP durch Überlagerung eines Wechselstroms auf einer oder beiden Spulen bewegt werden. Der FFP fährt so entlang einer 1D-Trajektorie in Richtung der Hauptachse der Spulen hin und her. Theoretisch könnte der FFP an einen beliebigen Punkt entlang der Hauptachse der Spulen bewegt werden, wenn die Ströme entsprechend gewählt werden. Um den FFP an die Position x_{FFP} zu bewegen, muss das Verhältnis der Ströme folgendermaßen gewählt werden:

$$\frac{I_{\text{innen}}}{I_{\text{außen}}} = - \left(\frac{r_{\text{außen}}}{r_{\text{innen}}} \right)^2 \left(\frac{r_{\text{innen}}^2 + x_{\text{FFP}}^2}{r_{\text{außen}}^2 + x_{\text{FFP}}^2} \right)^{\frac{3}{2}} . \tag{7.5}$$

Dieses Resultat kann leicht durch Auflösen nach dem Verhältnis $\frac{I_{\text{außen}}}{I_{\text{innen}}}$ aus (7.4) hergeleitet werden.

Aufgrund der Asymmetrie des Aufbaus ist die Gradientenstärke des Magnetfeldes stark inhomogen im Raum. Um dies zu untersuchen, ist in Abbildung 7.4 die Gradientenstärke an der Stelle des FFPs in Abhängigkeit von der FFP-Position illustriert. Weiterhin ist das Verhältnis der Ströme dargestellt, das benötigt wird, um den FFP an eine bestimmte Stelle zu bewegen. Der Strom in der äußeren Spule wird dabei konstant gelassen, wie es auch bei

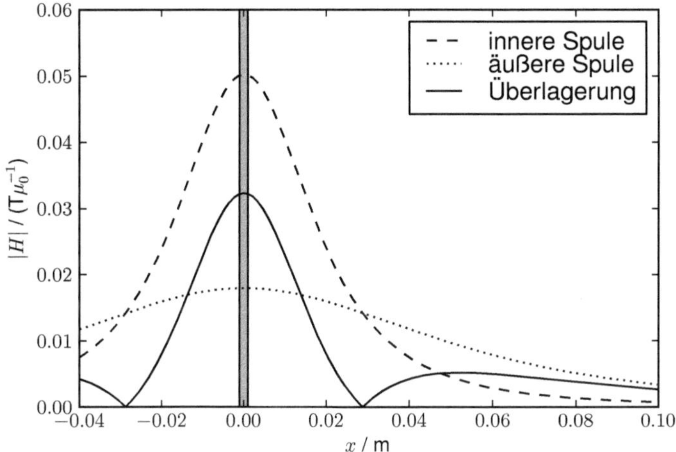

Abbildung 7.3: Grundprinzip von Single Sided-MPI. Zwei ineinander liegende Spulen mit unterschiedlichen Radien erzeugen an genau zwei Punkten das betragsmäßig gleiche Magnetfeld. Wenn die Ströme in beiden Spulen in entgegengesetzte Richtungen fließen, heben sich die Felder an beiden Punkten auf, so dass zwei FFPs entstehen, von denen einer vor dem Messaufbau liegt und für die Bildgebung verwendet werden kann.

dem später realisierten Aufbau der Fall ist. Wie in der Abbildung zu sehen ist, nimmt die Gradientenstärke erst stark zu und nimmt dann mit dem Abstand zur Scanner-Front ab. Da die erreichbare Ortsauflösung bei MPI gerade von der Gradientenstärke im FFP abhängt, nimmt bei Single-Sided-MPI somit die Ortsauflösung mit dem Abstand zur Scanner-Front ab, wenn man den unmittelbaren Bereich vor den Spulen außer acht lässt.

Bislang wurden nur die Sendespulen eines Single-Sided-Scanners betrachtet. Um die zeitliche Änderung der Partikelmagnetisierung messen zu können, wird eine Empfangsspule benötigt. Hierzu könnte prinzipiell die innere oder die äußere Sendespule genutzt werden. Aus Gründen der Einfachheit wird in dem realisierten Scanner eine dedizierte Empfangsspule verwendet, die direkt vor der inneren Sendespule angebracht ist. Da das Sensitivitätsprofil der Empfangsspule auch stark inhomogen im Raum ist und mit dem Abstand zur Scanner-Front fällt, sinkt auch das SNR der empfangenen Partikelmagnetisierung mit dem Abstand zum Aufbau.

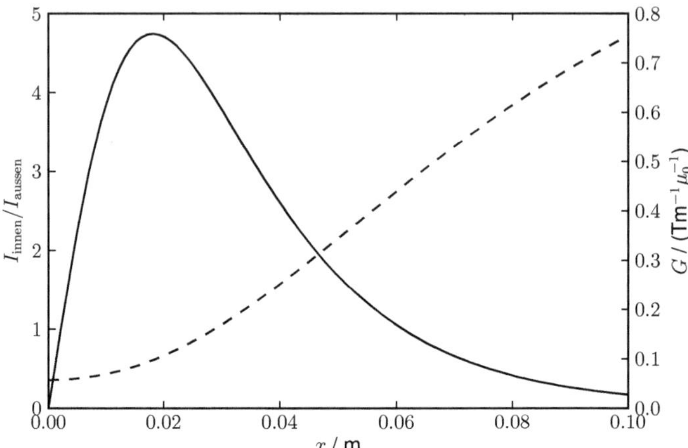

Abbildung 7.4: Verhältnis der Ströme (gestrichelt) und die erreichte Gradientenstärke (durchgezogen) im FFP von zwei kreisrunden Spulen, deren Ströme in entgegengesetzte Richtung fließen. Die Spulenradien liegen bei $r_{\text{innen}} = 25$ mm für die innere und bei $r_{\text{außen}} = 70$ mm für die äußere Spule. Dies entspricht den Abmessungen des realisierten Aufbaus.

7.2 Material und Methoden

7.2.1 Aufbau

Um die Machbarkeit von Single-Sided-MPI zu zeigen, ist am Institut für Medizintechnik der Universität zu Lübeck ein Prototyp entwickelt worden. Eine maßstabsgetreue Skizze der realisierten Spulenkonfiguration ist in Abbildung 7.5 zu sehen. Jede der beiden kreisrunden Sendespulen hat eine Länge von 20 mm und eine Dicke von 20 mm. Der Außendurchmesser beträgt 50 mm bei der inneren und 140 mm bei der äußeren Spule. Beide Spulen bestehen aus 36 Windungen eines Litzenleiters mit 2000 Einzeldrähten bei einem Einzeldrahtdurchmesser von 50 μm. Die spiralförmige Empfangsspule besteht aus 15 Windungen eines Litzenleiters mit 500 Einzeldrähten bei einem Einzeldrahtdurchmesser von 20 μm. Sie hat einen Innendurchmesser von 19 mm, einen Außendurchmesser von 39 mm und ist direkt auf der inneren Sendespule befestigt.

Das Selektionsfeld wird durch einen Gleichstrom der Stärke $I^S = 43$ A erzeugt, der durch beide Sendespulen in entgegengesetzte Richtung fließt. Ohne das zusätzlich überlagerte Anregungsfeld liegt der erzeugte FFP an der Position $x = 10.97$ mm. Dies ist in Abbildung 7.6 zu sehen, in der eine Simulation des erzeugten Selektionsfeldes dargestellt ist.

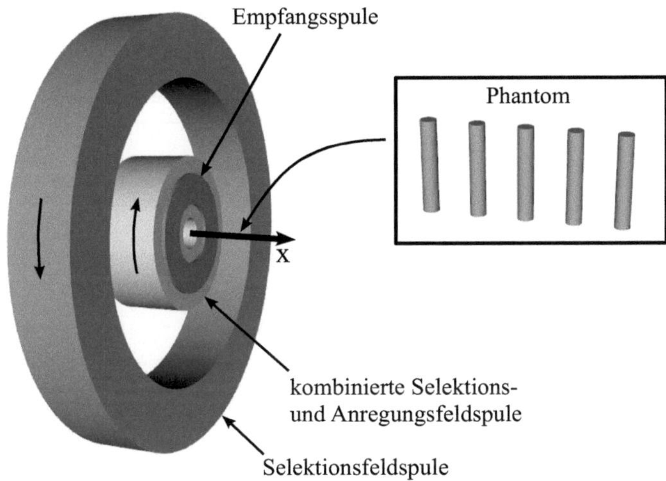

Abbildung 7.5: Spulenaufbau des realisierten Single-Sided-MPI-Scanners. Die Richtungen der Ströme der Spulen sind durch Pfeile angedeutet. Der resultierende 1D-Messbereich liegt
direkt vor den Spulen auf deren Hauptachse. Neben den Spulen ist eines der verwendeten Phantome dargestellt.

Das Anregungsfeld wird durch einen sinusförmigen Wechselstrom erzeugt, der durch
die innere Sendespule fließt. Er ist dem Gleichstrom überlagert, hat eine Amplitude von
$I^D = 48$ A und eine Frequenz von $f_x = 25$ kHz. Durch das erzeugte Anregungsfeld
oszilliert der FFP entlang einer Linie von der Position $x = -10$ mm (das heißt von dem
Zentrum der Spulen) bis zur Position $x = 20$ mm.

Das Schaltbild des entwickelten Single-Sided-Scanners ist in Abbildung 7.7 dargestellt.
Zur Regelung der Gleichstromquelle (SM 15-200 D, Delta Elektronika BV) und zur
Erzeugung der Anregungswellenform wird ein handelsüblicher Computer genutzt. Die
Anregungswellenform wird auf einer Ein-/Ausgabekarte (SMT8036E, Sundance Mul-
tiprocessor Technology Ltd) in eine analoge Spannung umgesetzt. Anschließend wird
das Anregungssignal mit einem Leistungsverstärker (DCU2250-28, MT MedTechEngi-
neering GmbH) verstärkt. Die beiden Sendespulen sind so in Serie geschaltet, dass der
Gleichstrom in entgegengesetzte Richtungen fließt. Um das Anregungsfeld zu erzeugen,
ist die innere Spule in Serie mit einem Kondensator verbunden, so dass der entstehende
Schwingkreis seine Resonanzfrequenz bei f_x hat. Für die Leistungsanpassung des Verstärkers an den Sendeschwingkreis, wird ein kapazitiver Spannungsteiler verwendet. Zwischen
diesem Sendekreis und dem Leistungsverstärker wird ein passiver Bandpassfilter erster
Ordnung in Serie gesetzt. Dieser hat die Funktion, alle Oberwellen der Anregungsfrequenz
zu unterdrücken, die durch eine Nichtlinearität des Verstärkers verursacht werden. Um

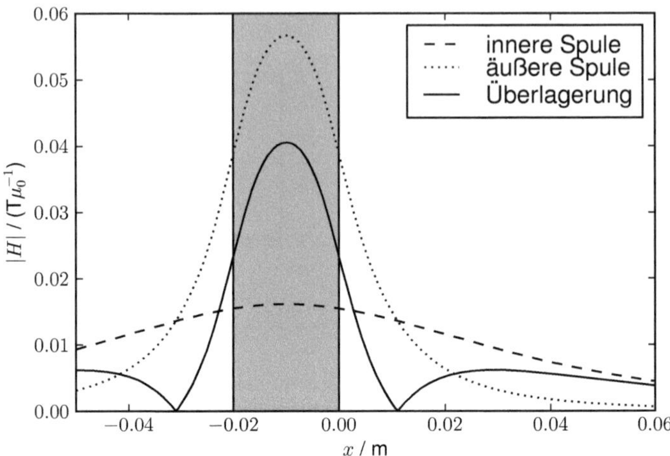

Abbildung 7.6: Magnetfeldsimulation des realisierten Single-Sided-MPI-Scanners. Als graue Balken sind die 20 mm langen Spulen in der Seitenansicht dargestellt. Der Ursprung liegt direkt vor den Spulen.

die Gleichstromquelle vor dem Wechselstrom zu schützen, ist die äußere Sendespule als Bandstoppfilter realisiert, der das Signal bei der Sendefrequenz f_x unterdrückt, aber den Gleichstrom durchlässt.

Der Empfangspfad besteht aus einer Empfangsspule, einem dreistufigen passiven Filter, einem rauscharmen Verstärker und einem Analog-Digital-Wandler. Der Filter unterdrückt das Signal an der Sendefrequenz, so dass das Anregungssignal, welches direkt in die Empfangsspule einkoppelt, unterdrückt wird. Das sehr schwache Partikelsignal wird anschließend hundertfach verstärkt und mit einer Abtastrate von 100 MHz digitalisiert. Dazu wird dieselbe Ein-/Ausgabekarte wie zum Senden genutzt.

7.2.2 Bestimmung der Systemfunktion

Um die Systemfunktion zu bestimmen, wird ein messbasiertes Verfahren verwendet (siehe Abschnitt 8.1). Dabei wird ein Zylinder mit 1 mm Durchmesser und 6 mm Länge als Punktprobe genutzt, der in einen Block aus Acrylglas gebohrt wurde. Der Zylinder ist mit 4.7 μl unverdünntem (0.5 mol(Fe) l^{-1}) Resovist gefüllt. Diese Punktprobe wird an 46 äquidistante Positionen entlang eines Messbereichs von 15 mm Länge gefahren, um an jeder Stelle die Systemfunktion zu messen. Zur Positionierung wird ein Robotor verwendet (Iselautomation GmbH and Co. KG). Die erste Position liegt 1.5 mm vor dem Spulenaufbau, da die Bohrung einen gewissen Abstand zur Wand des Acrylglasblocks hat. Da

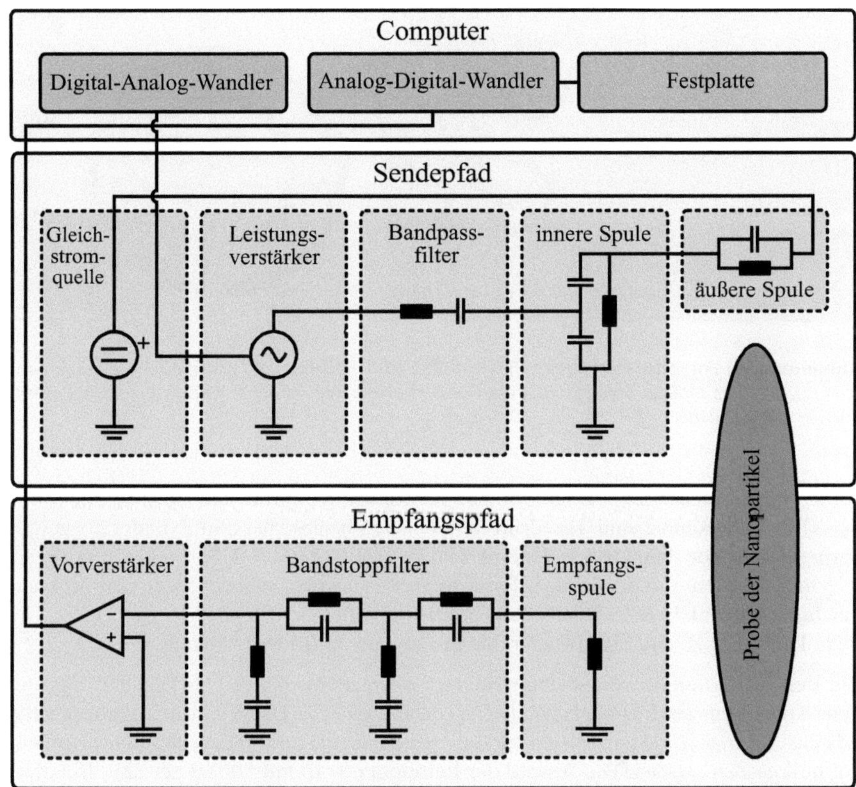

Abbildung 7.7: Schaltbild des entwickelten Single-Sided-MPI-Scanners. Gezeigt sind der Sende- und Empfangspfad sowie der Computer, der zur Ansteuerung der analogen Hardware verwendet wird.

der Bohrungsdurchmesser 1 mm beträgt, ist der Messbereich dreifach überabgetastet. Um das SNR des Empfangssignals zu verbessern, werden 6400 Perioden aufgenommen und gemittelt. Dies führt zu einer Messzeit von 256 ms pro Position.

7.2.3 Phantom und Messprotokoll

Um die Leistung des Systems zu bestimmen, werden drei verschiedene Punkt-Phantome genutzt. Jedes besteht aus einer unterschiedlichen Anzahl an Zylindern (Punkten) mit 1 mm Durchmesser und 6 mm Länge, die in einen Acrylglasblock gebohrt wurden. Bei den ersten

Abbildung 7.8: Fotos des realisierten Single-Sided-MPI-Scanners. Zu sehen sind die Sende- und Empfangsspulen sowie die Kondensatoren, die für die Schwingkreise benötigt werden.

beiden Phantomen werden zwei Zylinder verwendet, die mit einem Abstand von 4 mm bzw. 1 mm angeordnet sind. Das dritte verwendete Phantom hat fünf Zylinder die jeweils einen Abstand von 2 mm haben. Jedes der Phantome wird mit dem Positionierungsrobotor in $\frac{1}{3}$ mm-Schritten von der Scanner-Front wegbewegt, wobei an jeder Stelle eine Messung durchgeführt wird. Dabei werden 1280 Perioden gemittelt, so dass die Messzeit bei 51.2 ms liegt. Dies führt zu einer Bildwiederholungsrate von 20 Bildern / Sekunde.

Zur Rekonstruktion der Messdaten wird das Kaczmarz-Verfahren [110] genutzt, das eine hohe Konvergenzgeschwindigkeit aufweist (siehe Kapitel 5). Dabei wird eine reelle positive Lösung erzwungen, indem nach jeder Iteration die Imaginärteile und die negativen Realteile auf null gesetzt werden. Die Anzahl der Iterationen wird mit 50 fest gewählt. Bei einer größeren Anzahl an Iterationen konnte keine Verbesserung der Bildqualität festgestellt werden.

7.3 Ergebnisse

Die Rekonstruktionsergebnisse der Messdaten sind in Abbildung 7.9 dargestellt. Wie man bei allen Aufnahmen sehen kann, sind nur Partikel bis etwa 14 mm vor dem Scanner erkennbar, obwohl die Phantome auch weiter hinaus bewegt wurden. Dies liegt daran, dass die Sensitivität in Bereichen, die weiter weg liegen, zu niedrig ist und das induzierte Partikelsignal somit im Rauschen verschwindet. In dem effektiven Messbereich von 14 mm vor dem Scanner können die zwei Punkte mit 4 mm Abstand aufgelöst werden. Bei dem Fünf-Punkte-Phantom können die ersten vier Punkte aufgelöst werden, wenn das Phantom direkt vor dem Scanner liegt. Dagegen ist der letzte Punkt nicht mehr sichtbar, da er hinter dem effektiven Messbereich von 14 mm liegt.

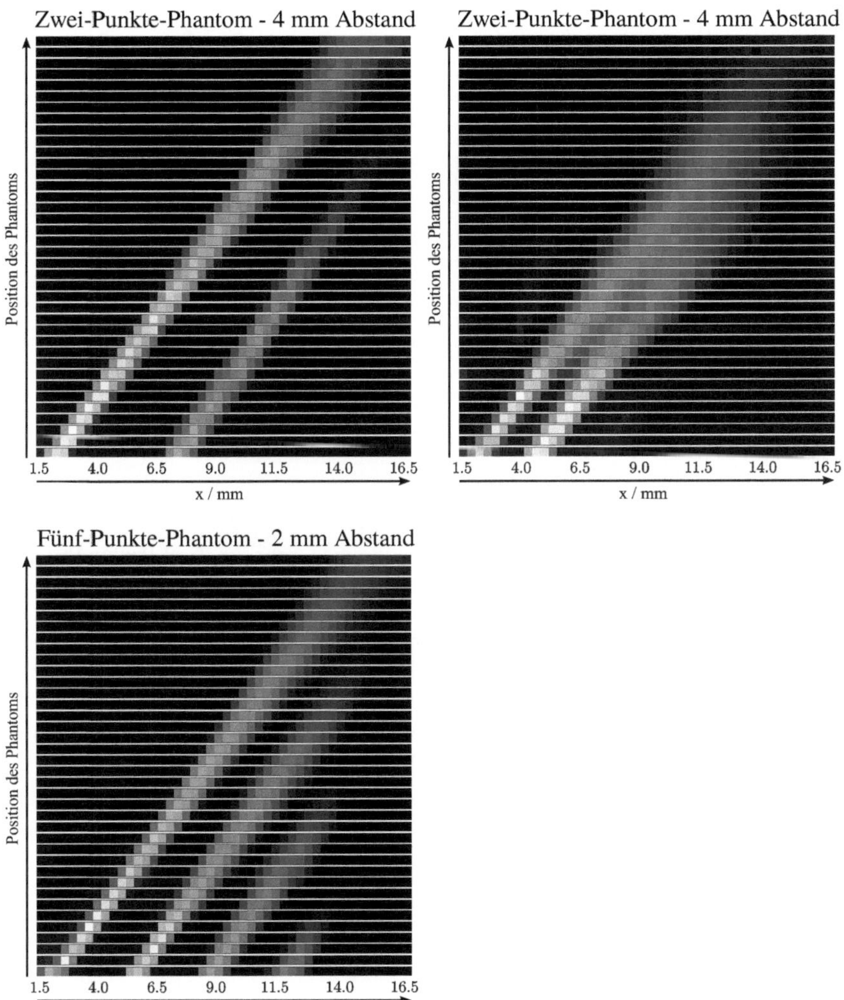

Abbildung 7.9: Rekonstruierte 1D-Bilder aller drei Phantome. Jedes Phantom wurde in $\frac{1}{3}$ mm-Schritten von der Scanner-Front wegbewegt.

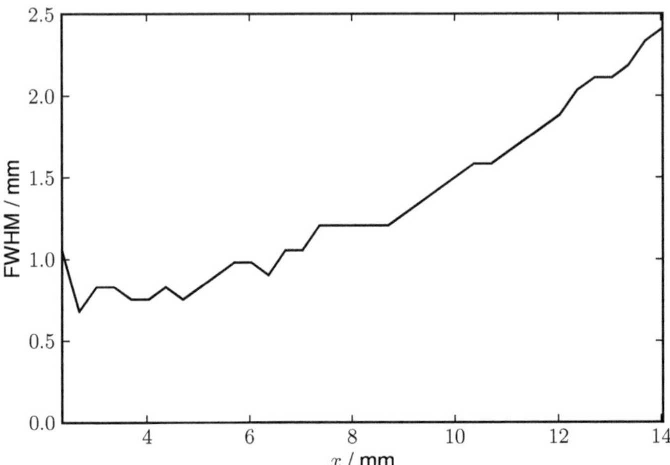

Abbildung 7.10: Halbwertsbreite einer Punktprobe, die von 2.5 mm bis 14 mm vor die Scanner-Front
bewegt wurde.

Um das Auflösungsvermögen des Scanners zu bestimmen, kann das Zwei-Punkte-Phantom
mit 1 mm Abstand betrachtet werden. Die Punkte werden als unterscheidbar (aufgelöst)
gewertet, wenn der Wert zwischen den Punkten geringer als die Hälfte des Maximalwertes
in den Punkten ist. Wie in Abbildung 7.9 zu erkennen ist, können beide Punkte bis etwa
7 mm vor der Scanner-Front unterschieden werden. Weiter weg verschmieren beide Punkte,
so dass sie nicht mehr aufgelöst werden können. Da der Scanner die einzelnen Punkte
des Fünf-Punkte-Phantoms bis 14 mm vor dem Aufbau auflösen kann, liegt die erreichte
Auflösung im effektiven Messbereich zwischen 1 mm und 2 mm.

Eine weitere Möglichkeit, das Auflösungsvermögen des Scanners zu bestimmen, besteht
darin, die Halbwertsbreite (englisch: Full Width at Half Maximum, FWHM) einer Punktprobe zu bestimmen, die zu jeder Position im Messbereich gefahren wird. Das Ergebnis
ist in Abbildung 7.10 dargestellt. Wie zu sehen ist, fällt die Auflösung mit dem Abstand
zur Scanner-Front. Die Werte liegen zwischen 1 mm und 2.5 mm, was gut mit dem Bereich übereinstimmt, der im vorherigen Absatz mit dem Zwei-Punkte-Phantom und dem
Fünf-Punkte-Phantom abgeleitet wurde.

7.4 Diskussion und Ausblick

In diesem Kapitel wurde gezeigt, dass MPI auch mit einem Single-Sided-Spulenaufbau
durchgeführt werden kann. Die Machbarkeit von Single-Sided-MPI wurde durch Rea-

lisieren eines Prototypen gezeigt. Im Gegensatz zum klassischen Spulenaufbau hat das Single-Sided-Design mit den Inhomogenitäten der Sende- und Empfangsspulen zu kämpfen. Dies hat zur Folge, dass auch die erreichbare Ortsauflösung inhomogen ist und mit dem Abstand zur Scanner-Front abnimmt.

Im Allgemeinen steht das Single-Sided-Scanner-Design nicht in direkter Konkurrenz zum klassischen Spulenaufbau, sondern verfolgt andere Ziele. Während der klassische Spulenaufbau als Ganzkörpersystem mit hoher Auflösung, Sensitivität und Geschwindigkeit ausgelegt ist und somit eine Vielzahl von Anwendungen adressieren soll, ist der Single-Sided-Spulenaufbau für spezielle Anwendungen ausgelegt. Den klassischen Aufbau von einem Kleintierscanner [42] zu einem Ganzkörpersystem hochzuskalieren, ist eine enorme Herausforderung, die vermutlich noch mehrere Jahre Entwicklungsarbeit beansprucht. Ein solches Ganzkörpersystem wird ähnlich viel kosten wie ein Ganzkörper-MRT-Gerät. Im Gegensatz dazu könnte der Entwicklungsaufwand für einen klinischen Single-Sided-Scanner deutlich geringer sein, so dass erste präklinische Aufnahmen potenziell zu einem viel früheren Zeitpunkt möglich erscheinen. Darüber hinaus wird ein Single-Sided-Scanner deutlich kostengünstiger als ein Ganzkörpersystem, so dass auch eine frühere Markteinführung von MPI-Geräten zu erwarten ist.

Verständlicherweise ist die Leistung eines Single-Sided-Scanners nicht mit der eines klassischen Aufbaus vergleichbar. Aufgrund der begrenzten Eindringtiefe zielt Single-Sided-MPI auf Anwendungen ab, bei denen oberflächennahe Gewebestrukturen sichtbar gemacht werden sollen. Beispielsweise könnte Single-Sided-MPI für die Wächterlymphknoten-Biopsie beim Mammakarzinom eingesetzt werden [120, 28]. Des Weiteren könnten arteriosklerotisch bedingte Gefäßverengung der Halsschlagader durch Single-Sided-MPI diagnostiziert werden. Diese Gefäßverengungen sind eine der Hauptursachen von Schlaganfällen bei jungen Erwachsenen.

Der entwickelte Single-Sided-Prototyp erreicht eine Ortsauflösung zwischen 1 mm und 2.5 mm bei einer Eindringtiefe von etwa 14 mm. Da das Gerät in keinerlei Hinsicht optimiert wurde, sollten diese Leistungsdaten nicht verwendet werden, um die Möglichkeiten der Single-Sided-Spulenanordnung im Allgemeinen abzuschätzen. Für einen klinischen Einsatz müssen zukünftige Single-Sided-Scanner Eindringtiefen von mindestens 50 mm erreichen. Die Auflösung von weniger als 2.5 mm würde bei den zuvor erwähnten Anwendungen ausreichen.

Um größere Eindringtiefen zu erreichen, könnte ein Neodym-Eisen-Bor-Permanentmagnet verwendet werden. Interessanterweise erzeugt ein Permanentmagnettorus ein Selektionsfeld mit einem FFP vor dem Aufbau. Dies liegt daran, dass ein Permanentmagnettorus dasselbe Magnetfeld erzeugt wie zwei Spulen, die auf dem inneren und äußeren Radius des Torus platziert sind und gegenläufige Ströme haben. Zur Bewegung des FFPs müssten zusätzliche elektromagnetische Spulen verwendet werden. Durch ein effizientes Kühlsystem könnten hohe Ströme genutzt werden, so dass der FFP in tiefe Regionen vordringen kann.

Um den FFP entlang von 2D- und 3D-Trajektorien zu fahren, werden zudem spezielle Spulengeometrien benötigt, die Felder orthogonal zur Hauptachse des Scanners erzeugen.

8

Modellbasierte Rekonstruktion

Bei fast allen bildgebenden Verfahren ist ein mathematisches Modell des Bildgebungsprozesses bekannt. Um ein Bild zu rekonstruieren, müssen daher nur die Messdaten des aufgenommen Objektes vorliegen. Zum Beispiel ist der Bildgebungsoperator bei der MRT eine einfache Fouriertransformation, obwohl es auch anspruchsvollere Modelle gibt [121, 122, 96, 97]. Bei CT ist der Bildgebungsoperator eine Radontransformation, die effizient mittels einer gefilterten Rückprojektion invertiert werden kann [123, 94]. In beiden Fällen wird der Bildgebungsoperator nicht explizit ausgerechnet. Stattdessen werden mathematische Umformungen ausgenutzt, die es erlauben, das zu rekonstruierende Bild entweder direkt auszurechnen oder den Bildgebungsoperator und seine Transponierte (bzw. Adjungierte) schnell auszuwerten. Letzteres kann dazu genutzt werden, die Geschwindigkeit iterativer Verfahren zu erhöhen. Selbst wenn solche Umformungen nicht bekannt sind, können Teile des Bildgebungsoperators nach Bedarf berechnet werden, so dass nicht der ganze Operator im Hauptspeicher des Computers gehalten werden muss. Dies ermöglicht es, Bilder von hoher Auflösung zu rekonstruieren, für die der Bildgebungsoperator wesentlich größer als der heute nutzbare Hauptspeicher eines Computers ist.

Bei MPI hängt der Bildgebungsoperator entscheidend von der Partikeldynamik ab, welche nur näherungsweise bekannt ist. Aus diesem Grund wird bislang kein mathematisches Modell des Bildgebungsprozesses zur Rekonstruktion verwendet. Stattdessen wird eine zeitintensive Kalibrierungsmessung durchgeführt, die eine Punktprobe nutzt, welche mit den später in der Anwendung verwendeten Nanopartikeln gefüllt ist. Die Punktprobe repräsentiert einen Bildvoxel und wird zu jedem Ortspunkt bewegt, an dem die Partikelkonzentration rekonstruiert werden soll. Dabei wird jeweils eine Messung durchgeführt, so dass die Systemfunktion sukzessive ermittelt werden kann. In dieser gemessenen Systemfunktion sind alle Magnetfeld- und alle Partikeleigenschaften inhärent enthalten. So sind zum Beispiel auch nichtideale Spulen, Wirbelströme sowie die unter Umständen unbekannte Partikeldynamik berücksichtigt. Bei jeder Veränderung des Spulenaufbaus, des Messprotokolls (zum Beispiel der Trajektoriendichte) oder der verwendeten Nanopartikel muss die Systemfunktion neu bestimmt werden.

Obwohl das messbasierte Verfahren zu guten Ergebnissen führt [40, 41, 42, 8], hat es einige Nachteile. Zum einen benötigt die Kalibrierungsmessung sehr lange, so dass für eine feine Voxelauflösung sogar Monate nötig sind. In [42] wurde für ein recht grobes 3D-Gitter der Größe $34 \times 20 \times 28$ eine Messzeit von etwa 6 Stunden benötigt. Zum anderen ist die gemessene Systemfunktion mit Rauschen behaftet, was die Bildqualität verschlechtern kann. Des Weiteren benötigt der Ansatz sehr viel Speicher, da jeder einzelne Eintrag der Systemfunktion explizit abgespeichert werden muss.

Das Modell der Systemfunktion, wie es in Kapitel 4 hergeleitet wurde, ist bislang nur in Simulationsstudien verwendet worden [43, 44, 2]. In diesem Kapitel wird erstmals eine modellbasierte Systemfunktion genutzt, um gemessene 1D- und 2D-MPI-Daten zu rekonstruieren. Dabei wird der 1D-Single-Sided-MPI-Scanner aus Kapitel 7 und der 2D-MPI-Scanner aus Abschnitt 5.3 verwendet und die Genauigkeit der modellbasierten gegenüber der messbasierten Systemfunktion evaluiert.

8.1 Messbasierte Systemfunktion

Zunächst wird das bislang verwendete Kalibrierungsverfahren beschrieben, das für die Bestimmung der Systemfunktion genutzt werden kann. Wenn man annimmt, dass der Bildgebungsoperator linear ist (siehe (4.1)), kann der Zusammenhang zwischen der Partikelkonzentration $c(\boldsymbol{r})$ und den Fourierkoeffizienten $\hat{u}_{l,k}$ des Messsignals $u_l(t)$ durch

$$\hat{u}_{l,k} = \int_\Omega \hat{s}_{l,k}(\boldsymbol{r}) c(\boldsymbol{r}) \, \mathrm{d}^3 r \tag{8.1}$$

beschrieben werden. Um nun die Systemfunktion $\hat{s}_{l,k}(\boldsymbol{r})$ zu bestimmen, kann eine Punktprobe verwendet werden, deren Konzentration c_0 und Geometrie bekannt sind. Zum Beispiel kann ein Würfel mit einem Volumen ΔV genutzt werden. Denkbar sind auch andere Formen, die einfacher zu realisieren sind, wie zum Beispiel ein Zylinder. Die Punktprobe wird zu einer bestimmten Position $\boldsymbol{r}$ bewegt, um anschließend die induzierte Spannung $u_l(t)$ zu messen und die Frequenzkomponenten $\hat{u}_{l,k}$ zu berechnen. Wenn mit der Punktprobe an allen Positionen $\boldsymbol{r}_n$, $n = 0, \ldots, N-1$ im Messbereich eine Aufnahme gemacht wird, erhält man einen Datensatz $\hat{u}_{l,k}^n$, aus dem die Systemfunktion bestimmt werden kann.

Falls die Punktprobe so groß wie die verwendete Voxelgröße ist, kann die Systemfunktion durch

$$\hat{s}_{l,k}(\boldsymbol{r}_n) \approx \hat{u}_{l,k}^n \frac{1}{c_0 \Delta V} \tag{8.2}$$

approximiert werden. Zur Bestimmung der Systemfunktion müssen die Messdaten $\hat{u}_{l,k}^n$ also lediglich durch die Konzentration c_0 und das Volumen ΔV geteilt werden. Die Approximation (8.2) kann als Diskretisierung des Integrals in (8.1) durch eine Rechteckregel aufgefasst werden, mit der man ein lineares Gleichungssystem erhält.

Falls die Punktprobe größer als die verwendete Voxelgröße ist, kann die Beziehung zwischen den gemessenen Frequenzkomponenten $\hat{u}_{l,k}^n$ und der gesuchten Systemfunktion $\hat{s}_{l,k}(\boldsymbol{r})$ durch eine Faltung

$$\hat{u}_{l,k}^n = \int_\Omega \hat{s}_{l,k}(\boldsymbol{r})\kappa(\boldsymbol{r} - \boldsymbol{r}_n)\,\mathrm{d}^3 r \tag{8.3}$$

beschrieben werden. Dabei bezeichnet κ den Faltungskern, der durch die Form der Punktprobe bestimmt wird. Falls die Frequenzkomponenten $\hat{u}_{l,k}^n$ und der Faltungskern κ bekannt sind, kann die Systemfunktion theoretisch durch eine Entfaltung ermittelt werden [124]. Allerdings ist eine Entfaltung ein schlecht gestelltes Problem, das in der Praxis nur durchgeführt werden kann, wenn der Faltungskern klein in Bezug auf den Messbereich ist und die Messdaten einen sehr geringen Rauschpegel aufweisen.

Wegen dieser Einschränkungen wurden in [41, 8] keine Entfaltungen durchgeführt, sondern trotz größerer Punktprobe die Approximation (8.2) verwendet. Im Allgemeinen lässt sich sagen, dass die Punktprobe in der gleichen Größenordnung wie die verwendete Voxelgröße liegen sollte. Aus diesem Grund gibt es bei der Wahl der Punktprobe zwei gegensätzliche Ziele. Einerseits sollte die Punktprobe möglichst klein sein, damit eine hohe Gitterauflösung erreicht wird. Andererseits hängt das SNR der Messungen $\hat{u}_{l,k}^n$ und somit auch der gemessenen Systemfunktion $\hat{s}_{l,k}(\boldsymbol{r}_n)$ von der Größe der Punktprobe ab. Daher muss man beide Ziele gegeneinander abwägen, um die optimale Größe der Punktprobe zu bestimmen.

8.2 Modellbasierte Systemfunktion

8.2.1 Parameter des Modells

In Kapitel 4 wurde ein mathematisches Modell der Systemfunktion hergeleitet, das von einer Vielzahl von Parametern abhängt. Die Werte dieser Parameter sind mehr oder weniger genau bekannt. Im Folgenden werden die drei wichtigsten Parameter diskutiert.

Erstens benötigt das Modell die magnetische Feldstärke an jeder Position im Messfeld und zu jedem Zeitpunkt. Da Raum und Zeit in (2.50) separiert sind, müssen nur die statischen

Spulensensitivitäten und die Ströme, die durch die Spulen fließen, bekannt sein. Sowohl die Spulensensitivitäten als auch die Ströme können entweder gemessen oder simuliert werden. Zum Simulieren werden alle Spulengeometrien sowie die Amplituden und Frequenzen aller Ströme benötigt. Da all diese Parameter von dem Entwurf eines MPI-Scanners bekannt sind, werden die Magnetfelder in diesem Kapitel simuliert.

Zweitens wird ein Partikelmodell benötigt. Hierzu kann das Modell aus Abschnitt 2.5 genutzt werden, welches von der Größenverteilung der Partikel abhängt. Obwohl es in der Literatur Angaben zum Partikeldurchmesser gibt (zum Beispiel für Resovist [68]), variiert die Größenverteilung der Partikel in der Praxis für unterschiedliche Chargen. Daher werden in diesem Kapitel verschiedene Partikelgrößen betrachtet und der Einfluss der Größe auf die Genauigkeit der Systemfunktion untersucht.

Drittens muss die Übertragungsfunktion des Empfangspfades bekannt sein. Obwohl diese durch einen Netzwerkanalysator gemessen werden kann, wird in dieser Arbeit eine kurze Kalibierungsmessung verwendet und die Übertragungsfunktion durch lineare Regression bestimmt. Durch diesen Optimierungsansatz erhält das Modell die Flexibilität, Schwächen des Partikelmodells auszugleichen.

8.2.2 Parameterschätzung

Die Übertragungsfunktion $\hat{a}_{l,k}$ wird durch lineare Regression anhand von einigen Kalibrierungsmessungen $\hat{s}_{l,k}^{\mathrm{Mess}}(\boldsymbol{r}_{n'})$ bestimmt, die an N' Positionen $\boldsymbol{r}_{n'}$, $n' = 0, \dots, N'-1$ gemessen wurden. Die Übertragungsfunktion wird dann durch Minimierung der Kostenfunktion

$$\chi(\hat{a}_{l,k}) = \sum_{n'=0}^{N'-1} |\hat{s}_{l,k}^{\mathrm{Mess}}(\boldsymbol{r}_{n'}) - \hat{a}_{l,k} \tilde{s}_{l,k}^{\mathrm{Modell}}(\boldsymbol{r}_{n'})|^2 \tag{8.4}$$

berechnet. Dabei bezeichnet $\tilde{s}_{l,k}^{\mathrm{Modell}} = \hat{s}_{l,k}^{\mathrm{Modell}}/\hat{a}_{l,k}$ die modellbasierte Systemfunktion ohne Übertragungsfunktion. Das Minimierungsproblem (8.4) hat eine explizite Lösung, die durch

$$\hat{a}_{l,k} = \frac{\displaystyle\sum_{n'=0}^{N'-1} \hat{s}_{l,k}^{\mathrm{Mess}}(\boldsymbol{r}_{n'}) \left(\tilde{s}_{l,k}^{\mathrm{Modell}}(\boldsymbol{r}_{n'})\right)^{*}}{\displaystyle\sum_{n'=0}^{N'-1} |\tilde{s}_{l,k}^{\mathrm{Modell}}(\boldsymbol{r}_{n'})|^2} \tag{8.5}$$

gegeben ist. Eine entscheidende Frage ist nun, wie viele Kalibrierungsmessungen notwendig sind, um eine gute Approximation der Übertragungsfunktion zu erhalten. Da das Ziel des modellbasierten Ansatzes die Reduktion der Messzeit ist, sollte die Anzahl der Kalibrierungsmessungen deutlich geringer als die Anzahl der Bildpunkte sein, das heißt $N' \ll N$.

8.3 Material und Methoden

Die Genauigkeit der modellbasierten Rekonstruktion wird anhand von experimentellen Daten bestimmt. Hierzu wird zunächst anhand des 1D-Single-Sided-Scanners aus Kapitel 7 gezeigt, dass die modellbasierte Rekonstruktion überhaupt brauchbare Ergebnisse liefern kann. Anschließend wird untersucht, ob sich die Ergebnisse der modellbasierten 1D-Rekonstruktion auf die mehrdimensionale Bildgebung übertragen lassen. Dies ist nicht offensichtlich, da sich eine Partikelanisotropie bei der mehrdimensionalen Bildgebung stärker als bei der 1D-Bildgebung auswirkt. Um zu untersuchen, ob die modellbasierte Rekonstruktion trotz des vereinfachten Langevin-Modells auch bei der mehrdimensionalen Bildgebung brauchbare Ergebnisse liefert, werden experimentelle Daten des 2D-MPI-Scanners von Philips aus Abschnitt 5.3 verwendet. Mit diesen 2D-Daten wird untersucht, wie viele Kalibrierungsmessungen für die Bestimmung der Übertragungsfunktion notwendig sind und welchen Einfluss die Partikelgröße auf das Ergebnis der modellbasierten Rekonstruktion hat.

8.3.1 1D-Single-Sided-Scanner

Um die Systemfunktion des 1D-Single-Sided-MPI-Scanners zu simulieren, werden die Spulen- und Stromparameter aus Abschnitt 7.2 genutzt. Zur Bestimmung der Übertragungsfunktion wird der lineare Regressionsansatz (8.5) mit $N' = 20$ Kalibrierungsmessungen verwendet. Der Partikeldurchmesser wird mit 28 nm fest gewählt. Dieser Wert wurde mittels MPS [1] bestimmt, wobei eine monodisperse Größenverteilung angenommen wurde. Von den drei verschiedenen 1D-Phantomen aus Abschnitt 7.2 wird in diesem Kapitel das Fünf-Punkte-Phantom verwendet.

8.3.2 Klassischer 2D-Scanner

Um die 2D-Systemfunktion des MPI-Scanners von Philips zu modellieren, werden die Systemparameter aus Abschnitt 5.3 verwendet. Die Magnetfelder beider Permanentmagnete werden mittels äquivalenter Spulen berechnet. Für die Bestimmung der Übertragungsfunktion des Empfangspfades wird die Anzahl der Kalibrierungsmessungen N' im Bereich von $1 - 2720$ gewählt. Die Größenverteilung der Partikel wird zum einen monodispers mit einem Durchmesser zwischen 16 nm und 28 nm gewählt. Zum anderen wird eine Log-Normalverteilung mit Mittelwert 15.2 nm und Standardabweichung 3.2 nm verwendet. Die Werte der Log-Normalverteilung wurden in [1] mittels magnetischer Partikelspektroskopie bestimmt. Weiterhin werden ideale Partikel mit einer Sprungfunktion als Magnetisierungsverlauf verwendet.

8.4 Ergebnisse

8.4.1 1D-Single-Sided-Scanner

Mehrere Frequenzkomponenten der gemessenen und der modellierten Systemfunktion sind in Abbildung 8.1 dargestellt. Wie man sieht, haben beide Systemfunktionen einen sehr ähnlichen Verlauf. Insbesondere der Betrag weist eine hohe Ähnlichkeit auf, wohingegen einige Unterschiede in der Phase erkennbar sind. Bei der modellierten Systemfunktion ist die Phase stückweise konstant mit einem Sprung von der Höhe π bei jeder Nullstelle des Real- und Imaginärteils. Obwohl die Phase der gemessenen Systemfunktion einen ähnlichen Verlauf aufweist, sind Überschwinger und Verschmierungen an jeder Nullstelle erkennbar. Das verwendete Modell kann diese Effekte bislang nicht nachbilden. Vermutlich liegen diese Effekte an dem vereinfachten Partikelmodell, das keine Anisotropien der Partikel berücksichtigt.

Die Unterschiede zwischen der gemessenen und der modellierten Systemfunktion können durch Berechnung der NRMS-Abweichung quantifiziert werden. In Abbildung 8.2 ist die NRMS-Abweichung jeder einzelnen Frequenz dargestellt. Im Mittel liegt die Abweichung bei 10 %.

Die Rekonstruktionsergebnisse des Fünf-Punkte-Phantoms sind in Abbildung 8.3 dargestellt. Da die modellierte Systemfunktion nicht in der Ortsauflösung beschränkt ist, können unterschiedlich feine Gitter zur Rekonstruktion verwendet werden. Neben derselben Gitterauflösung wie bei der gemessenen Systemfunktion wird eine dreifache Gitterauflösung verwendet ($\frac{1}{12}$ mm Abstand der Gitterpositionen). Wie man in den Graustufenbildern sehen kann, sind die Rekonstruktionsergebnisse der unterschiedlichen Systemfunktionen qualitativ vergleichbar. Sowohl die messbasierte als auch die modellbasierte Rekonstruktion sind in der Lage, die ersten vier Punkte aufzulösen, wenn das Phantom direkt vor dem Scanner liegt. Aufgrund der geringen Gradientenstärke an Stellen, die weit entfernt von der Scanner-Front liegen, kann der fünfte Punkt nicht mehr aufgelöst werden (siehe Kapitel 7). Für einen bestimmten Datensatz, bei dem das Phantom 4.2 mm vor dem Scanner liegt, ist ein Profil der Rekonstruktion in Abbildung 8.4 dargestellt. Wie man sieht, sind bei der messbasierten Rekonstruktion nur die ersten drei Punkte erkennbar. Obwohl die modellbasierte Rekonstruktion den vierten Punkt nicht auflösen kann, ist deutlich erkennbar, dass sich Partikel im Bereich von 12.5 mm – 16.5 mm vor dem Scanner befinden.

Zur Quantifizierung der Rekonstruktionsergebnisse wird die Halbwertsbreite eines Ein-Punkt-Phantoms in Abhängigkeit des Ortes berechnet und in Abbildung 8.5 dargestellt. Die Halbwertsbreite variiert zwischen 0.8 mm und 2.5 mm im Messbereich von 14 mm vor dem Scanner (siehe Kapitel 7). Die messbasierte und die modellbasierte Rekonstruktion erreichen ähnliche Halbwertsbreiten, womit die vergleichbare Bildqualität in Abbildung 8.3 begründet werden kann.

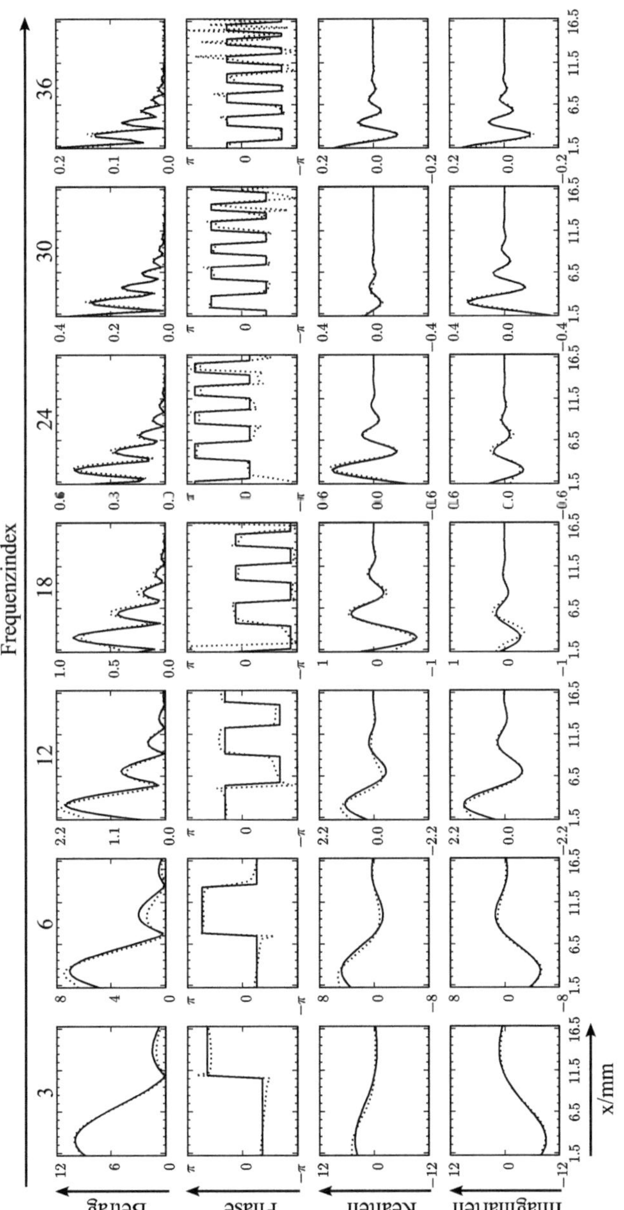

Abbildung 8.1: Gemessene (gestrichelt) und modellierte (durchgezogen) Systemfunktion des 1D-Single-Sided-MPI-Scanners. Gezeigt sind der Betrag, die Phase, der Real- und der Imaginärteil verschiedener Frequenzkomponenten als Funktion des Ortes. Der Spulenaufbau liegt auf der x-Achse direkt hinter dem Ursprung, so dass die Signalstärke aufgrund der inhomogenen Spulensensitivität der Empfangsspule mit dem Abstand zur Scanner-Front abnimmt.

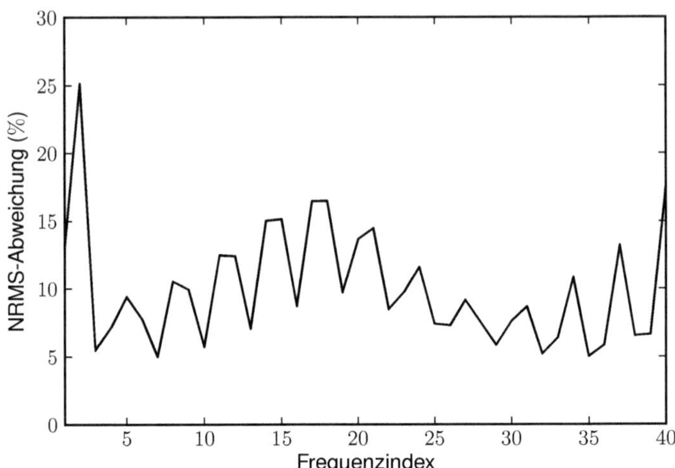

Abbildung 8.2: NRMS-Abweichung der modellierten im Vergleich zur gemessenen Systemfunktion als Funktion der Frequenz.

8.4.2 Klassischer 2D-Scanner

Als nächstes werden die 2D-Daten des klassischen MPI-Scanners von Philips betrachtet. In Abbildung 8.6 sind verschiedene Frequenzkomponenten der gemessenen und einer modellierten 2D-Systemfunktion dargestellt. Die Komponenten sind nach den Mischfaktoren m_x und m_y geordnet (siehe Abschnitt 4.4). Im Vergleich weisen die gemessene und die modellierte Systemfunktion einen ähnlichen Verlauf auf. Allerdings sind auch mehrere Unterschiede erkennbar. Besonders am Rand des Messbereichs treten bei der gemessenen Systemfunktion geometrische Verzerrungen auf, die bei der modellierten Systemfunktion deutlich weniger ausgeprägt sind. Des Weiteren verschmieren einige Wellenberge bei der gemessenen Systemfunktion, was bei der modellierten Systemfunktion nicht erkennbar ist.

Um den Einfluss der Partikelgröße auf die resultierende Systemfunktion zu quantifizieren, sind einige Frequenzkomponenten in Abbildung 8.7 dargestellt. Wie man sehen kann, hat die Größe der Partikel nur einen sehr geringen Einfluss auf den Verlauf der Systemfunktion im Ort. Folglich ist auch die Systemfunktion mit der Log-Normalverteilung des Partikeldurchmessers sehr ähnlich zu den Systemfunktionen, die mit monodispersen Größenverteilungen bestimmt wurden.

Um die Unterschiede zwischen der gemessen und den modellierten Systemfunktionen zu untersuchen, werden die NRMS-Abweichungen betrachtet, die in Tabelle 8.1 aufgelistet sind. Die Abweichung ist generell höher als bei den 1D-Systemfunktionen aus dem letzten

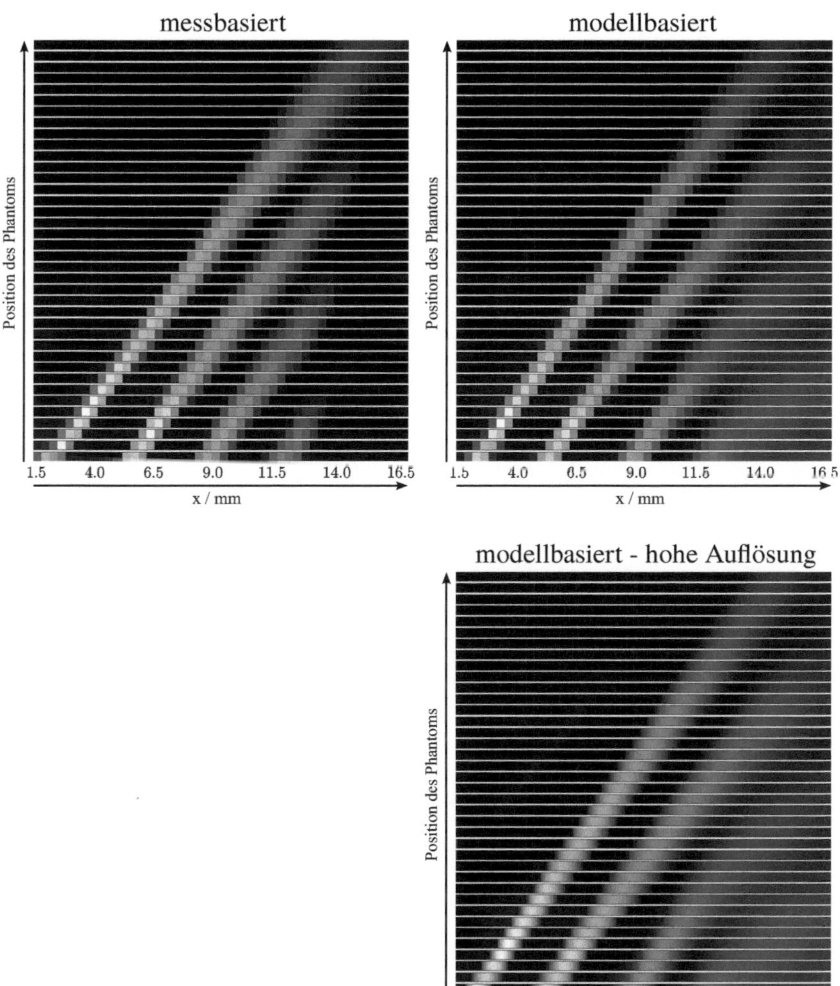

Abbildung 8.3: Ergebnisse der messbasierten und der modellbasierten Rekonstruktion. Die 1D-Messdaten wurden mit dem Single-Sided-Scanner aus Lübeck aufgenommen. Bei der modellierten Systemfunktion wurden zwei unterschiedliche Gittergrößen verwendet.

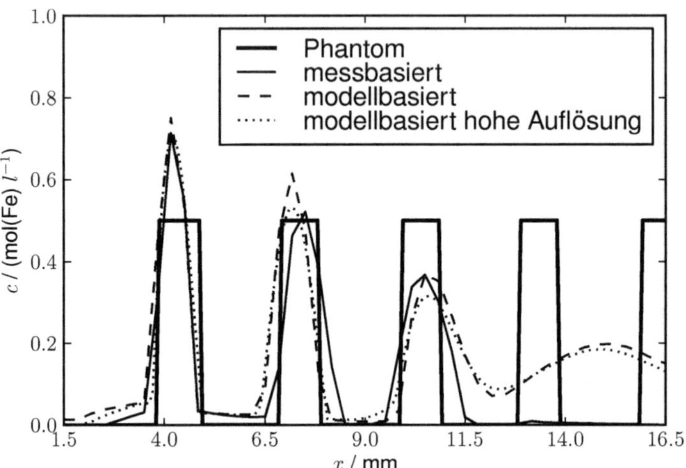

Abbildung 8.4: Profile des realen Phantoms und der rekonstruierten Daten bei der Verwendung verschiedener Systemfunktionen. Der erste Zylinder wurde 4.2 mm vor den Scanner gefahren.

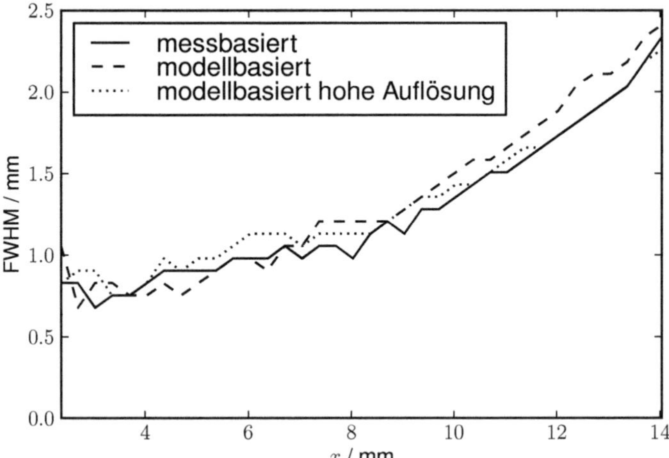

Abbildung 8.5: Halbwertsbreite einer Punktprobe die von 2.5 mm bis 14 mm vor die Scanner-Front bewegt und mit verschiedenen Systemfunktionen rekonstruiert wurde.

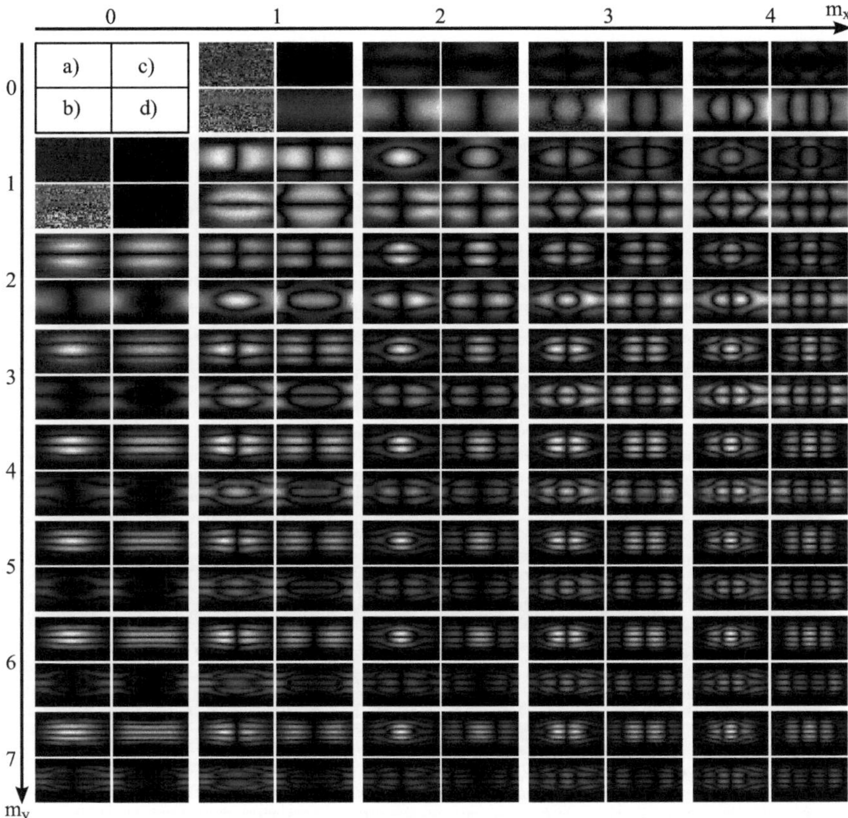

Abbildung 8.6: Betrag der gemessenen [a),b)] und der modellierten [c),d)] 2D-Systemfunktion. Bei letzterer wurde ein Partikeldurchmesser von 28 nm verwendet. Für jede Systemfunktion ist der x-Empfangskanal [b),d)] und der y-Empfangskanal [a),c)] dargestellt. Die Frequenzkomponenten sind bezüglich der Mischfaktoren m_x, m_y angeordnet.

Tabelle 8.1: NRMS-Abweichung zwischen der gemessenen Systemfunktion und mehreren modellierten Systemfunktionen, die mit unterschiedlichen Partikelgrößen berechnet wurden.

16 nm	24 nm	28 nm	ideal	Log-Norm.
23.4127 %	23.3994 %	23.3989 %	23.3991 %	23.4005 %

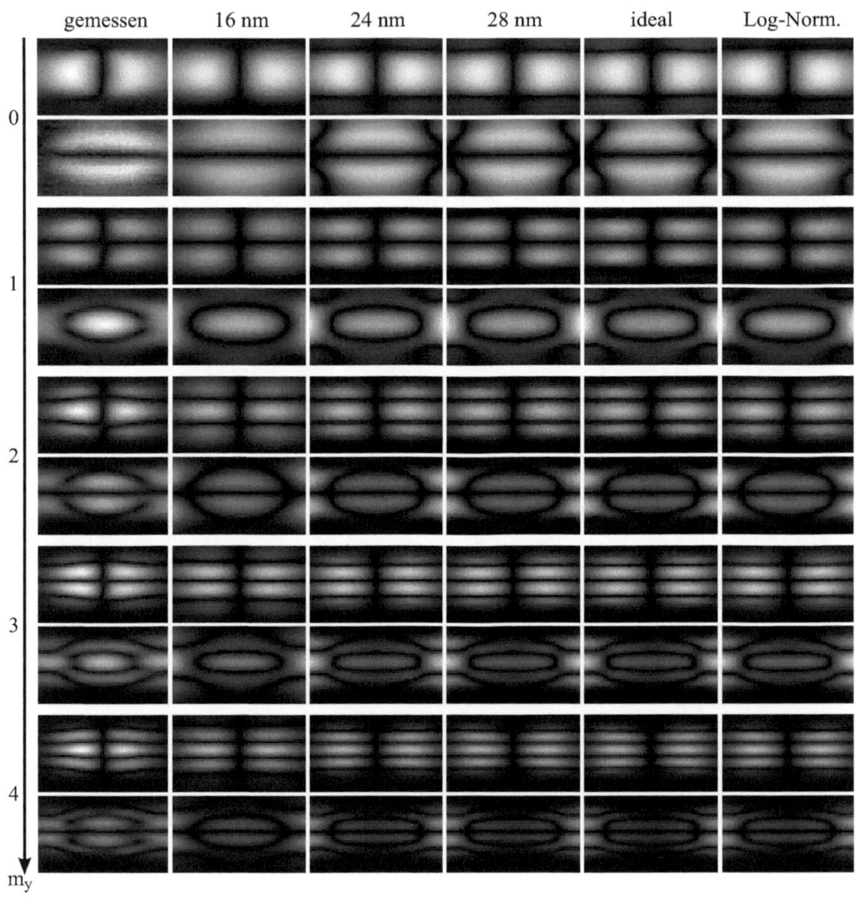

Abbildung 8.7: Betrag der gemessenen Systemfunktion und mehrerer modellierter 2D-Systemfunktionen für verschiedene Partikelgrößen und Mischfaktoren $m_x = 1$ und $m_y = 1, \ldots, 4$.

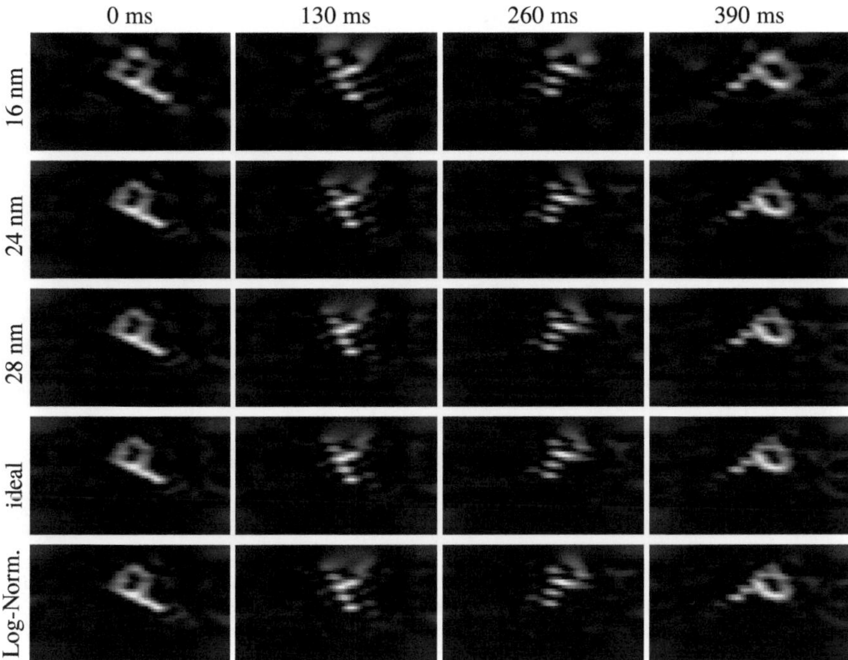

Abbildung 8.8: 2D-Rekonstruktionsergebnisse einer dynamischen Bildsequenz an vier verschiedenen Zeitpunkten. Zur Rekonstruktion wurden modellierte Systemfunktionen mit unterschiedlichen Partikelgrößen verwendet.

Abschnitt. Die Unterschiede für verschiedene Partikelgrößen sind verschwindend gering. In den folgenden Studien wird ein Partikeldurchmesser von 28 nm verwendet, da mit diesem die geringste NRMS-Abweichung erreicht wurde.

Zuvor werden noch die Rekonstruktionsergebnisse für unterschiedliche bei der Modellierung verwendete Partikelgrößen untersucht. In Abbildung 8.8 sind die Ergebnisse einer dynamischen Bildsequenz dargestellt, bei der das Phantom um 90 Grad gedreht wurde. Wie schon bei den Systemfunktionen selber hat die Partikelgröße nur einen geringen Einfluss auf das Ergebnis, wenn die Partikel größer als 24 nm sind.

Als nächstes wird untersucht, welchen Einfluss die Anzahl der bei der Berechnung der Übertragungsfunktion genutzten Kalibrierungsmessungen auf die Bildqualität hat. In Abbildung 8.9 sind die rekonstruierten Bilder dargestellt. Wie zu sehen ist, kann die Anzahl der Kalibrierungsmessungen auf 24 reduziert werden, ohne dass ein merklicher

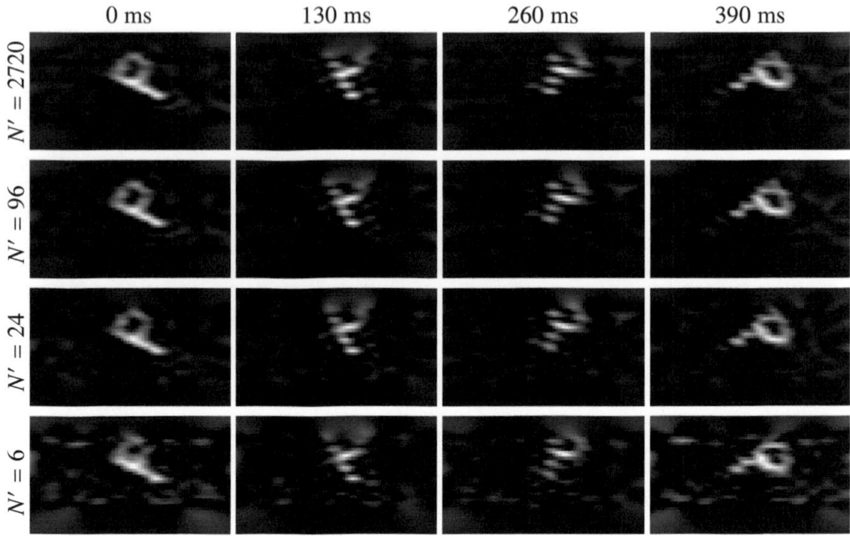

Abbildung 8.9: 2D-Rekonstruktionsergebnisse einer dynamischen Bildsequenz an vier verschiedenen
Zeitpunkten. Zur Rekonstruktion wurde eine modellierte Systemfunktion mit 28 nm
Partikeldurchmesser verwendet und die Übertragungsfunktion mit unterschiedlich
vielen Kalibrationsmessungen bestimmt.

Qualitätsverlust feststellbar ist. Werden weniger Kalibrierungsmessungen zur Schätzung
der Übertragungsfunktion verwendet, wird die Bildqualität deutlich schlechter.

Zuletzt werden die Ergebnisse der modellbasierten und der messbasierten Rekonstruktion
verglichen. Bei der modellierten Systemfunktion wird dabei ein Partikeldurchmesser von
28 nm genutzt. Die Übertragungsfunktion wird mit 24 Kalibrierungsmessungen bestimmt.
Weiterhin wird neben dem bislang verwendeten Gitter der Größe 68×40 ein hochauf-
gelöstes Gitter der Größe 136×80 verwendet. Wie in den Rekonstruktionsergebnissen
in Abbildung 8.10 feststellbar ist, sind die Ergebnisse der messbasierten Rekonstruktion
in Randbereichen besser als bei der modellbasierten Rekonstruktion. In einem großen
Bereich im Zentrum des Messfeldes erreichen beide Systemfunktionen eine vergleichbare
Bildqualität. Die Bilder, die mit der hochaufgelösten Systemfunktion rekonstruiert wurden,
zeigen zusätzliche Artefakte. Allerdings können im ersten und letzten Bild der Sequenz
mehr Punkte des Phantoms unterschieden werden als bei der messbasierten Rekonstruktion.
Dies macht deutlich, dass die modellbasierte Rekonstruktion sogar das Potenzial hat, die
Ortsauflösung gegenüber dem messbasierten Verfahren zu verbessern.

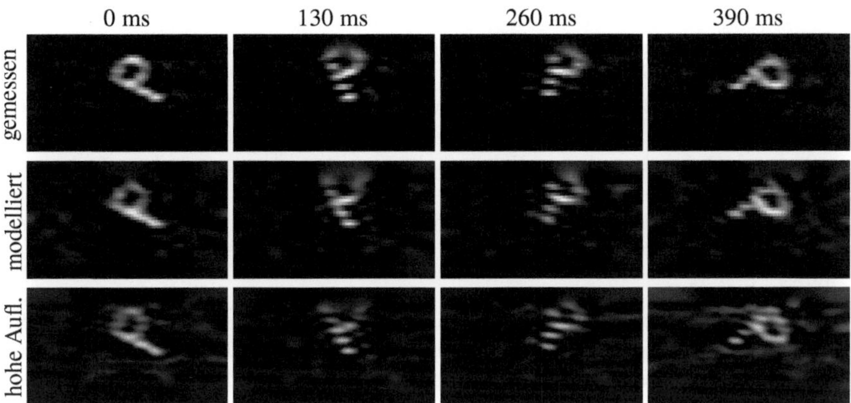

Abbildung 8.10: 2D-Rekonstruktionsergebnisse einer dynamischen Bildsequenz an vier verschiedenen Zeitpunkten. Zur Rekonstruktion wurden drei verschiedene Systemfunktionen verwendet. eine gemessene und zwei modellierte ($D^K = 28$ nm, $N' = 24$). Bei letzteren wurden zwei verschiedene Gittergrößen von 68×40 und 136×80 verwendet.

8.5 Diskussion und Ausblick

In diesem Kapitel wurde die modellbasierte Systemfunktion als Alternative zur messbasierten Systemfunktion vorgeschlagen. Bei der bislang verwendeten Kalibrierungsmessung wird die Partikelantwort einer kleinen Punktprobe bestimmt, die durch den Messbereich gefahren wird. Für Gitterauflösungen von $34 \times 20 \times 28$ ist dieser Ansatz noch durchführbar, obwohl sechs Stunden Messzeit und 10 GB Speicher benötigt werden [42]. Für höhere Auflösungen erreicht der messbasierte Ansatz aber schnell seine Grenzen. Wenn man zum Beispiel eine Gittergröße von 128^3 (256^3) und einen entsprechend vergrößerten Messbereich nutzen möchte, würde die Messzeit bei einem Monat (sechs Monaten) liegen und insgesamt 1 TB (8 TB) Speicher benötigen. Beides ist in der Praxis kaum handhabbar.

Aus diesem Grund besteht ein großes Interesse an einem modellbasierten Verfahren zur Bestimmung der Systemfunktion. Wie in diesem Kapitel gezeigt wurde, ist die modellierte Systemfunktion gut genug, um sinnvolle Bilder aus experimentellen 1D- und 2D-MPI-Daten zu rekonstruieren. Bei den 1D-Daten wurde gegenüber der messbasierten Rekonstruktion eine vergleichbare Qualität erreicht. Bei den 2D-Daten war die Bildqualität nur in Randbereichen schlechter und ansonsten vergleichbar. Die Probleme am Rand können durch die Unterschiede in den Systemfunktionen selbst begründet werden. Bei der gemessenen Systemfunktion treten in Randbereichen Verzerrungen auf, die in der modellierten Systemfunktion weniger ausgeprägt sind.

Es ist eine große Herausforderung, die Gründe für diese Unterschiede ausfindig zu machen. In dieser Arbeit wurde der Einfluss der Partikelgröße auf die resultierende Systemfunktion untersucht. Allerdings konnte weder durch Variieren des Durchmessers noch durch Verwendung einer Log-Normalverteilung eine Verbesserung der Genauigkeit erreicht werden. Tatsächlich hat die Partikelgröße nur einen geringen Einfluss auf die örtliche Ausprägung der Systemfunktion. Es sollte an dieser Stelle aber bemerkt werden, dass die Energie der einzelnen Frequenzkomponenten hochgradig von der Partikelgröße abhängt (siehe Abschnitt 4.4). Da allerdings die Energie inhärent durch Schätzung der Übertragungsfunktion mitbestimmt wird, hat die Partikelgröße auf den Abfall des Partikelspektrums keinen Einfluss.

Möglicherweise werden die Unterschiede durch eine nichtideale Spulengeometrie oder durch Wirbelströme verursacht. Letztere werden bei der verwendeten Magnetfeldsimulation nicht betrachtet. Da beide Ursachen zu einer Magnetfeldänderung führen, ist die modellierte FFP-Trajektorie möglicherweise fehlerhaft. Vermutlich werden die Unterschiede zwischen den Systemfunktionen aber hauptsächlich durch das vereinfachte Partikelmodell verursacht. In der gemessenen Systemfunktion sind auch Anisotropien der Partikel inhärent berücksichtigt. Allerdings ist eine akkurate Modellierung dieser Effekte eine große Herausforderung, da die Anisotropiekonstanten sowie die Partikelgrößen nicht genau bekannt sind.

In diesem Kapitel wurden die meisten Parameter der Systemfunktion auf Grundlage des Scannerentwurfs gewählt. Nur um die Übertragungsfunktion des Empfangspfades zu bestimmen, wurden einige Kalibrierungsmessungen verwendet. Dabei lag die für eine gute Bildqualität notwendige Anzahl an Kalibrierungsmessungen in der Größenordnung von 24. Dass weniger Kalibrierungsmessungen zu einer ungenauen Übertragungsfunktion führen, kann wie folgt begründet werden. Wie in Abbildung 8.6 zu sehen ist, gibt es keine Position im Messbereich, die nicht in irgendeiner Frequenzkomponente in unmittelbarer Nähe einer Nullstelle liegt. Offensichtlich kann die Übertragungsfunktion bei einer Nullstelle nicht bestimmt werden, da das Signal in dem Fall unabhängig von der Übertragungsfunktion null ist. Um nun die Wellenberge in jeder Frequenzkomponente zu treffen, muss mehr als eine Position verwendet werden. Der Einfachheit halber wurden die Positionen in diesem Kapitel auf einem äquidistanten Gitter gewählt. Möglicherweise kann die Anzahl der notwendigen Kalibrierungsmessungen für nichtäquidistante Positionen weiter reduziert werden.

Eine Möglichkeit, die Genauigkeit des Modells der Systemfunktion zu verbessern, besteht darin, nichtlineare Optimierungsalgorithmen für die Schätzung der System- und Partikelparameter zu verwenden. In diesem Kapitel wurde nur die Übertragungsfunktion optimiert. Um die Flexibilität des Modells zu erhöhen, könnte ein Verrückungsfeld eingeführt werden. Dieses könnte dazu genutzt werden, nichtlineare Verzerrungen im Raum nachzubilden. Das Verrückungsfeld könnte mit einer nichtrigiden Registrierung bestimmt werden [125, 126, 127, 128]. Dafür sind aber mit Sicherheit mehr Kalibrierungsmessungen notwendig, als in dieser Arbeit für die Übertragungsfunktion nötig waren.

Die Größe der hier betrachteten 2D-Systemfunktion war klein genug, um in den Hauptspeicher eines Computers zu passen. Um eine speicherplatzeffiziente Rekonstruktion auch für Daten zu ermöglichen, die größer als der nutzbare Hauptspeicher sind, können Teile der Systemfunktion nach Bedarf berechnet werden. Auf diese Weise können speicherplatzeffiziente Matrix-Vektor-Multiplikationen mit der Systemmatrix und ihrer Adjungierten realisiert werden. Da iterative Verfahren, wie das CGNR-Verfahren (siehe Kapitel 5) hauptsächlich diese Matrix-Vektor-Multiplikationen durchführen, ist eine speicherplatzeffiziente Rekonstruktion mit einer modellbasierten Systemfunktion möglich. Des Weiteren benötigt eine Matrix-Vektor-Multiplikation ohne Vorberechnung der Einträge genauso viele Rechenoperationen wie mit Vorberechnung der Einträge, nämlich $O(NM)$. Bei einer modellbasierten Systemfunktion gibt es aber unter Umständen deutlich schnellere Algorithmen [117, 118], die eine Matrix-Vektor-Multiplikation in nur $O(N \log N)$ Schritten durchführen. Hierzu müsste der Bildgebungsoperator als Faltung formuliert werden, was unter Umständen mit einigen Annahmen, wie zum Beispiel idealen Magnetfeldern, auch bei der 2D- und 3D-Bildgebung möglich ist.

Ein wichtiger Vorteil des modellbasierten Ansatzes ist, dass die Systemfunktion auf einem beliebig feinen Gitter ausgewertet werden kann. Ob dies tatsächlich zu einer Auflösungsverbesserung führt, hängt von einer Reihe von Parametern ab, wie zum Beispiel der Steilheit des Magnetisierungsverlaufs, der Gradientenstärke des Selektionsfeldes, der verwendeten FFP-Trajektorie und dem Rauschpegel der Messdaten. Bei den in diesem Kapitel betrachteten 2D-Daten führte das feinere Gitter anscheinend zu einer Auflösungsverbesserung, aber einigen zusätzlichen Bildartefakten.

Wegen des enormen Zeitaufwandes, der für das messbasierte Verfahren nötig ist, wird die modellbasierte Rekonstruktion mit Sicherheit eine Anwendung bei MPI finden. Für die hier betrachteten 2D-Daten benötigte die Bestimmung der modellierten Systemfunktion nur 15 Sekunden. Dies ist, im Vergleich zu den 45 Minuten, die für die Messung der kompletten Systemfunktion nötig waren, eine deutliche Reduzierung um einen Faktor größer als 100. Für 3D-Daten, wie sie schon in [42] verwendet wurden, ist der Zeitvorteil der modellbasierten Bestimmung der Systemfunktion noch viel entscheidender.

9

Bildgebung mit einer feldfreien Linie

Alle bis heute realisierten MPI-Scanner verwenden für die Ortskodierung ein Selektionsfeld mit einem feldfreien Punkt. Das Grundprinzip dabei ist, dass nur Partikel in direkter Nähe zum FFP ungesättigt sind und somit zum Messsignal beitragen (siehe Kapitel 1). Je höher der Gradient des Selektionsfeldes ist, desto kleiner ist die Region der zum Messsignal beitragenden Partikel und desto höher ist folglich die potenzielle Ortsauflösung des Verfahrens. Allerdings kann eine hohe Auflösung nur erreicht werden, wenn das SNR der Messdaten hoch ist. Ungünstigerweise ist die Sensitivität von MPI bei der 3D-Bildgebung umgekehrt proportional zur dritten Potenz der Gradientenstärke des Selektionsfeldes. Es stellt sich daher die Frage, ob es effizientere Ortskodierschemata als die Verwendung eines FFP-Feldes gibt.

Im Jahr 2008 wurde ein Ortskodierschema vorgestellt, das die Sensitivität von MPI deutlich steigern könnte [44]. Dabei wird statt eines feldfreien Punktes eine feldfreie Linie für die Bildgebung genutzt, wie in Abbildung 9.1 dargestellt ist. Bei der Datenakquisition oszilliert die FFL schnell senkrecht zu ihrer Ausrichtung, während sie sich langsam dreht. Daher muss ein FFL-Scanner in der Lage sein, die FFL zu erzeugen, zu drehen und zu verschieben. Aus praktischen Gründen sollte der Aufbau dabei nicht mechanisch bewegt werden. Stattdessen soll die Drehung und die Verschiebung der FFL nur durch Ändern der Ströme in den verwendeten Spulen erreicht werden.

Der erste Aufbau, der die zuvor genannten Anforderungen erfüllt, wurde in [44] vorgeschlagen. Er besteht aus 32 Spulen, die an äquidistanten Winkeln auf einem Kreis angeordnet

feldfreier Punkt   feldfreie Linie

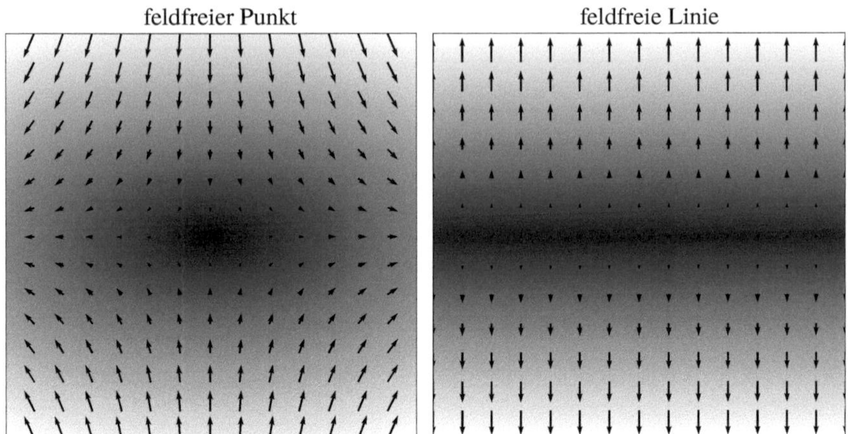

Abbildung 9.1: Vergleich eines FFP-Feldes mit einem FFL-Feld, wobei schwarz die Feldstärke null und weiß hohe Feldstärken kodiert.

sind. Auch wenn in dem Artikel in einer Simulationsstudie eine Sensitivitätssteigerung gegenüber der FFP-Bildgebung gezeigt werden konnte, waren die Autoren sehr pessimistisch, ob das FFL-Konzept überhaupt umsetzbar wäre. Diese Skepsis entsprang der Tatsache, dass der von den Autoren vorgeschlagene FFL-Scanner etwa tausend Mal mehr Leistung benötigt als ein FFP-Scanner vergleichbarer Größe und Gradientenstärke.

In diesem Kapitel wird gezeigt, dass eine rotierende FFL bereits mit $L \geq 3$ Maxwell-Spulenpaaren erzeugt werden kann. Nach unserem besten Wissen ist nicht nur der Beweis neu, sondern auch die Idee, mit weniger als 32 Spulen eine FFL zu erzeugen. Durch weniger Spulen reduziert sich die benötigte Leistung deutlich. In dieser Arbeit wird der erste mit vertretbarem Aufwand realisierbare FFL-Scanner vorgestellt, der für resistive Spulen ähnlich viel Leistung wie ein FFP-Scanner vergleichbarer Größe und Gradientenstärke benötigt.

9.1 Theorie

9.1.1 Koordinatentransformationen

In diesem Kapitel werden verschiedene Koordinatensysteme betrachtet, die eine anschauliche Darstellung der mathematischen Herleitungen erlauben. Das globale Koordinatensystem wird durch die Einheitsvektoren e_x, e_y und e_z beschrieben, so dass jeder Punkt im

Raum in der Form $\boldsymbol{r} = (x, y, z)^{\mathsf{T}} = x\boldsymbol{e}_x + y\boldsymbol{e}_y + z\boldsymbol{e}_z \in \mathbb{R}^3$ dargestellt werden kann (siehe Abschnitt 2.1).

Für die späteren Herleitungen werden gedrehte Koordinatensysteme benötigt. Ein um den Winkel β in der xy-Ebene gedrehtes Koordinatensystem wird durch die gedrehten Basisvektoren $\boldsymbol{e}_x^\beta = (\cos\beta, \sin\beta, 0)^{\mathsf{T}}$, $\boldsymbol{e}_y^\beta = (-\sin\beta, \cos\beta, 0)^{\mathsf{T}}$ und $\boldsymbol{e}_z^\beta = \boldsymbol{e}_z$ beschrieben. Um die globalen Koordinaten $\boldsymbol{r}$ in gedrehte Koordinaten $\boldsymbol{r}^\beta$ und umgekehrt zu überführen, können die Transformationen

$$\boldsymbol{r}^\beta = \boldsymbol{R}^\beta \boldsymbol{r}, \tag{9.1}$$

$$\boldsymbol{r} = \boldsymbol{R}^{-\beta} \boldsymbol{r}^\beta \tag{9.2}$$

verwendet werden. Dabei bezeichnet

$$\boldsymbol{R}^\beta = (\boldsymbol{e}_x^\beta, \boldsymbol{e}_y^\beta, \boldsymbol{e}_z^\beta) = \begin{pmatrix} \cos\beta & -\sin\beta & 0 \\ \sin\beta & \cos\beta & 0 \\ 0 & 0 & 1 \end{pmatrix} \tag{9.3}$$

die Rotationsmatrix. Die magnetische Feldstärke $\boldsymbol{H}(\boldsymbol{r})$ in globalen Koordinaten kann in gedrehte Koordinaten und umgekehrt durch

$$\boldsymbol{H}^\beta(\boldsymbol{r}^\beta) = \boldsymbol{R}^\beta \boldsymbol{H}(\boldsymbol{R}^{-\beta} \boldsymbol{r}^\beta) = \boldsymbol{R}^\beta \boldsymbol{H}(\boldsymbol{r}), \tag{9.4}$$

$$\boldsymbol{H}(\boldsymbol{r}) = \boldsymbol{R}^{-\beta} \boldsymbol{H}^\beta(\boldsymbol{R}^\beta \boldsymbol{r}) = \boldsymbol{R}^{-\beta} \boldsymbol{H}^\beta(\boldsymbol{r}^\beta) \tag{9.5}$$

überführt werden. Dabei ist ganz entscheidend, dass nicht nur die Koordinaten, sondern auch die resultierenden Feldvektoren transformiert werden. In den folgenden Abschnitten werden Koordinatentransformationen genutzt, um die Felder der gedrehten Maxwell-Spulenpaare in dem FFL-Koordinatensystem darzustellen.

9.1.2 Anforderungen

In diesem Abschnitt werden die Anforderungen an die Bildgebung mittels einer FFL vorgestellt. Durch Bewegen der FFL werden zu jedem Zeitpunkt Linienintegrale der Partikelverteilung aufgenommen. Das Problem, aus Linienintegralen ein Objekt zu rekonstruieren, wurde schon 1917 von J. Radon unabhängig von einer bestimmten Anwendung untersucht [123]. Wie er festgestellt hat, ist es für die Rekonstruktion nötig, dass die Linienintegrale an verschiedenen Winkeln und an verschiedenen Positionen vorliegen.

Schon seit langem haben die Erkenntnisse von J. Radon Einzug in das Feld der Bildgebung gehalten. Das bekannteste Beispiel ist die Computertomographie, bei der von einem Objekt eine Vielzahl von Röntgenaufnahmen aus unterschiedlichen Richtungen aufgenommen werden. Es liegt daher auf der Hand, ein vergleichbares Konzept auch bei der MPI-Bildgebung zu verwenden. Hierzu kann, wie in [44] vorgeschlagen, ein Messprotokoll verwendet werden, bei dem sich die FFL langsam dreht, während sie senkrecht zu ihrer Ausrichtung schnell oszilliert. Es gibt daher folgende Anforderungen an das zu generierende Feld:

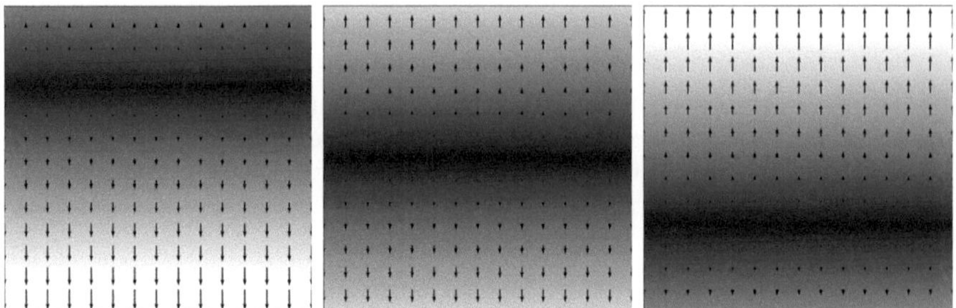

Abbildung 9.2: Verschiebung des FFL-Feldes in y-Richtung. Hierzu kann ein homogenes Feld genutzt werden, dessen Feldvektor senkrecht zur FFL steht.

- Die FFL muss beliebig drehbar sein, das heißt entlang jeder Richtung

$$d_{\mathrm{FFL}}^{\alpha} = (\cos\alpha, \sin\alpha, 0)^{\mathsf{T}}, \quad \alpha \in [0, 2\pi) \tag{9.6}$$

orientierbar sein.

- Die FFL muss beliebig verschiebbar sein, so dass sie jeden Punkt

$$t = (t_x, t_y, t_z)^{\mathsf{T}} \in \mathbb{R}^3 \tag{9.7}$$

schneiden kann.

In den Abbildungen 9.2 und 9.3 ist eine beispielhafte Verschiebung und eine beispielhafte Drehung der FFL dargestellt.

In den nächsten beiden Abschnitten wird ausschließlich die Erzeugung und Drehung der FFL betrachtet. Die FFL soll dabei immer den Nullpunkt schneiden. In Abschnitt 9.1.5 wird schließlich besprochen, wie die FFL verschoben werden kann.

In gedrehten Koordinaten r^{α} erfüllt das um den Winkel α gedrehte FFL-Feld die Bedingung

$$H^{\alpha}(r^{\alpha}) = 0 \quad \text{für} \quad r^{\alpha} = (x', 0, 0)^{\mathsf{T}}, x' \in \mathbb{R}. \tag{9.8}$$

An dem trivialen Nullfeld ist man bei der FFL-Bildgebung aber nicht interessiert. Stattdessen sollte das Feld senkrecht zur FFL rasch ansteigen.

Äquivalenter Weise kann Aussage (9.8) über die Ortsableitung der Feldstärke entlang der FFL beschrieben werden. Diese muss an jedem Punkt der Linie null sein. Da dies jedoch nur ein konstantes Feld entlang der Linie zusichert, muss für die Äquivalenz zumindest an einem Punkt der Linie das Feld betrachtet werden, zum Beispiel im Nullpunkt. Somit gilt für ein FFL-Feld

$$\frac{\partial H_x^{\alpha}(r^{\alpha})}{\partial e_x^{\alpha}} = 0 \quad \text{für} \quad r^{\alpha} = (x', 0, 0)^{\mathsf{T}}, x' \in \mathbb{R} \tag{9.9}$$

und $\quad H^{\alpha}(0) = 0.$ \hfill (9.10)

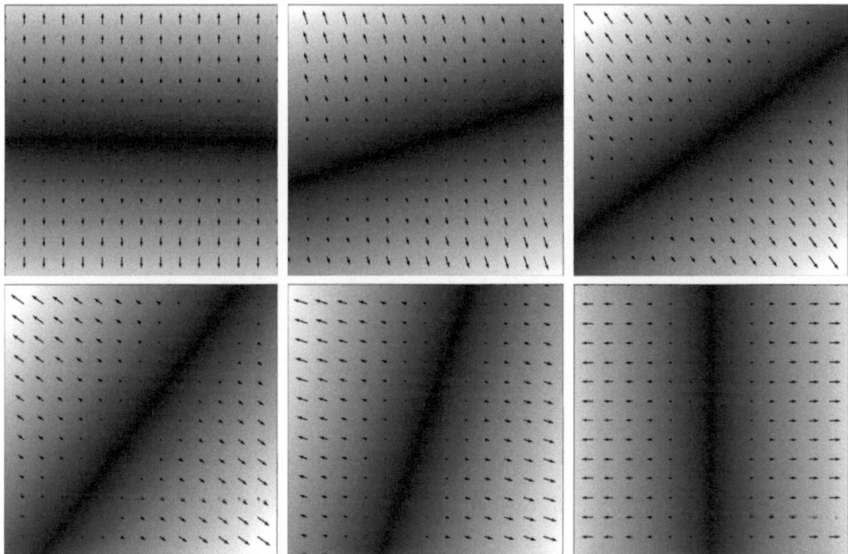

Abbildung 9.3: Drehung des FFL-Feldes im mathematisch positiven Sinn. Gezeigt sind sechs Winkel von $\alpha = 0$ bis $\alpha = \pi/2$.

9.1.3 Spulenanordung

Im Folgenden wird eine Spulenanordnung vorgestellt, die in der Lage ist, eine sich drehende FFL zu erzeugen. Dabei wird der in [44] vorgestellte Aufbau, bestehend aus 32 kreisrunden Spulen, verallgemeinert. Folglich werden $2L$, $L \geq 3$ Spulen betrachtet, die an äquidistanten Winkeln $\varphi_l = \pi \frac{l}{L}$ auf einem Kreis vom Durchmesser D^{Messfeld} angeordnet sind. Die Spulenhauptachsen schneiden den Mittelpunkt, wie in Abbildung 9.4 zu sehen ist. In [44] wurden die einzelnen Spulen mit den Strömen

$$I_l(\alpha) = \tilde{A}\sin^2(\varphi_l - \alpha) + \tilde{C} = \frac{\tilde{A}}{2}(1 - \cos(2\varphi_l - 2\alpha)) + \tilde{C} \tag{9.11}$$

betrieben. Allerdings wurde dabei nicht spezifiziert, wie die Parameter $\tilde{A}$ und $\tilde{C}$ gewählt werden müssen, um eine FFL entlang $\boldsymbol{d}^\alpha_{\text{FFL}}$ zu erzeugen. Wie in dieser Arbeit gezeigt wird, ist das Verhältnis der beiden Parameter konstant. Unglücklich an Formulierung (9.11) ist, dass die Parameter $\tilde{A}$ und $\tilde{C}$ aufgrund des quadrierten Sinus nicht den Gleich- und Wechselanteil des Stromes angeben. Daher werden in dieser Arbeit die Variablen $I^0 = \frac{\tilde{A}}{2}$ und $\gamma = 1 + \frac{2\tilde{C}}{\tilde{A}}$ eingeführt und die Ströme in der Form

$$I_l(\alpha) = I^0(\gamma - \cos(2\varphi_l - 2\alpha)) \tag{9.12}$$

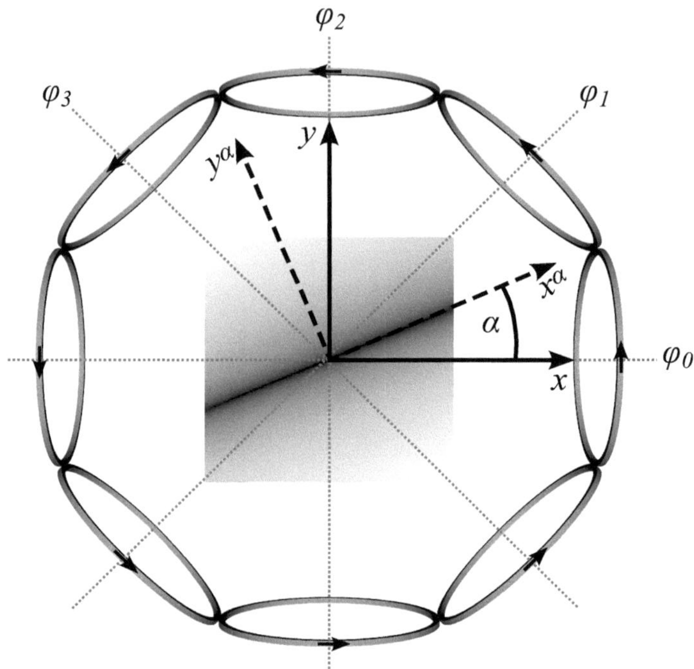

Abbildung 9.4: Spulenanordnung zum Erzeugen einer sich drehenden FFL mit $L = 4$ Maxwell-Spulenpaaren. Die Richtungen der Ströme sind durch Pfeile angedeutet. Weiterhin ist das erzeugte FFL-Feld sowie das gedrehte Koordinatensystem dargestellt.

geschrieben. Hier ist nun I^0 die Amplitude des Wechselstroms und γ das Verhältnis zwischen Gleich- und Wechselstrom. Wie man leicht sieht, fließt durch gegenüberliegende Spulen derselbe Strom. Da die Hauptachse jeder Spule den Ursprung schneidet, bilden zwei gegenüberliegende Spulen ein Maxwell-Spulenpaar mit Strömen, die in entgegengesetzte Richtungen fließen. Folglich besteht der Aufbau aus L Maxwell-Spulenpaaren. Wie in Abschnitt 4.2.1 besprochen wurde, erzeugt ein Maxwell-Spulenpaar ein lineares magnetisches Feld mit einem FFP im Zentrum zwischen den Spulen. In gedrehten Koordinaten r^{φ_l} ist das magnetisches Feld, das durch das l-te Spulenpaar erzeugt wird, näherungsweise durch

$$H_l^{\varphi_l}(r^{\varphi_l}) = I_l p \begin{pmatrix} 1 & 0 & 0 \\ 0 & -\frac{1}{2} & 0 \\ 0 & 0 & -\frac{1}{2} \end{pmatrix} r^{\varphi_l} = I_l G r^{\varphi_l} \tag{9.13}$$

gegeben. Dabei bezeichnet p die Spulensensitivität. In der Realität weicht das von einem Maxwell-Spulenpaar erzeugte Feld von (9.13) ab. In Abschnitt 9.3 wird daher untersucht, wie groß die Abweichung zwischen dem idealen und dem durch Spulen erzeugten Feld ist. Für die mathematischen Herleitungen in diesem Kapitel wird aber angenommen, dass die Gradientenfelder ideal sind.

9.1.4 Drehung der feldfreien Linie

Im Folgenden wird bewiesen, dass der zuvor beschriebene Spulenaufbau, unter Annahme idealer Gradientenfelder, tatsächlich eine FFL erzeugt.

Theorem 9.1: *Die Überlagerung von $L \geq 3$ idealen um den Winkel $\varphi_l = \pi\frac{l}{L}$ in der xy-Ebene gedrehten Gradientenfeldern erzeugt eine feldfreie Linie in der xy-Ebene durch den Ursprung entlang der Richtung $\boldsymbol{d}_{FFL}^{\alpha}$. Die Ströme müssen dazu in der Form $I_l = I^0(\gamma - \cos(2\varphi_l - 2\alpha))$ mit $\gamma = \frac{3}{2}$ gewählt werden. Senkrecht zur FFL in der xy-Ebene und in z-Richtung nimmt die Gradientenstärke betragsmäßig den Wert $I^0 L p\frac{3}{4}$ an.*

Zum Beweis wird folgendes Lemma benötigt:

Lemma 9.1: *Für $L \geq 3$, $\alpha \in \mathbb{R}$ und $q \in \{1, 2\}$ gilt*

$$\sum_{l=0}^{L-1} \cos\left(2q\pi\frac{l}{L} + 2q\alpha\right) = 0. \tag{9.14}$$

Beweis: Die Aussage folgt als Spezialfall der Summierung der komplexen Einheitswurzeln. Es ist wohlbekannt [77], dass für $L \in \mathbb{N}$ und $k = 1, \ldots, L-1$ die Gleichung

$$\sum_{l=0}^{L-1} \exp\left(2\pi\mathrm{i}\frac{kl}{L}\right) = 0 \tag{9.15}$$

gilt. Mit der Eulerformel $\exp(\mathrm{i}\alpha) = \cos(\alpha) + \mathrm{i}\sin(\alpha)$ und durch separate Betrachtung des Real- und Imaginärteils, ergibt sich

$$\sum_{l=0}^{L-1} \cos\left(2\pi\frac{kl}{L}\right) = \sum_{l=0}^{L-1} \sin\left(2\pi\frac{kl}{L}\right) = 0. \tag{9.16}$$

Indem die Kosinus-Summe mit $\cos(2q\alpha)$ und die Sinus-Summe mit $\sin(2q\alpha)$ gewichtet wird, erhält man nach Subtraktion der Ergebnisse

$$\sum_{l=0}^{L-1} \cos(2q\alpha)\cos\left(2\pi\frac{kl}{L}\right) - \sin(2q\alpha)\sin\left(2\pi\frac{kl}{L}\right) = 0. \tag{9.17}$$

Mit dem Additionstheorem $\cos(a + b) = \cos(a)\cos(b) - \sin(a)\sin(b)$ und $k = q$ ergibt sich die Aussage von Lemma 9.1. ∎

Beweis von Theorem 9.1: Der Beweis gliedert sich in drei Teile. Zunächst wird das von dem Spulenaufbau erzeugte Feld explizit berechnet. Anschließend wird gezeigt, dass dieses Feld tatsächlich eine FFL enthält. Schließlich wird die Gradientenstärke in orthogonale Richtungen zur FFL berechnet.

Die magnetische Feldstärke des l-ten Spulenpaares (9.13) kann nach einer Koordinatentransformation in globalen Koordinaten angegeben werden

$$\boldsymbol{H}_l(\boldsymbol{r}) = \boldsymbol{R}^{-\varphi_l}\boldsymbol{H}_l^{\varphi_l}(\boldsymbol{R}^{\varphi_l}\boldsymbol{r}) = I_l\boldsymbol{R}^{-\varphi_l}\boldsymbol{G}\boldsymbol{R}^{\varphi_l}\boldsymbol{r} = I_l\boldsymbol{G}^{\varphi_l}\boldsymbol{r}. \tag{9.18}$$

Dabei ist die rotierte Gradientenmatrix durch

$$\boldsymbol{G}^{\varphi_l} := \boldsymbol{R}^{-\varphi_l}\boldsymbol{G}\boldsymbol{R}^{\varphi_l}$$

$$= p \begin{pmatrix} \cos(\varphi_l) & \sin(\varphi_l) & 0 \\ -\sin(\varphi_l) & \cos(\varphi_l) & 0 \\ 0 & 0 & 1 \end{pmatrix} \begin{pmatrix} 1 & 0 & 0 \\ 0 & -\frac{1}{2} & 0 \\ 0 & 0 & -\frac{1}{2} \end{pmatrix} \begin{pmatrix} \cos(\varphi_l) & -\sin(\varphi_l) & 0 \\ \sin(\varphi_l) & \cos(\varphi_l) & 0 \\ 0 & 0 & 1 \end{pmatrix}$$

$$= p \begin{pmatrix} \cos(\varphi_l) & \sin(\varphi_l) & 0 \\ -\sin(\varphi_l) & \cos(\varphi_l) & 0 \\ 0 & 0 & 1 \end{pmatrix} \begin{pmatrix} \cos(\varphi_l) & -\sin(\varphi_l) & 0 \\ -\frac{1}{2}\sin(\varphi_l) & -\frac{1}{2}\cos(\varphi_l) & 0 \\ 0 & 0 & -\frac{1}{2} \end{pmatrix} \tag{9.19}$$

$$= p \begin{pmatrix} \cos^2(\varphi_l) - \frac{1}{2}\sin^2(\varphi_l) & -\frac{3}{2}\sin(\varphi_l)\cos(\varphi_l) & 0 \\ -\frac{3}{2}\sin(\varphi_l)\cos(\varphi_l) & \sin^2(\varphi_l) - \frac{1}{2}\cos^2(\varphi_l) & 0 \\ 0 & 0 & -\frac{1}{2} \end{pmatrix}$$

$$= p \begin{pmatrix} \frac{1}{4} + \frac{3}{4}\cos(2\varphi_l) & -\frac{3}{4}\sin(2\varphi_l) & 0 \\ -\frac{3}{4}\sin(2\varphi_l) & \frac{1}{4} - \frac{3}{4}\cos(2\varphi_l) & 0 \\ 0 & 0 & -\frac{1}{2} \end{pmatrix}.$$

gegeben. In gedrehten FFL-Koordinaten $\boldsymbol{r}^\alpha$ kann dieses Feld geschrieben werden als

$$\boldsymbol{H}_l^\alpha(\boldsymbol{r}^\alpha) = I_l\boldsymbol{G}^{\varphi_l-\alpha}\boldsymbol{r}^\alpha. \tag{9.20}$$

Das Gesamtmagnetfeld des Spulenaufbaus ist durch die Überlagerung der Magnetfelder (9.20) gegeben und kann somit durch

$$\boldsymbol{H}^\alpha(\boldsymbol{r}^\alpha) = \sum_{l=0}^{L-1} I_l\boldsymbol{G}^{\varphi_l-\alpha}\boldsymbol{r}^\alpha = \boldsymbol{D}^\alpha\boldsymbol{r}^\alpha \tag{9.21}$$

berechnet werden. Dabei ist die Matrix $\boldsymbol{D}^\alpha$ definiert als

$$\boldsymbol{D}^\alpha := p\sum_{l=0}^{L-1} \begin{pmatrix} I_l\left(\frac{1}{4} + \frac{3}{4}\cos(2\varphi_l - 2\alpha)\right) & -I_l\frac{3}{4}\sin(2\varphi_l - 2\alpha) & 0 \\ -I_l\frac{3}{4}\sin(2\varphi_l - 2\alpha) & I_l\left(\frac{1}{4} - \frac{3}{4}\cos(2\varphi_l - 2\alpha)\right) & 0 \\ 0 & 0 & -\frac{1}{2}I_l \end{pmatrix}. \tag{9.22}$$

Als nächstes wird gezeigt, dass das Gesamtmagnetfeld $\boldsymbol{H}^\alpha(\boldsymbol{r}^\alpha)$ tatsächlich eine FFL in Richtung $\boldsymbol{d}^\alpha_{\mathrm{FFL}}$ enthält. Hierzu müssen die Bedingungen (9.9) und (9.10) überprüft werden. Offensichtlich gilt $\boldsymbol{H}^\alpha(\boldsymbol{0}) = \boldsymbol{D}^\alpha\boldsymbol{0} = \boldsymbol{0}$. Es bleibt daher zu zeigen, dass die Ortsableitung entlang $\boldsymbol{d}^\alpha_{\mathrm{FFL}}$ gleich null ist, also

$$\frac{\partial H^\alpha_x(\boldsymbol{r}^\alpha)}{\partial e^\alpha_x} = 0. \tag{9.23}$$

Diese Ableitung ist gleich dem Eintrag $\boldsymbol{D}^\alpha_{0,0}$ der 3×3 Matrix $\boldsymbol{D}^\alpha$ (9.22). Somit gilt

$$\frac{\partial H^\alpha_x(\boldsymbol{r}^\alpha)}{\partial e^\alpha_x} = I^0 p \sum_{l=0}^{L-1} (\gamma - \cos(2\varphi_l - 2\alpha)) \left(\frac{1}{4} + \frac{3}{4} \cos(2\varphi_l - 2\alpha) \right). \tag{9.24}$$

Durch Ausmultiplizieren und Nutzen der trigonometrischen Formel $\cos^2(a) = \frac{1}{2} + \frac{1}{2} \cos(2a)$ ergibt sich

$$\frac{\partial H^\alpha_x(\boldsymbol{r}^\alpha)}{\partial o^\alpha_x} = I^0 p \sum_{l=0}^{L-1} \frac{1}{4}\gamma + \left(\frac{3}{4}\gamma - \frac{1}{4} \right) \cos(2\varphi_l - 2\alpha) - \frac{3}{4} \cos^2(2\varphi_l - 2\alpha)$$

$$= I^0 p \sum_{l=0}^{L-1} \frac{1}{4}\gamma + \left(\frac{3}{4}\gamma - \frac{1}{4} \right) \cos(2\varphi_l - 2\alpha) - \frac{3}{8} - \frac{3}{8} \cos(4\varphi_l - 4\alpha) \tag{9.25}$$

$$= I^0 p \left[L \left(\frac{1}{4}\gamma - \frac{3}{8} \right) + \left(\frac{3}{4}\gamma - \frac{1}{4} \right) \sum_{l=0}^{L-1} \cos(2\varphi_l - 2\alpha) + \frac{3}{8} \sum_{l=0}^{L-1} \cos(4\varphi_l - 4\alpha) \right]$$

Aufgrund von Lemma 9.1 sind beide Summen für $L \geq 3$ gleich null, so dass man

$$\frac{\partial H^\alpha_x(\boldsymbol{r}^\alpha)}{\partial e^\alpha_x} = I^0 L p \left(\frac{1}{4}\gamma - \frac{3}{8} \right) \tag{9.26}$$

erhält. Folglich ist die Ortsableitung für $\gamma = \frac{3}{2}$ gleich null, womit sich der erste Teil von Theorem 9.1 ergibt.

Zur Berechnung der Gradientenstärke in z-Richtung kann der Matrixeintrag $\boldsymbol{D}^\alpha_{2,2}$ berechnet werden, so dass sich

$$\frac{\partial H^\alpha_z(\boldsymbol{r}^\alpha)}{\partial e^\alpha_z} = -I^0 p \sum_{l=0}^{L-1} \frac{1}{2}(\gamma - \cos(2\varphi_l - 2\alpha)) \tag{9.27}$$

ergibt. Die Kosinussumme ist mit Lemma 9.1 gleich null, womit man nach Einsetzen von $\gamma = \frac{3}{2}$

$$\frac{\partial H^\alpha_z(\boldsymbol{r}^\alpha)}{\partial e^\alpha_z} = -I^0 L p \frac{3}{4} \tag{9.28}$$

erhält. Wegen dem Gaußschen Gesetz des Magnetismus (siehe (2.10))

$$\frac{\partial H_x^\alpha(r^\alpha)}{\partial e_x^\alpha} + \frac{\partial H_y^\alpha(r^\alpha)}{\partial e_y^\alpha} + \frac{\partial H_z^\alpha(r^\alpha)}{\partial e_z^\alpha} = 0 \tag{9.29}$$

ist die Gradientenstärke senkrecht zur FFL in der xy-Ebene durch

$$\frac{\partial H_y^\alpha(r^\alpha)}{\partial e_y^\alpha} = I^0 L p \frac{3}{4} \tag{9.30}$$

gegeben, womit sich die Behauptung von Theorem 9.1 ergibt. Um eine bestimmte Gradientenstärke G senkrecht zur FFL zu erhalten, muss die Wechselstromamplitude den Wert

$$I^0 = \frac{4}{3} \frac{G}{Lp} \tag{9.31}$$

annehmen.   ∎

9.1.5 Verschiebung der feldfreien Linie

Zur Verschiebung der FFL können drei Helmholtz-Spulenpaare verwendet werden, die in x-, y-, und z-Richtung angeordnet sind. Durch Überlagerung der Ströme können in x- und y-Richtung dieselben Spulen wie zum Erzeugen der FFL genutzt werden. Jedes der Helmholtz-Spulenpaare erzeugt ein homogenes magnetisches Feld, das idealerweise durch

$$\begin{aligned}
H_x(r) &= I_x p_x e_x, \\
H_y(r) &= I_y p_y e_y, \\
H_z(r) &= I_z p_z e_z
\end{aligned} \tag{9.32}$$

gegeben ist (siehe Abschnitt 4.2.2). Die Überlagerung

$$H^V = (I_x p_x, I_y p_y, I_z p_z)^T \tag{9.33}$$

erlaubt es, den Feldvektor in eine beliebige Richtung zeigen zu lassen.

> **Lemma 9.2:** *Die durch $L \geq 3$ ideale Gradientenfelder erzeugte FFL kann zur Position $t = (t_x, t_y, t_z)^T \in \mathbb{R}^3$ durch das homogene Feld $H^V = -H^\alpha(t)$ verschoben werden.*

Beweis: An der Position t ist das gedrehte FFL-Feld durch $H^\alpha(t)$ gegeben. Um die FFL zur Position t zu verschieben, muss das Gesamtmagnetfeld H in diesem Punkt ausgelöscht werden, das heißt

$$H(t) = H^\alpha(t) + H^V = 0. \tag{9.34}$$

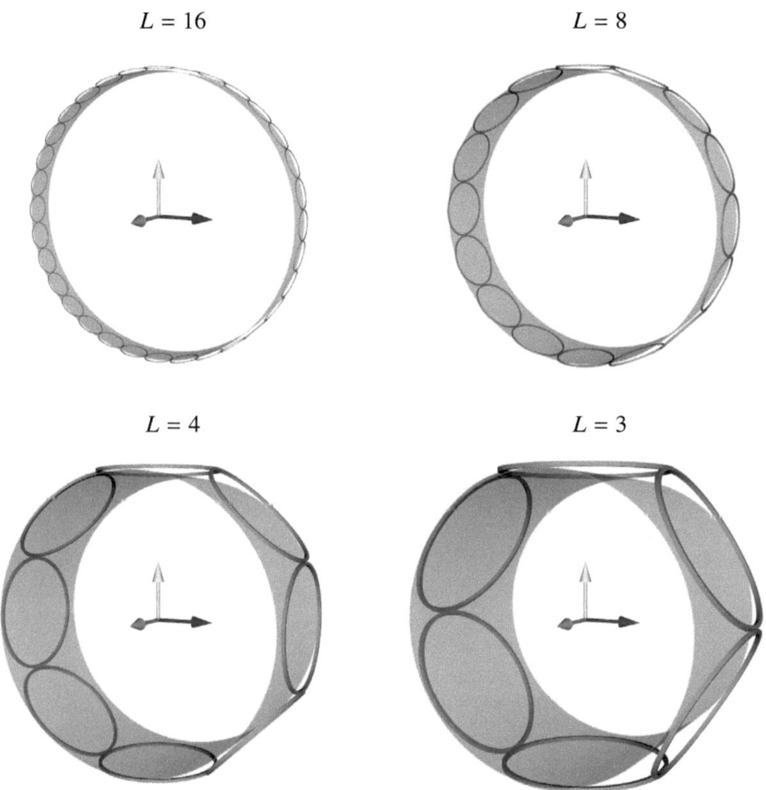

Abbildung 9.5: In der Simulation verwendete FFL-Spulenanordungen für verschiedene L.

Folglich muss das Verschiebungsfeld $\boldsymbol{H}^{\mathrm{V}}$ den Wert

$$\boldsymbol{H}^{\mathrm{V}} = -\boldsymbol{H}^{\alpha}(\boldsymbol{t}) \tag{9.35}$$

annehmen. Da die Ortsableitung durch ein homogenes Feld nicht beeinflusst wird, verbleibt das Feld in Richtung $\boldsymbol{d}^{\alpha}_{\mathrm{FFL}}$ null. Somit wird eine FFL durch den Punkt $\boldsymbol{t}$ entlang $\boldsymbol{d}^{\alpha}_{\mathrm{FFL}}$ erzeugt, womit sich die Behauptung von Lemma 9.2 ergibt. ∎

Tabelle 9.1: Verlustleistung der FFL-Spulenanordung für verschiedene L relativ zur Verlustleistung eines FFP-Scanners gleicher Größe und Gradientenstärke.

L	3	4	8	16
$P_L^{\mathrm{FFL}}/P^{\mathrm{FFP}}$	3.3	6.9	74.4	1081.2

9.2 Material und Methoden

Der im letzten Abschnitt geführte Beweis gilt nur für ideale Gradientenfelder. Für reale Maxwell-Spulenpaare ist das Magnetfeld nur in einer gewissen Region zwischen den Spulen linear. Es stellt sich daher die Frage, wie stark das erzeugte FFL-Feld bei einem realen Spulenaufbau von dem idealen Fall abweicht. Zu diesem Zweck werden die realen Felder der Spulenanordnungen mit dem Biot-Savart-Gesetz (2.45) berechnet. Dabei werden unterschiedlich viele Spulenpaare $L = 3, 4, 8, 16$ und ein Messfelddurchmesser von $D^{\mathrm{Messfeld}} = 0.5$ m verwendet. In Abbildung 9.5 sind die Spulenanordnungen für verschiedene L dargestellt. Der Durchmesser der einzelnen Spulen ist so groß wie möglich gewählt, ohne dass sich die Spulen schneiden, also $d_L = D^{\mathrm{Messfeld}} \tan \frac{\pi}{2L}$ [129]. Folglich sinkt die Größe der Spulen und somit auch die Sensitivität mit der Anzahl L. Für einen fairen Vergleich der benötigten elektrischen Leistung wird weiter angenommen, dass der Querschnitt der Spulen proportional zum Quadrat des Spulendurchmessers d_L ist. Die Wechselstromamplitude I^0 wird mit Hilfe von (9.31) berechnet, so dass der Gradient senkrecht zur FFL im Zentrum 1.0 Tm$^{-1}\mu_0^{-1}$ beträgt.

9.3 Ergebnisse

Die simulierten Magnetfelder sind in Abbildung 9.6 dargestellt. Für jeden Spulenaufbau wird der Winkel α_L so gewählt, dass die FFL zwischen den Symmetrieachsen zweier aufeinander folgenden Spulen liegt, das heißt $\alpha_L = \frac{\pi}{2L}$. Bei diesem Winkel ist die Qualität der FFL am schlechtesten. Wie man sieht, wird die beste FFL und der beste Gradient in y-Richtung für $L = 4$ Spulenpaare erreicht. In z-Richtung ist der Gradient für $L = 3$ Spulenpaare geringfügig besser als für $L = 4$. Bei mehr als 3 oder 4 Spulenpaaren ist die Abweichung zum idealen FFL-Feld am größten.

Zur Leistungsbetrachtung wird die benötigte elektrische Leistung relativ zu der eines FFP-Scanners angegeben. Dieser besteht aus einem Maxwell-Spulenpaar dessen Spulen den gleichen Durchmesser wie Abstand D^{Messfeld} haben. Das erzeugte FFP-Feld hat eine Gradientenstärke von 1.0 Tm$^{-1}\mu_0^{-1}$ in x-Richtung und 0.5 Tm$^{-1}\mu_0^{-1}$ in y- und z-Richtung. Die errechneten relativen Verlustleistungen sind in Tabelle 9.1 angegeben. Wie man sieht, steigt die Leistung rapide mit der Anzahl der Spulenpaare an. Zusammenfassend lässt

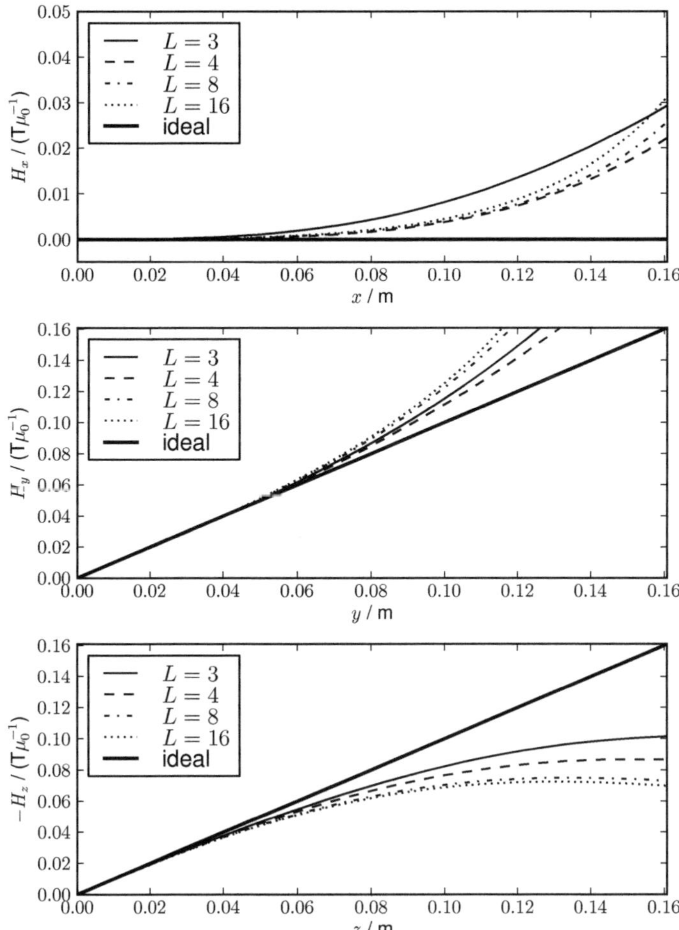

Abbildung 9.6: Simulierte Magnetfelder in x-, y- und z-Richtung in FFL-Koordinaten für unterschiedliche L. Gezeigt sind die ersten 0.16 m von dem 0.25 m Röhrenradius, auf dem die Spulen liegen.

sich sagen, dass weniger Spulen nicht nur die Feldqualität verbessern, sondern zudem wesentlich energieeffizienter sind.

9.4 Diskussion und Ausblick

In diesem Kapitel wurde bewiesen, dass ein Magnetfeld mit einer feldfreie Linie durch nur drei Maxwell-Spulenpaare erzeugt werden kann. Alternativ können auch mehr Spulenpaare verwendet werden. Durch Anpassen der Ströme in den Spulen kann die FFL beliebig gedreht werden. Anhand von Magnetfeldsimulationen wurde die Genauigkeit der erzeugten FFL für reale Spulen untersucht. Dabei wurde festgestellt, dass drei Spulenpaare bezüglich der Verlustleistung optimal sind. Bezüglich der Genauigkeit der FFL sind vier Spulenpaare optimal. Bei diesen Untersuchungen wurde eine bestimmte Spulenanordnung betrachtet, bei der die Spulen an äquidistanten Winkeln auf einem Kreis angeordnet sind und die Spulengröße mit der Anzahl der Spulen abnimmt. Es ist mit Sicherheit möglich, die Spulenanordnung weiter zu optimieren. Möglicherweise könnten die Spulen ineinander verschränkt werden oder auf zwei verschiedenen Kreisen angeordnet sein. Dadurch könnte die Größe der Spulen und folglich auch ihre Sensitivität erhöht werden.

Mit den vorgestellten Spulenanordnungen können die Linienintegrale der Partikelverteilung bestimmt werden. Daher wird bei der FFL-Bildgebung das Messobjekt im Radonraum abgetastet [123]. Man könnte daher auf die Idee kommen, Rekonstruktionalgorithmen zu verwenden, die üblicherweise in der Computertomographie genutzt werden [94]. Hierzu müssen jedoch erst Möglichkeiten gefunden werden, die Imperfektionen des FFL-Feldes und der Partikelmagnetisierung zu berücksichtigen. Durch eine nichtideale Partikelmagnetisierung tragen nicht nur Partikel direkt auf der Linie zum Signal bei, sondern auch Partikel in einem gewissen Gebiet um die FFL.

Aus theoretischer Sicht ist es mit Sicherheit interessant zu erörtern, wie viele Spulen benötigt werden, um eine FFL nicht nur in einer Ebene, sondern völlig frei im 3D-Raum bewegen zu können.

Die drastische Reduzierung der elektrischen Verlustleistung gegenüber dem in [44] vorgestellten FFL-Scanner könnte den Durchbruch für die FFL-Spulenanordnung bedeuten. Dies könnte nicht nur die zukünftige Entwicklung von MPI positiv beeinflussen, sondern für MPI generell aufgrund der gesteigerten Sensitivität ein wichtiger Schritt auf dem Weg in die Klinik darstellen. Möglicherweise findet das FFL-Konzept aber auch außerhalb der MPI-Bildgebung weitere Anwendungen.

10
Zusammenfassung

Die vorliegende Arbeit beschäftigte sich mit dem bildgebenden Verfahren Magnetic-Particle-Imaging, das es ermöglicht, die örtliche Verteilung super-paramagnetischer Eisenoxid-Nanopartikel mit hoher räumlicher und zeitlicher Auflösung zu bestimmen. Es wurden zahlreiche Konzepte für die Verbesserung und Weiterentwicklung des Verfahrens vorgeschlagen. Neben Verbesserungen im Bereich der Rekonstruktion wurden zwei neue Spulentopologien vorgestellt, von denen eine das Potential hat, die Sensitivität von MPI deutlich zu steigern. Im Folgenden werden die wichtigsten Beiträge zusammengefasst.

In Kapitel 2 wurden die physikalischen Grundlagen erarbeitet. Ausgehend von den Maxwellschen Gleichungen wurde ein mathematisches Modell der MPI-Signalkette entwickelt. Dazu wurden die magnetischen Felder, die Partikelmagnetisierung und die in Empfangsspulen empfangenen Spannungssignale modelliert. In Kapitel 3 wurden die kontinuierlichen Gleichungen diskretisiert und eine Simulationsumgebung für die Nachbildung einer MPI-Messung entwickelt. Der vorgestellte Simulationsalgorithmus hat eine hohe zeitliche Effizienz, die durch Zwischenspeichern der Spulensensitivitäten erreicht wird. In Kapitel 4 wurden die Konzepte der MPI-Bildgebung anhand eines allgemeinen 3D-MPI-Scanners vorgestellt. Die verwendete Spulenkonfiguration sowie die entstehenden Felder wurden im Detail besprochen. Weiterhin wurden alle Komponenten eines MPI-Scanners vorgestellt. Schließlich wurde die Systemfunktion, die den Zusammenhang zwischen den Messsignalen und der Partikelverteilung beschreibt, für die 1D-, 2D-, und 3D-Bildgebung untersucht.

In Kapitel 5 wurde die Rekonstruktion der Partikelverteilung besprochen. In diskreter Form kann der Bildgebungsprozess als lineares Gleichungssystem beschrieben werden. Dieses muss zur Rekonstruktion der Partikelverteilung gelöst werden. In dieser Arbeit wurde dazu ein gewichteter, regularisierter Kleinste-Quadrate-Ansatz verwendet. Statt, wie bislang bei MPI üblich, eine Singulärwertzerlegung zur Bestimmung der Kleinste-Quadrate-Lösung zu nutzen, wurde die Verwendung iterativer Algorithmen, wie dem CGNR-Verfahren und dem Kaczmarz-Verfahren, vorgeschlagen. Es wurde gezeigt, dass beide iterative Verfahren durch eine spezielle Zeilengewichtung in nur wenigen Iterationen konvergieren und eine Lösung liefern, die einer Rekonstruktion mittels Singulärwertzerlegung gleichwertig ist. Mit beiden Verfahren wird die Rekonstruktionszeit deutlich verkürzt, so dass Echtzeit-Bildgebung möglich wird. Die Gewichtung verbessert aber nicht nur die Konvergenzgeschwindigkeit, sondern hat auch einen positiven Einfluss auf die Qualität der Kleinste-Quadrate-Lösung, so dass in dieser Arbeit sogar eine Auflösungsverbesserung nachgewiesen werden konnte.

Um überhaupt ein Bild rekonstruieren zu können, muss die Systemfunktion, die sowohl die Partikeldynamik als auch alle Messparameter enthält, bekannt sein. Bislang wird hierzu eine zeitintensive Kalibrierungsmessung verwendet, bei der eine kleine Punktprobe durch das Messvolumen bewegt und die Partikelantwort an jedem Ortspunkt gemessen wird. Obwohl dieses messbasierte Verfahren sich schon bewährt hat und zu guten Rekonstruktionsergebnissen führt, hat es einige Nachteile. Zum einen benötigt die Kalibrierungsmessung sehr lange, so dass für eine feine Voxelauflösung sogar Monate nötig sind. Zum anderen ist die gemessene Systemfunktion mit Rauschen behaftet, was die Bildqualität verschlechtern kann. Des Weiteren hat der Ansatz einen sehr hohen Speicherbedarf, da jeder einzelne Eintrag der Systemfunktion explizit abgespeichert werden muss. Aufgrund dieser Nachteile wurde in Kapitel 8 dieser Arbeit erstmals die Verwendung einer modellbasierten Systemfunktion vorgeschlagen. In 1D- und 2D-Experimenten wurde gezeigt, dass die modellierte im Vergleich zur gemessenen Systemfunktion nahezu vergleichbare Ergebnisse liefert. Dabei ist die Bestimmung der modellierten gegenüber der gemessenen Systemfunktion deutlich schneller.

In Kapitel 6 wurden die Ergebnisse einer Simulationsstudie zur Abtasttrajektorie diskutiert. Dabei wurde die bislang bei allen MPI-Scannern verwendete Lissajous-Trajektorie mit vier alternativen Trajektorien verglichen. Wie sich zeigte, ist die Lissajous-Trajektorie tatsächlich ein gutes Abtastschema. Die radiale Trajektorie hat im Gegensatz zur Lissajous-Trajektorie eine inhomogene Auflösung im Messbereich. Da die Auflösung im Zentrum aber höher als bei der Lissajous-Trajektorie ist, könnte eine radiale Trajektorie in manchen Anwendungen als Alternative verwendet werden. Im Zuge des Trajektorienvergleichs wurde untersucht, welchen Einfluss die Dichte der Trajektorie auf die erreichbare Ortsauflösung hat. Es wurde festgestellt, dass die Auflösung bis zu einem gewissen Wert mit der Dichte der Trajektorie steigt. Für höhere Abtastdichten wird die Auflösung von der Gradientenstärke des Selektionsfeldes und der Partikelgröße beschränkt. Neben einer Sinusanregung wurde eine Dreiecksanregung verwendet. Wie gezeigt wurde, weist die Abtastmenge und die FFP-Geschwindigkeit bei der Dreiecksanregung eine höhere Homogenität als bei der

Sinusanregung auf. Dadurch wird auch die Bildqualität verbessert. Allerdings ist noch unklar, ob eine Dreiecksanregung in der Praxis überhaupt realisiert werden kann, da die breitbandige Dreiecksanregung eine Separierung des Partikelsignals von dem Messsignal deutlich erschwert.

Der in der Entwicklungschronologie erste entwickelte MPI-Scanner besteht aus mehreren Spulenpaaren, die symmetrisch um ein zylindrisches Messfeld angeordnet sind. Alle bislang realisierten MPI-Scanner verwenden diese Anordnung, bei der die maximale Objektgröße durch die Größe der Bohrung beschränkt wird. Der MPI-Scanner von Philips hat einen Bohrungsdurchmesser von 32 mm und erlaubt damit das Messen von Kleintieren wie zum Beispiel Mäusen. In dieser Arbeit wurde in Kapitel 7 eine neuartige Spulenanordnung vorgestellt, bei der alle felderzeugenden Elemente von nur einer Seite an das Messobjekt herangeführt werden. Diese als „Single-Sided" bezeichnete Anordnung ermöglicht es, Objekte beliebiger Größe zu messen, wobei die axiale Messfeldausdehnung jedoch beschränkt ist. Im Rahmen dieser Arbeit sind Beiträge zur Realisierung des ersten Prototyps eines Single-Sided-MPI-Scanners entstanden, mit dem die Machbarkeit des neuen Konzeptes gezeigt werden konnte.

In der Form, in der MPI im Jahr 2005 in der Zeitschrift „Nature" vorgestellt wurde, verwendet das Verfahren ein Magnetfeld mit einem feldfreien Punkt zur Bildgebung. Allerdings hat die FFP-Bildgebung das Problem, dass die Sensitivität von der Schärfe des FFPs, also der dritten Potenz der Gradientenstärke, abhängt. Je höher die Gradientenstärke, desto höher ist das potenzielle Auflösungsvermögen, aber desto niedriger ist die Sensitivität. Eine hohe Auflösung kann jedoch nur bei einer hohen Signalqualität erreicht werden, weswegen auch eine hohe Sensitivität notwendig ist. Ein vielversprechendes Konzept zur Steigerung der Sensitivität ist die Verwendung einer feldfreien Linie statt eines FFPs. In der bislang einzigen Arbeit über die FFL-Bildgebung konnte in einer Simulationsstudie eine deutliche Steigerung der Sensitivität gezeigt werden. Allerdings waren die Erfinder der FFL-Bildgebung sehr pessimistisch, ob das FFL-Konzept überhaupt umsetzbar sei. Dies lag daran, dass die von ihnen vorgestellte Spulentopologie, bestehend aus 32 auf einem Kreis angeordneten kleinen Spulen, etwa tausend Mal mehr Leistung benötigt, als ein klassischer FFP-Scanner. Weder das Erzeugen der benötigten Ströme, noch das Abführen der entstehenden Wärmeverluste, sind mit vertretbarem Aufwand realisierbar. In dieser Arbeit wurde in Kapitel 9 erstmals bewiesen, dass die vorgeschlagene Spulenanordnung wirklich eine FFL erzeugt. Weiterhin wurde die bisherige FFL-Spulenanordnung verallgemeinert, so dass gezeigt werden konnte, dass mit nur drei Spulenpaaren eine FFL erzeugt werden kann. Durch weniger Spulen wird die Verlustleistung deutlich reduziert. Weiterhin ist sogar die Qualität des erzeugten Magnetfeldes besser. Der in dieser Arbeit vorgestellte FFL-Scanner benötigt nur geringfügig mehr Leistung als ein vergleichbarer FFP-Scanner. Dies ist ein entscheidender Schritt in Richtung der Realisierung des FFL-Konzeptes, der die zukünftige Entwicklung von MPI nachhaltig beeinflussen könnte.

11

Ausblick

Auch wenn in dieser Arbeit viele Erkenntnisse über die MPI-Bildgebung gewonnen wurden, bleiben zahlreiche Fragen unbeantwortet. Im Folgenden wird ein Ausblick auf die wichtigsten Fragestellungen geworfen, die in dieser Arbeit nur teilweise beantwortet werden konnten oder erst im Rahmen der bearbeiteten Themen aufgeworfen wurden.

Im Bereich der Rekonstruktion stellt sich die Frage, ob die Struktur der Bildgebungsmatrix ausgenutzt werden kann, um schnelle Matrix-Vektor-Multiplikationen zu realisieren. Für die 1D-Bildgebung wurde schon gezeigt, dass die Systemmatrix aus Chebyshev-Polynomen besteht, mit denen effiziente Transformationen implementiert werden können. Ob und wie sich diese Ergebnisse auf die mehrdimensionale Bildgebung übertragen lassen, sind interessante Fragestellungen. Bei der Zeilengewichtung stellt sich die Frage, ob nicht auch ein Kompromiss zwischen einer vollständigen Zeilennormierung und Einheitsgewichten zu einer guten Konvergenzgeschwindigkeit der Verfahren und zu guter Bildqualität führen könnte. Auch die Berücksichtigung von Vorwissen, wie zum Beispiel einer positiven reellen Partikelkonzentration, sollte noch genauer untersucht werden.

Bei der Single-Sided-MPI-Bildgebung sind noch viele Punkte offen. Wie sollten zum Beispiel die beiden Spulenradien der konzentrisch ineinander liegenden Spulen gewählt werden, damit eine gute Bildqualität und ein großer Messbereich bei minimaler Leistung erreicht werden kann? Weiterhin ist noch unklar, auf welche Art und Weise eine mehrdimensionale Bildgebung mit einer Single-Sided-Spulenanordnung realisiert werden kann.

Viele neue Fragestellungen sind bei der modellbasierten Rekonstruktion aufgetaucht. Es konnten vielversprechende Ergebnisse gezeigt werden. Gerade bei der 2D-Bildgebung war die Qualität der rekonstruierten Bilder aber teilweise noch schlechter als bei der messbasierten Rekonstruktion. Die Verbesserung des Modells ist daher eine wichtige zukünftige Aufgabe. Großes Potential liegt dabei in dem Partikelmodell. Durch Verfeinerung des Modells, indem beispielsweise eine Partikelanisotropie berücksichtigt wird, könnte die Diskrepanz zwischen der gemessenen und der modellierten Systemfunktion verringert werden. Hier stellt sich erneut die Frage, wie aus wenigen Kalibrierungsmessungen die Parameter des Partikelmodells geschätzt werden können. Eine interessante Möglichkeit, die Genauigkeit des Partikelmodells zu verbessern, ist die Einführung eines Verrückungsfeldes, das es ermöglicht, Verzerrungen auszugleichen, die zwischen der modellierten und der gemessenen Systemfunktion festgestellt wurden. Dies ist zwar kein physikalisch motivierter Ansatz, er könnte aber auf einfache Art und Weise die Genauigkeit der modellierten Systemfunktion deutlich steigern.

Im Bereich der feldfreien Linie konnten in dieser Arbeit die Grundlagen dafür geschaffen werden, dass eine FFL-Bildgebung überhaupt mit vertretbarem Aufwand möglich wird. Dies ist aber erst der Beginn eines ganz neuen Forschungsfeldes innerhalb der MPI-Bildgebung. Zunächst stellt sich die Frage, ob die Spulenkonfiguration noch weiter optimiert werden kann, um die Leistung weiter zu senken. Aus theoretischer Sicht ist es mit Sicherheit interessant zu erörtern, wie viele Spulen benötigt werden, um eine FFL nicht nur in einer Ebene, sondern völlig frei im 3D-Raum bewegen zu können. Weiterhin stellt sich die Frage, ob es bei der vorgestellten Geometrie nötig ist, dass die Spulen an äquidistanten Winkeln angebracht sind. Offen ist auch, ob eine effiziente Rekonstruktion implementiert werden kann, die ausnutzt, dass die Daten im Radonraum aufgenommen werden. Hierzu müssen jedoch erst Möglichkeiten gefunden werden, die Imperfektionen des FFL-Feldes und der Partikelmagnetisierung zu berücksichtigen. Der wichtigste Schritt für die FFL-Spulenanordnung ist aber sicherlich die erste Realisierung eines FFL-Scanners und damit die Validierung der in dieser Arbeit entwickelten theoretischen Grundlagen.

Literaturverzeichnis

Eigene Arbeiten

— Zeitschriftenartikel —

[1] S. Biederer, T. Knopp, T. F. Sattel, K. Lüdtke-Buzug, B. Gleich, J. Weizenecker, J. Borgert, and T. M. Buzug. Magnetization response spectroscopy of superparamagnetic nanoparticles for magnetic particle imaging. *J. Phys. D: Appl. Phys.*, 42(20):7pp, 2009.

[2] T. Knopp, S. Biederer, T. Sattel, J. Weizenecker, B. Gleich, J. Borgert, and T. M. Buzug. Trajectory analysis for magnetic particle imaging. *Phys. Med. Biol.*, 54(2):385–397, Jan. 2009.

[3] T. Knopp, T. F. Sattel, S. Biederer, J. Rahmer, J. Weizenecker, B. Gleich, J. Borgert, and T. M. Buzug. Model-based reconstruction for magnetic particle imaging. *IEEE Trans. Med. Imaging*, 29(1):12–18, 2010.

[4] T. Knopp, T. F. Sattel, S. Biederer, and T. M. Buzug. Field-free line formation in a magnetic field. *J. Phys. A: Math. Theor.*, 43(1):9pp, 2010.

[5] T. Knopp, S. Biederer, T. F. Sattel, J. Rahmer, J. Weizenecker, B. Gleich, J. Borgert, and T. M. Buzug. 2D model-based reconstruction for magnetic particle imaging. *Med. Phys.*, 37(2):485–491, 2010.

[6] T. Knopp, J. Rahmer, T. F. Sattel, S. Biederer, J. Weizenecker, B. Gleich, J. Borgert, and T. M. Buzug. Weighted iterative reconstruction for magnetic particle imaging. *Phys. Med. Biol.*, 55(8):1577–1589, 2010.

[7] T. Knopp, M. Erbe, S. Biederer, T. F. Sattel, and T. M. Buzug. Efficient generation of a magnetic field-free line. *Med. Phys.*, 37(7):3538–3540, 2010.

[8] T. F. Sattel, T. Knopp, S. Biederer, B. Gleich, J. Weizenecker, J. Borgert, and T. M. Buzug. Single-sided device for magnetic particle imaging. *J. Phys. D: Appl. Phys.*, 42(1):1–5, 2009.

— Konferenzbeiträge —

[9]   S. Biederer, T. F. Sattel, T. Knopp, K. Lüdtke-Buzug, B. Gleich, J. Weizenecker, J. Borgert, and T. M. Buzug. The influence of the particle-size distribution on the image resolution in magnetic particle imaging. In *Proc. ESMRMB*, volume 22, page 499, Antalya, October 2009.

[10] S. Biederer, T. Sattel, T. Knopp, K. Lüdtke-Buzug, B. Gleich, J. Weizenecker, J. Borgert, and T. M. Buzug. A spectrometer for magnetic particle imaging. In *Proc. 4th European Congress for Medical and Biomedical Engineering, Springer IFMBE Series*, volume 22, pages 2313–2316, 2008.

[11] S. Biederer, F. M. Vogt, K. Lüdtke-Buzug, T. Knopp, T. F. Sattel, J. Barkhausen, and T. M. Buzug. A study on the performance of different superparamagnetic iron oxide particles in magnetic particle imaging. In *Proc. ESMRMB*, volume 22, page 709, Antalya, October 2009.

[12] S. Biederer, T. Knopp, T. F. Sattel, M. Erbe, and T. M. Buzug. Improved estimation of the magnetic nanoparticle diameter with a magnetic particle spectrometer and combined fields. In *Proc. ISMRM*, page 954, Stockholm, Mai 2010.

[13] S. Biederer, T. F. Sattel, T. Knopp, M. Erbe, K. Lüdtke-Buzug, F. M. Vogt, J. Barkhausen, and T. M. Buzug. A spectrometer to measure the usability of nanoparticles for magnetic particle imaging. In *International Workshop on Magnetic Particle Imaging BoA*, volume 1, page 20, 2010.

[14] T. Knopp, S. Biederer, T. Sattel, and T. M. Buzug. Singular value analysis for magnetic particle imaging. In *Proc. IEEE Nuc. Sci. Symp. Med. Im. Conf.*, pages 4525–4529, 2008.

[15] T. Knopp, T. Sattel, S. Biederer, J. Weizenecker, B. Gleich, J. Borgert, and T. M. Buzug. Trajektoriendichte bei Magnetic Particle Imaging. In *Bildverarbeitung für die Medizin*, pages 71–75, 2009.

[16] T. Knopp, T. F. Sattel, S. Biederer, and T. M. Buzug. Limitations of measurement-based system functions in magnetic particle imaging. In *SPIE Medical Imaging*, San Diego, February 2010.

[17] T. Knopp, S. Biederer, T. F. Sattel, J. Weizenecker, B. Gleich, J. Borgert, and T. M. Buzug. Rekonstruktion von Magnetic Particle Imaging Daten mittels einer modellierten Systemfunktion. In *Bildverarbeitung für die Medizin*, pages 1–5, 2010.

[18] T. Knopp, S. Biederer, T. F. Sattel, K. Lüdtke-Buzug, M. Erbe, and T. M. Buzug. Efficient field-free line generation for magnetic particle imaging. In *International Workshop on Magnetic Particle Imaging BoA*, volume 1, page 26, 2010.

[19] T. Knopp, M. Erbe, T. F. Sattel, S. Biederer, and T. M. Buzug. Efficient generation of a magnetic field-free line. In *Proc. ISMRM*, page 952, Stockholm, Mai 2010.

[20] S. Biederer, T. Knopp, T. F. Sattel, K. Lüdtke-Buzug, B. Gleich, J. Weizenecker, J. Borgert, and T. M. Buzug. Estimation of magnetic nanoparticle diameter with a magnetic particle spectrometer. In *World Congress on Medical Physics and Biomedical Engineering, Springer IFMBE Series*, volume 25/VIII, pages 61–64, Munich, September 2009.

[21] S. Biederer, T. F. Sattel, T. Knopp, and T. M. Buzug. Variable Trajektoriendichte in Magnetic Particle Imaging. In *Bildverarbeitung für die Medizin*, pages 6–10, Aachen, Springer, 2010.

[22] S. Biederer, T. F. Sattel, T. Knopp, M. Erbe, and T. M. Buzug. Improving the imaging quality in magnetic particle imaging by a traveling phase trajectory. In *Proc. ISMRM*, page 3296, Stockholm, Mai 2010.

[23] T. F. Sattel, S. Biederer, T. Knopp, K. Lüdtke-Buzug, B. Gleich, J. Weizenecker, J. Borgert, and T. M. Buzug. Single-sided coil configuration for magnetic particle imaging. In *World Congress on Medical Physics and Biomedical Engineering, Springer IFMBE Series*, volume 25/VII, pages 281–284, Munich, September 2009.

[24] T. F. Sattel, S. Biederer, T. Knopp, K. Lüdtke Buzug, B. Gleich, J. Borgert, and T. M. Buzug. Hand-held concept of a magnetic particle imaging device. In *World Molecular Imaging Congress*, Montreal, September 2009.

[25] T. F. Sattel, T. Knopp, S. Biederer, and T. M. Buzug. Open coil arrangement for interventional magnetic particle imagin. In *Proc. ISMRM*, page 945, Stockholm, Mai 2010.

[26] T. F. Sattel, S. Biederer, T. Knopp, and T. M. Buzug. Magnetic field generation for multi-dimensional single-sided magnetic particle imaging. In *Proc. ISMRM*, page 3297, Stockholm, Mai 2010.

[27] T. F. Sattel, T. Knopp, S. Biederer, M. Erbe, K. Lüdtke-Buzug, and T. M. Buzug. Resolution distribution in single-sided magnetic particle imaging. In *International Workshop on Magnetic Particle Imaging BoA*, volume 1, page 24, 2010.

[28] B. Ruhland, K. Baumann, T. Knopp, T. F. Sattel, S. Biederer, K. Lüdtke-Buzug, T. M. Buzug, K. Diedrich, and D. Finas. Magnetic particle imaging with superparamagnetic nanoparticles for sentinel lymph node detection in breast cancer. In *XXI. Akademische Tagung deutschsprechender Hochschullehrer in der Gynäkologie und Geburtshilfe*, volume 69, page 758, Innsbruck, September 2009.

[29] D. Finas, B. Ruhland, K. Baumann, T. Knopp, T. F. Sattel, S. Biederer, K. Lüdtke-Buzug, T. M. Buzug, and K. Diedrich. Sentinal lymphnode detection in breast cancer by magnetic particle imaging using superparamagnetic nanoparticles. In *International Workshop on Magnetic Particle Imaging BoA*, volume 1, page 35, 2010.

[30] T. M. Buzug, S. Biederer, T. Knopp, T. F. Sattel, and K. Lüdtke-Buzug. Magnetic particle imaging – challenges and promises of a new modality. In *World Congress on Medical Physics and Biomedical Engineering, Springer IFMBE Series*, volume 25/IV, pages 1471–1474, Munich, September 2009.

[31] K. Lüdtke-Buzug, S. Biederer, T. Sattel, T. Knopp, and T. M. Buzug. Preparation and characterization of dextran-covered Fe_3O_4 nanoparticles for magnetic particle imaging. In *4th European Conference of the International Federation for Medical and Biological Engineering*, volume 22, pages 2343–2346, Antwerpen, November 2008.

[32] K. Lüdtke-Buzug, S. Biederer, T. F. Sattel, T. Knopp, and T. M. Buzug. Particle-size distribution of dextran- and carboxydextran-coated superparamagnetic nanoparticles for magnetic particle imaging. In *World Congress on Medical Physics and Biomedical Engineering, Springer IFMBE Series*, volume 25/VIII, pages 226–229, Munich, September 2009.

[33] K. Lüdtke-Buzug, S. Biederer, T. F. Sattel, T. Knopp, and T. M. Buzug. Synthesis and spectroscopic analysis of super-paramagnetic nanoparticles for magnetic particle imaging. In *World Molecular Imaging Congress*, Montreal, September 2009.

[34] K. Lüdtke-Buzug, S. Biederer, M. Erbe, T. Knopp, T. F. Sattel, and T. M. Buzug. Superparamagnetic iron oxide nanoparticles for magnetic particle imaging. In *International Workshop on Magnetic Particle Imaging BoA*, volume 1, page 2, 2010.

[35] F. M. Vogt, J. Barkhausen, S. Biederer, T. F. Sattel T. Knopp, K. Lüdtke-Buzug, and T. M. Buzug. Current iron oxide nanoparticles - impact on mri and mpi. In *International Workshop on Magnetic Particle Imaging BoA*, volume 1, page 12, 2010.

[36] S. Kaufmann, S. Biederer, T. F. Sattel, T. Knopp, and T. M. Buzug. A surveillance unit for magnetic particle imaging. In *International Workshop on Magnetic Particle Imaging BoA*, volume 1, page 9, 2010.

— Patenteinreichungen —

[37] T. Knopp, T. F. Sattel, S. Biederer, and T. M. Buzug. Apparatus and method for generating and moving a magnetic field having a field free line, EP 09168383, submitted as european patent, 2009.

[38] S. Biederer, T. F. Sattel, T. Knopp, and T. M. Buzug. Apparatus and method for influencing and/or detecting magnetic particles, EP 09168367, submitted as european patent, 2009.

[39] T. M. Buzug, T. F. Sattel, T. Knopp, and S. Biederer. Apparatus and method for influencing and/or detecting magnetic particles in a field of view having an array of single-sided transmit coil sets, ID 294263, submitted as us patent, 2010.

Allgemeine Referenzen

[40] B. Gleich and J. Weizenecker. Tomographic imaging using the nonlinear response of magnetic particles. *Nature*, 435(7046):1214–1217, June 2005.

[41] B. Gleich, J. Weizenecker, and J. Borgert. Experimental results on fast 2D-encoded magnetic particle imaging. *Phys. Med. Biol.*, 53(6):N81–N84, Mar. 2008.

[42] J. Weizenecker, B. Gleich, J. Rahmer, H. Dahnke, and J. Borgert. Three-dimensional real-time in vivo magnetic particle imaging. *Phys. Med. Biol.*, 54(5):L1–L10, 2009.

[43] J. Weizenecker, J. Borgert, and B. Gleich. A simulation study on the resolution and sensitivity of magnetic particle imaging. *Phys. Med. Biol.*, 52(21):6363–6374, 2007.

[44] J. Weizenecker, B. Gleich, and J. Borgert. Magnetic particle imaging using a field free line. *J. Phys. D: Appl. Phys.*, 41(10):3pp, 2008.

[45] J. Rahmer, J. Weizenecker, B. Gleich, and J. Borgert. Signal encoding in magnetic particle imaging. *BMC Med. Imaging*, 9, 2009.

[46] J. B. Weaver, A. M. Rauwerdink, C. R. Sullivan, and I. Baker. Frequency distribution of the nanoparticle magnetization in the presence of a static as well as a harmonic magnetic field. *Med. Phys.*, 35(5):1988–1994, 2008.

[47] J. B. Weaver, A. M. Rauwerdink, and E.W. Hansen. Magnetic nanoparticle temperature estimation. *Med. Phys.*, 36(5):1822–1829, 2009.

[48] A. M. Rauwerdink and J. B. Weaver. Nanoparticle temperature estimation in combined AC and DC magnetic fields. *Phys. Med. Biol.*, 54(6):L51–L55, 2009.

[49] A. M. Rauwerdink and J. B. Weaver. Measurement of molecular binding using the brownian motion of magnetic nanoparticle probes. *Appl. Phys. Lett.*, 96:3pp, 2010.

[50] A. M. Rauwerdink and J. B. Weaver. Viscous effects on nanoparticle magnetization harmonics. *J. Magn. Magn. Mater.*, 322(6):609–613, 2010.

[51] P. W. Goodwill, G. C. Scott, P. P. Stang, and S. M. Conolly. Narrowband magnetic particle imaging. *IEEE Trans. Med. Imaging*, 28(8):1231–1237, 2009.

[52] R. M. Ferguson, K. R. Minard, and K. M. Krishnan. Optimization of nanoparticle core size for magnetic particle imaging. *J. Magn. Magn. Mater.*, 321(10):1548–1551, 2009.

[53] I. Schmale, B. Gleich, J. Kanzenbach, J. Rahmer, J. Schmidt, J. Weizenecker, and J. Borgert. An introduction to the hardware of magnetic particle imaging. In

World Congress on Medical Physics and Biomedical Engineering, Springer IFMBE Series, number 25/II, pages 450–453, Munich, September 2009.

[54] J. C. Maxwell. *On Physical Lines of Force*. 1861.

[55] J. C. Maxwell. *A Dynamical Theory of the Electromagnetic Field*. 1864.

[56] J. C. Maxwell. *A Treatise on Electricity and Magnetism*. Clarendon Press, Oxford, 1873.

[57] J. D. Jackson. *Classical Electrodynamics*. Wiley, New York / London / Sydney / Toronto, 1999.

[58] M. Mayr and U. Thalhofer. *Numerische Lösungsverfahren in der Praxis: FEM-BEM-FDM*. Hanser, München, 1993.

[59] D. Braess. *Finite Elemente - Theorie, schnelle Löser und Anwendungen in der Elastizitätstheorie*. Springer, Berlin / Heidelberg, 2002.

[60] A. Bossavit. *Computational Electromagnetism, Variational Formulation, Complementarity, Edge Elements*, volume vol. 2. San Diego, CA: Academic Press, 1998.

[61] K. Schmidt, O. Sterz, and R. Hiptmair. Estimating the eddy-current modeling error. *IEEE Trans. Magn.*, 44(6):686–689, 2008.

[62] H. Ammari, A. Buffa, and J.-C. Nédélec. A justification of eddy currents model for the Maxwell equations. *SIAM J. Appl. Math.*, 60(5):1805–1823, 2000.

[63] A. Alonso. A mathematical justification of the low-frequency heterogeneous time-harmonic Maxwell equations. *Math. Models Methods Appl. Sci.*, 9(3):475–489, 1999.

[64] Geran Peeren. *Stream Function Approach for Determining Optimal Surface Currents*. PhD thesis, Eindhoven University of Technology, 2003.

[65] H. Kaden. *Wirbelströme und Schirmung in der Nachrichtentechnik*. Springer, Berlin / Heidelberg, 1959.

[66] G. F. Roach. *Green's Functions*. Cambridge University Press, Cambridge, second edition, 1982.

[67] G. Barton. *Elements of Green's Functions and Propagation*. Oxford University Press, New York, 1989.

[68] R. Lawaczeck, H. Bauer, T. Frenzel, M. Hasegawa Y. Ito, K. Kito, N. Miwa, H. Tsutsui, H. Vogler, and H. J. Weinmann. Magnetic iron oxide particles coated with carboxydextran for parenteral administration and liver contrasting. *Acta Radiol.*, 38:584–597, 1997.

[69] M. P. Mienkina, C.-S. Friedrich, K. Hensel, N. C. Gerhardt, M. R. Hofmann, and G. Schmitz. Evaluation of ferucarbotran (Resovist) as a photoacoustic contrast agent. *Biomed. Eng.*, 54:83–88, 2009.

[70] L. B. Kiss, J. Söderlund, G.A. Niklasson, and C.G. Granqvist. New approach to the origin of lognormal size distributions of nanoparticles. *Nanotechnology*, 10:25–28, 1999.

[71] L. Néel. *Ann. Geophys.*, 5:99, 1949.

[72] L. Néel. Some theoretical aspects of rock-magnetism. *Adv. Phys.*, 4:191–243, 1955.

[73] W. F. Brown. Thermal fluctuations of a single-domain particle. *Phys. Rev.*, 130(5):1677–1686, 1963.

[74] T. L. Gilbert. A phenomenological theory of damping in ferromagnetic materials. *IEEE Trans. Magn.*, 40:3443–3449, 2004.

[75] S. Chikazumi and S. H. Charap. *Physics of Magnetism.* Wiley, New York, 1964.

[76] C. Caizer. T^2 law for magnetite-based ferrofluids. *J. Phys. Condens. Matter*, 15:765–776, 2003.

[77] H. R. Schwarz and N. Köckler. *Numerische Mathematik.* Teubner, Wiesbaden, 2004.

[78] J. Modersitzki. *FAIR: flexible algorithms for image registration.* SIAM, Philadelphia, PA, 2009.

[79] HDF Group. HDF5 (hierarchical data format 5), software library and utilities. http://www.hdfgroup.org (May 2010).

[80] FDA guideline: Criteria for signicant risk investigations of magnetic resonance diagnostic devices, 2003.

[81] IEEE standard c95.3-2002: Recommended practice for measurements and computations of radio frequency electromagnetic fields with respect to human exposure to such fields,100 kHz–300 GHz, 2002.

[82] ISO standard IEC 60601-2-33: Medical electrical equipment and particular requirements for the safety of magnetic resonance equipments for medical diagnosis and x51 protection against hazardous output, 2002.

[83] P. Röschmann. Radiofrequency penetration and absorption in the human body: limitations to high-field whole-body nuclear magnetic resonance imaging. *Med. Phys.*, 14(6):922 – 31, Nov-Dec 1987.

[84] J. Bohnert, B. Gleich, J. Weizenecker, J. Borgert, and O. Doessel. Evaluation of induced current densities and SAR in the human body by strong magnetic fields around 100 kHz. In *Proc. 4th European Congress for Medical and Biomedical Engineering, Springer IFMBE Series*, volume 22, pages 2332–2335, 2008.

[85] J. Bohnert, B. Gleich, J. Weizenecker, J. Borgert, and O. Doessel. Optimizing coil currents for reduced sar in magnetic particle imaging. In *World Congress on Medical Physics and Biomedical Engineering, Springer IFMBE Series*, volume 25/VIII, Munich, September 2009.

[86] M. Galassi, J. Davies, J. Theiler, B. Gough, G. Jungman, M. Booth, and F. Rossi. *GNU Scientific Library Reference Manual*. Network Theory Ltd, United Kingdom, 2 edition, 2004.

[87] M. Frigo and S. G. Johnson. FFTW, C subroutine library. http://www.fftw.org (May 2010).

[88] R. Müller. *Rauschen (Halbleiter-Elektronik)*. Springer, Berlin, 1989.

[89] J. P. Boyd. *Chebyshev and Fourier Spectral Methods*. Dover, New York, second edition, 2001.

[90] K. J. Button. Microwave ferrite devices: The first ten years. *IEEE Trans. Microwave Theory Tech.*, 32(9):1088–1096, 1984.

[91] M. Lany, G. Boero, and R. S. Popovic. Superparamagnetic microbead inductive detector. *Rev. Sci. Instrum.*, 76:1–4, 2005.

[92] P. I. Nikitina, P. M. Vetoshko, and T. I. Ksenevich. New type of biosensor based on magnetic nanoparticle detection. *J. Magn. Magn. Mater.*, 311:445–449, 2007.

[93] Å. Björck. *Numerical Methods for Least Squares Problems*. SIAM, Philadelphia, PA, 1996.

[94] T. M. Buzug. *Computed Tomography: From Photon Statistics to Modern Cone-Beam CT*. Springer, Berlin / Heidelberg, 2008.

[95] R. D. Hoge, R. K. Kwan, and G. B. Pike. Density compensation functions for spiral MRI. *Magn. Reson. Med.*, 38:117–128, 1997.

[96] H. Eggers, T. Knopp, and D. Potts. Field inhomogeneity correction based on gridding reconstruction for magnetic resonance imaging. *IEEE Trans. Med. Imaging*, 26:374–384, 2007.

[97] T. Knopp, H. Eggers, H. Dahnke, J. Prestin, and J. Senegas. Iterative off-resonance and signal decay correction for improved multi-echo imaging in MRI. *IEEE Trans. Med. Imaging*, 28(3):394–404, 2009.

[98] J. Hadamard. Sur les problèmes aux dérivées partielles et leur signification physique. *Princeton University Bulletin*, pages 49–52, 1902.

[99] R. C. Aster, B. Borchers, and C. Thurber. *Parameter Estimation and Inverse Problems*. Academic Press, 2004.

[100] P. C. Hansen. The truncated SVD as a method for regularization. *BIT*, 27:543–553, 1987.

[101] A. Tikhonov. Solution of incorrectly formulated problems and the regularization method. *Soviet Math. Dokl.*, 4:1036–1038, 1963.

[102] A. Tikhonov. Regularization of incorrectly posed problems. *Soviet Math. Dokl.*, 4:1624–1627, 1963.

[103] M. Hanke-Bourgeois. *Grundlagen der Numerischen Mathematik und des Wissenschaftlichen Rechnens*. Vieweg+Teubner, Wiesbaden, 2006.

[104] P. C. Hansen. *Rank-Deficient and Discrete Ill-Posed Problems*. SIAM, Philadelphia, PA, 1998.

[105] P. C. Hansen and D. P. O'Leary. The use of the L-curve in the regularization of discrete ill-posed problems. *SIAM J. Sci. Comput.*, 14:1487–1503, 1993.

[106] G. Rodriguez and D. Theis. An algorithm estimating the optimal regularization parameter by the L-curve. *Rendiconti di Matematica, Serie VII*, 25:69 –84, 2005.

[107] M. R. Hestenes and E. Stiefel. Methods of conjugate gradients for solving linear systems. *J. Res. Nat. Bur. Stand.*, 49:409–436, 1952.

[108] G. H. Golub and C. F. van Loan. *Matrix Computations*. The Johns Hopkins Univ. Press, Baltimore, Maryland, second edition, 1993.

[109] T. Knopp, S. Kunis, and D. Potts. A note on the iterative MRI reconstruction from nonuniform k-space data. *Int. J. Biomed. Imaging*, 2007:Article ID 24727, 9 pages, 2007.

[110] S. Kaczmarz. Angenäherte Auflösung von Systemen linearer Gleichungen. *Bull. Internat. Acad. Polon. Sci. Lett.*, A35:355–357, 1937.

[111] M. A. Saunders. Solution of sparse rectangular systems using LSQR and CRAIG. *BIT*, 35(2):588–604, 1995.

[112] J. T. Marti. On the convergence of the discrete ART algorithm for the reconstruction of digital pictures from their projections. *Computing*, 21(2):105–111, 1979.

[113] M. R. Trummer. Reconstructing pictures from projections: On the convergence of the ART algorithm with relaxation. *Computing*, 26(3):189–195, 1981.

[114] L. Elsner, I. Koltracht, and P. Lancaster. Convergence properties of ART and SOR algorithms. *Numer. Math.*, 59(1):91–106, 1991.

[115] E. Anderson, Z. Bai, C. Bischof, S. Blackford, J. Demmel, J. Dongarra, J. Du Croz, A. Greenbaum, S. Hammarling, A. McKenney, and D. Sorensen. *LAPACK Users' Guide*. SIAM, Philadelphia, PA, third edition, 1999.

[116] L. Kaufman. Maximum likelihood, least squares, and penalized least squares for PET. *IEEE Trans. Med. Imaging*, 12(2):200–214, 1993.

[117] D. Potts and G. Steidl. Fast summation at nonequispaced knots by NFFTs. *SIAM J. Sci. Comput.*, 24(6):2013–2037, 2003.

[118] L. Ying, G. Biros, and D. Zorin. A kernel-independent adaptive fast multipole algorithm in two and three dimensions. *J. Comput. Phys.*, 196(2):591–626, May. 2004.

[119] C. B. Barber, D. P. Dobkin, and H. T. Huhdanpaa. The quickhull algorithm for convex hulls. *ACM Trans. Math. Software*, 22:469–483, 1996.

[120] U. Veronesi, G. Paganelli, G. Viale, A. Luini, S. Zurrida, V. Galimberti, M. Intra, P. Veronesi, C. Robertson, P. Maisonneuve, G. Renne, C. De Cicco, F. De Lucia, and R. Gennai. A randomized comparison of sentinel-node biopsy with routine axillary dissection in breast cancer. *N. Engl. J. Med.*, 349(6):546–553, Aug. 2003.

[121] B. P. Sutton, D. C. Noll, and J. A. Fessler. Fast, iterative image reconstruction for MRI in the presence of field inhomogeneities. *IEEE Trans. Med. Imaging*, 22:178–188, 2003.

[122] H. Schomberg. Off-resonance correction of MR images. *IEEE Trans. Med. Imaging*, 18:481–495, 1999.

[123] J. H. Radon. Über die Bestimmung von Funktionen durch Ihre Integralwerte längs gewisser Mannigfaltigkeiten. *Berichte der Sächsischen Akadamie der Wissenschaft*, 69:262–277, 1917.

[124] N. Wiener. *Extrapolation, Interpolation, and Smoothing of stationary time series.* The MIT Press, Cambridge, 1949.

[125] D. Rueckert, L. I. Sonoda, C. Hayes, D. L. G. Hill, and D. J. Hawkes. Non-rigid registration using free-form deformations: Application to breast MR images. *IEEE Trans. Med. Imaging*, 16(5):581–590, 1999.

[126] J. V. Hajnal, D. L. G. Hill, and D. J. Hawkes. *Medical Image Registration.* CRC Press, Boca Raton, Florida, 2001.

[127] J. Modersitzki. *Numerical methods for image registration.* Oxford University Press, Oxford, 2004.

[128] B. Fischer and J. Modersitzki. Ill-posed medicine - an introduction to image registration. *Inverse Prob.*, 24:16pp, 2008.

[129] I. N. Bronstein, K. A. Semendjajew, G. Musiol, and H. Mühlig. *Taschenbuch der Mathematik.* Harri Deutsch, Frankfurt am Main, 2008.

V

W

X

Z